垂直起降无人机的运动协调
——姿态同步与编队控制

Motion Coordination for VTOL Unmanned Aerial Vehicles: Attitude Synchronisation and Formation Control

[加拿大] Abdelkader Abdessameud
Abdelhamid Tayebi 著
都基焱 王金根 张 振 崔文华 译
李五洲 高安同 审校

国防工業出版社
National Defense Industry Press

著作权合同登记　图字: 军 – 2015 – 106 号

图书在版编目（CIP）数据

垂直起降无人机的运动协调: 姿态同步与编队控制/（加）阿夫德斯塞米德（Abdessameud, A.），（加）塔伊布（Tayebi, A.）著; 都基焱等译. — 北京: 国防工业出版社, 2015. 1
（国防科技著作精品译丛. 无人机系列）
书名原文: Motion coordination for VTOL unmanned aerial vehicles:attitude synchronisation and formation control
ISBN 978-7-118-10197-3

Ⅰ. ①垂… Ⅱ. ①阿… ②塔… ③都… Ⅲ. ①无人驾驶飞机—设计—研究 Ⅳ. ①V279

中国版本图书馆 CIP 数据核字（2015）第 101214 号

垂直起降无人机的运动协调——姿态同步与编队控制
[加拿大]　Abdelkader Abdessameud　Abdelhamid Tayebi　著
都基焱　王金根　张振　崔文华　译
李五洲　高安同　审校

出版发行	国防工业出版社
地址邮编	北京市海淀区紫竹院南路 23 号　100048
经　　售	新华书店
印　　刷	北京嘉恒彩色印刷有限责任公司
开　　本	700 × 1000　1/16
插　　页	12
印　　张	12
字　　数	195 千字
版 印 次	2015 年 1 月第 1 版第 1 次印刷
印　　数	1—3000 册
定　　价	86.00 元

(本书如有印装错误，我社负责调换)

国防书店: (010) 88540777　发行邮购: (010) 88540776
发行传真: (010) 88540755　发行业务: (010) 88540717

译者序

作为现代战争不可或缺的武器装备之一，无人机已广泛应用于各军事领域。在传统模式下，通常可以由一架无人机完成规定的任务飞行，执行相对独立的作战任务。进入 21 世纪，日益复杂的作战环境、不断变化的作战样式，以及丰富多样的作战手段，对无人机执行任务能力提出了更高的要求。

随着现代控制理论、计算机技术、传感器技术、测控技术，以及无人机飞行平台技术的快速发展，在无人机自动路径规划理论与技术不断进步，“一站多机”、“多站多机”等无人机运用方式逐渐成熟的基础上，开展多无人机编队控制研究，已成为国内外无人机运用研究的热点。

本书是由加拿大西安大略大学的 Abdelkader Abdessameud 博士和加拿大湖首大学的 Abdelhamid Tayebi 教授合著的，作者在对非线性控制理论进行深入研究的基础上，将其应用到多无人机协调运动控制领域。在建立适用于各种类型垂直起降无人机 (如四旋翼飞行器、涵道风扇飞行器等) 通用刚性结构模型的基础上，分析了多刚体系统的姿态同步问题，研究了通信时延对姿态同步控制器的影响，提出了一种无需进行角速度测量的姿态同步方案；通过对欠驱动垂直起降无人机控制方法的研究，提出了一种垂直起降无人机的编队控制算法，并解决了存在通信时延情况下的垂直起降无人机编队控制问题。

原著在编写过程中大量使用了非线性控制理论方面的公式，但可能由于出版过程中的疏漏等原因，存在一些不尽合理之处。译者在忠实原著的前提下，对一些明显的错误进行了纠正，并对相关用词进了规范，以尽可能减少阅读中的混淆。尽管译者尽了很大努力，但由于研究深度和能力有限，难免存在偏差，恳请读者批评指正！

都基焱

2014 年 12 月

前言

本书研究了一群无人机 (UAV) 的协调运动控制问题。由于这种类型的系统往往是欠驱动的，其受到复杂非线性动力学模型的支配，因而该问题特别具有挑战性。同样地，线性多 Agent 系统的协调控制方案不能直接应用到该类型的系统中。在过去几年里，上述问题激发了我们在该领域的研究兴趣，特别是，对多刚体系统的姿态同步问题和一群垂直起降无人机 (VTOL UAV) 的编队控制问题感兴趣。

在深空应用中，将会用更为简单的微型卫星群去代替大而复杂的传统航天器，该方式已被证明在任务性能与成本方面具有一定的优势，在这样的深空应用中通常要考虑姿态同步问题。目前，与航天器姿态同步相关的大多数研究都是假定状态变量可用于反馈。

利用最少的实测状态变量去设计高效控制器是一个理论上的挑战，然而却具有重要的实际意义。控制器设计最关心的就是尽量不要测量一些至关重要 (或关键) 的变量，因为这些变量需要复杂、昂贵和/或易于失效的传感器去测量。根据这个观点，无速度测量的姿态控制方案设计将会作为一个重要且具挑战性的问题而凸显出来。

VTOL UAV 包括几种推力推进型飞行器，例如，直升机、四旋翼飞行器以及涵道风扇飞行器。由于它们可在受限的环境中实现悬停和机动，因而构成了一类重要的飞行系统。这使它们非常适合于需要飞行器静止飞行的应用场合，如监视、搜索和营救任务，以及纪念碑/桥梁检查。这类欠驱动机械系统的协调控制非常具有挑战性，尤其当一些状态变量不可用于反馈时。

编队中涉及的飞行器间信息交换对于成功实现运动协调非常重要。这个信息交换易受时延的影响, 而时延是通信系统中所固有的。许多令人感兴趣的研究论文利用一阶和二阶动力学模型, 讨论了线性多 Agent 系统中通信时延的影响。旋转刚体的复杂非线性姿态动力学模型阻碍了这些结果应用于航天器的姿态同步。另外, VTOL UAV 欠驱动的本质带来了几个控制设计方面的困难 (或难点)。而且, 在大部分涉及多 Agent 系统的研究中, 仅在全状态信息情况下考虑通信时延, 这就是研究新方法以在仅有部分系统状态变量可用于反馈的情况下处理通信时延的一个激发因素。

撰写本专著的目的就是总结最近已取得的与协调控制问题相关的研究成果, 为姿态同步问题提出不同的控制设计方法。同步方案只需要姿态测量和相邻信息交换, 信息交换可以是延迟的 (或滞后的)。另外, 将控制设计新技术与多 Agent 系统的一些概念相结合, 为 VTOL UAV 的运动协调搭建了一个新的理论框架。

本书非常适合机器人学、控制工程和航空航天界的研究员和工程师阅读, 它也可以作为这些领域研究生的一个补充读物。

加拿大, 安大略省, 伦敦市 Abdelkader Abdessameud

加拿大, 安大略省, 桑德贝市 Abdelhamid Tayebi

致谢

感谢所有为本书编写做过贡献的人, 特别感谢加拿大自然科学与工程研究委员会 (NSERC) 的基金支持, 感谢 Ilia Polushin 和 Andrew Roberts 富有成效的讨论, 感谢 Michael Johnson (Joint Editor, AIC Springer) 和 Oliver Jackson (Editor, Springer) 在底稿编辑期间所给予的支持和指导。另外, 感谢电气与电子工程师协会 (IEEE) 和 Elsevier 允许我们复制一些下列文献中的资料:

Abdessameud A, Tayebi A (2008) Attitude synchronization of a spacecraft formation without velocity measurement. In: Proceedings of the 47th IEEE Conference on Decision and Control, pp. 3719–3724, ©2008 IEEE.

Abdessameud A, Tayebi A (2009) Attitude synchronization of a group of spacecraft without velocity measurements. IEEE Transactions on Automatic Control 54(11):2642–2648, ©2009 IEEE.

Abdessameud A, Tayebi A (2009) On the coordinated attitude alignment of a group of spacecraft without velocity measurements. In: Proceedings of the 48th IEEE Conference on Decision and Control, pp. 1476–1481, ©2009 IEEE.

Abdessameud A, Tayebi A (2009) Formation control of VTOL UAVs. In: Proceedings of the 48th Conference on Decision and Control, pp. 3454–3459, ©2009 IEEE.

Abdessameud A, Tayebi A (2010) Formation control of VTOL UAVs without linear-velocity measurements. In: Proceedings of the American Control Conference, pp. 2107–2112, ©2010 IEEE.

Abdessameud A, Tayebi A (2010) Formation stabilization of VTOL UAVs subject to communication delays. In: Proceedings of the 49th Conference on Decision and Control, pp. 4547–4552, ©2010 IEEE.

Abdessameud A, Tayebi A, Polushin I G (2012) Attitude synchronization of multiple rigid bodies with communication delays. IEEE Transactions on Automatic Control 57(9):2405–2411, ©2012 IEEE.

Abdessameud A, Tayebi A (2010) Global trajectory tracking control of VTOL UAVs without linear velocity measurements. Automatica 46(6):1053–1059.

Abdessameud A, Tayebi A (2011) Formation control of VTOL Unmanned Aerial Vehicles with communication delays. Automatica 47(11): 2383–2394.

目录

第 1 章

引言

自主式运载工具的协调运动是一个活跃的研究领域。这些自主式运载工具包括飞行器、航天器、移动机器人和水下运载工具等。随着嵌入式系统技术、网络基础设施及控制技术的快速发展，人们现在通过有效的方式可以协调大量自主式运载工具。自主式运载工具的协调部署将有利于执行各种各样的任务，比如增强型监视、危险物品处理、搜索救援和太空探测等。正如在许多生物系统中观察到的一样，大多数任务要求将自主式运载工具群成员排成某个特定的几何形状，即所谓的编队。事实表明编队行为在很多方面有利于这些动物，包括群中个体成员的生存和行动。例如，一群动物联合起来既可进行高效的捕猎，也可将遇到掠夺者的概率降到最低；鸟群以 V 形编队飞行时，其飞行距离能够提升 70%[91]①；类似的现象还可在鱼群中见到，它们通过编队可提高游泳效率[150] (图 1.1)。自然界中的编队激发了我们对多机编队协调运动的研究兴趣。

这种保持自主式运载工具群相对彼此间的或相对参考物间的距离的能力被称为编队控制。在一个特殊任务中，使用多机编队来取代单机往往可以获得更多的优势，这就激发了编队控制的研究兴趣。例如，在太空应用中，通过卫星编队使大孔径空间望远镜和可变基线空间干涉仪成为可能[85]，多无人机编队部署提高了监视和/或搜寻任务的精度与成功概率[19]。

以上多数应用中，信息共享是群运动协调的关键。过去的几年中，对于分布式多 Agent 协调的研究热情很高，特别是对多 Agent 网络互联本质相

① 原著参考文献在正文的引用中没有按照参考文献的顺序依次出现，这与国内的出版标准不统一，但是为了出版的严谨和与原著保持一致，我们仍然保留了原著的引用方式。

关问题的研究。对于线性系统来说, 矩阵理论和代数图论可以为一致性和群聚问题 (与编队控制密切相关, 参见文献 [49,64,105,106,117,119,120,139] 及其中的参考文献) 提供很多令人感兴趣的解决方案。文献 [23,110,118,123] 也从不同角度分析了某些非线性系统的群控制问题。

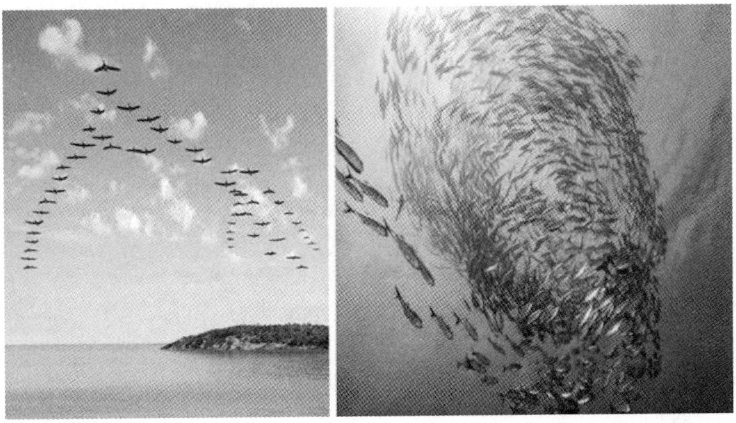

(a) (b)

图 1.1 动物的编队行动

(a) 鸟群; (b) 鱼群。

1.1 协调方法综述

为了使两个或多个彼此连接的智能体 (运载工具) 通过协调运动完成某个给定任务, 需要对控制系统进行协调控制设计。多网络系统的控制设计可分为集中式和分散式, 其中集中式控制采用单一智能体 (或站), 根据所有群成员状态指定其他智能体的目标。集中式控制具有诸多优势, 但却需要大量的多向信息流。相比之下, 分散式控制设计仅需要智能体间交换的本地信息, 通过智能体合作来实现全局目标。然而, 分散式控制系统的设计和性能分析比集中式控制系统更难。文献 [116,128] 已经为互联系统研究了几种协调控制方法, 这些协调控制方法大体上可以分为以下几类: 主从式方法 (leader-follower)、基于行为的方法 (behavior-based) 和虚拟结构法 (virtual structure)。

在主从式方法中, 某些智能体作为主导者 (leader), 另一些则作为跟从者 (follower)。在该方法下, 协调任务使跟从者 (follower) 跟踪主导者

(leader)。主从式方法已成功应用于移动机器人[40,151]、机器人机械手[30]、移动机械手[87]、航天器编队[74,145,148]、海上运输工具[62]和无人机[51,54]。主从式方法的优势在于通过主导者 (leader) 的运动来指导群的行为。然而该方法的弱点是主导者 (leader) 是一个单点故障。此外, 该方法基本上不使用由跟从者 (follower) 至主导者 (leader) 的直接反馈, 因此主导者 (leader) 无法知道跟从者 (follower) 的状态。为了解决这一问题, 目前的一些解决方法 (如文献 [112]) 允许主导者 (leader) 从一些跟从者 (follower) 处获取信息, 但是这也增加了控制设计和分析的复杂度。

基于行为式 (behavioral architecture) 的基本思路是为每一个智能体规定一些预期行为, 并且基于控制输入的加权平均为每一个行为设计单独控制输入。可能出现的行为包括轨迹跟踪 (trajectory)、邻近跟踪、避撞和避障以及队形保持[24]。因为相邻之间的交互包括了明确的队形反馈, 所以这种方法在多目标的应用方面具有一定的优势。然而, 除了一些基于物理机理势函数而行为可以被明确定义的情况外, 保证编队的一些特征是很困难的。这种方法已经被用于不同的应用领域, 包括航天器编队[78]、水下自动驾驶工具[135]、机器人机械手[32]和机器人[20,70,80,81,97]。

在虚拟结构法中, 编队被看成一个单一的虚拟主体, 其动力学方程用来为每一个智能体生成合适的参考轨迹。因此, 可以把编队视为一个虚拟结构, 用占位符来描述各个智能体的理想化轮廓[16,152]。文献 [84,152] 描述了这种方法在移动机器人编队中的应用; 文献 [25,26,116] 描述了这种方法在航天器编队中的应用。这种方法也在机器人[44,59]和船只补给[77]的主从式架构中使用。

以上几种方法及应用涉及该研究领域中许多难题, 本专题著作重点研究飞行器的运动协调。目前飞行器的运动协调已广泛用于多个领域, 其应用范围包括从简单的监视任务到复杂的宇宙空间应用。本专著主要探究与飞行器协调运动相关的两个主题, 即多刚体 (rigid-body) 系统的姿态同步问题与垂直起降无人机的编队控制问题。

1.2 刚体系统的姿态同步

刚体系统群 (如航天飞行器) 的姿态同步, 是基于本地信息交换, 为每个刚体设计一个合适的控制输入, 以实现全系统向同一方位校准它们的姿态。在外层空间的应用中探讨了该问题, 以图 1.2 为例, 用相对简易的卫星群取代传统的大型复杂航天飞行器, 在任务性能和成本方面会更有优势[55]。

图 1.2 卫星的编队飞行

航天飞行器编队的一个令人感兴趣的应用就是进行长基线干涉测量。类地行星发现者 (TPF) 就是采用干涉测量技术来获得太阳系外其他行星特性的, 在类地行星发现者天文台上将装备有光学传感器的自由飞行太空船进行编队以实现长基线干涉测量。文献 [85] 报道了太空船之间保持较大的距离 (基线) 有利于提高编队中多传感器的性能, 得到的分辨率比结构相连型干涉仪更高。

航天飞行器编队的应用非常有实际使用价值, 包括多个合成孔径雷达 (SAR) 卫星的应用。这些卫星的姿态校准可以增加相关物理量测量数据的总量和质量, 对于一些应用而言是至关重要的, 如监视和环境监测。另外, 使用一组卫星提升了系统的容错能力, 因为单个小卫星的故障处理比独立任务中复杂卫星更简单、低廉[73]。

近期的文献越来越多涉及多刚体系统的姿态同步问题, 并取得了一些成果。文献 [145] 为多航天飞船设计了一个带多主导者 (leader) 的协调姿态控制方案, 可能是在该领域的先驱工作之一, 作者使用了最近邻控制器的概念, 展示了航天飞行器编队的全局渐近稳定性。文献 [148] 采用同样的表示法, 针对航天飞船群的位置与姿态控制问题, 研究了一种基于单一领导者 (one-leader-based) 的协调控制律。文献 [67] 通过使用目标姿态和主卫星姿态为从卫星生成参考轨迹, 考虑了环境干扰对于主卫星运动的影响。根据文献 [152] 的思路, 文献 [115] 的作者提出了一种基于虚拟结构协调策略的集中式实现方案, 这里引入了从航天飞行器到虚拟结构的编队反馈。文献 [116] 将虚拟结构方法应用于分散式方案中。

文献 [78] 为航天飞行器姿态同步问题引入了所谓的耦合动态控制器, 并且推导出了基于行为的编队控制策略。这种控制器由姿态校准部分和编队保持部分组成。文献 [79] 给出了一种基于环状通信拓扑结构的航天飞行器群姿态同步方案。文献 [111,144] 在更为通用双向通信图的情况下研究了类似问题。

基于文献 [21] 介绍的被动姿态同步方法, 文献 [22] 提出了一种无需惯性坐标系信息的姿态同步方案。文献 [42,112] 通过允许由从 (follower) 到主 (leader) 的反馈来改进主从式结构。文献 [114] 提出了一种控制方案, 允许刚体系统群协同跟踪时变的参考姿态, 而该参考姿态对群中所有成员来说是不可得到的。文献 [127] 提出了一种局部姿态校准的方案, 可以解释通信拓扑中的一些约束问题。文献 [154] 将滑模控制与神经网络建模相结合, 来解决模型未知情况下的姿态同步问题。文献 [92] 设计了一种鲁棒的混合控制器实现无向网络的全局姿态同步。

然而以上结果需要测量刚体系统的姿态和角速度, 针对只有绝对姿态可用于反馈情况的研究工作为数不多。有时为了降低系统的成本和重量, 在运动平台上省去了速度传感器, 这时将不能准确测得角速度甚至无法得到角速度, 针对这种情况下的姿态同步问题是非常值得研究的。此外, 由于系统可能出现传感器失效的情况, 采用冗余的免速度测量控制律, 因为无需测速传感器, 所以可以增强系统的可靠性。事实上, 在航天飞行器的姿态和轨道控制子系统中, 用于测量角速度的机械陀螺仪故障率较高[138]。因此, 无需测量角速度的姿态同步方案设计将是本专著中一个具有挑战性的控制问题。

当角速度信息不可用于反馈时, 姿态同步问题将更具有挑战性。实际上, 可以通过设计非线性观测器来估计角速度和组成员之间的相对角速度, 但是由于姿态动力学的非线性, 这将不是一件很容易的事情。在单一刚体情况下, 某些文献报道了一些不需测量角速度的姿态同步问题的解决方案。文献 [126] 提出了一种角速度观测器, 但未给出全闭环系统 (观测器 — 控制器) 的稳定性证明。文献 [31] 基于文献 [28] 提出的联合控制器 — 观测器设计, 提出了一种局部姿态轨迹跟踪控制方案。文献 [86] 为刚体姿态稳定设计了一种无速度测量的控制方案, 该方案通过超前滤波

(器) 来维持闭环系统的被动性。文献 [17,18,143] 使用刚体姿态的另外一种表达方式提出了类似的方案。文献 [39,131] 也提出了在无角速度测量的情况下使用类似一阶滤波器的自适应姿态控制方案。以上提到的控制器显然不能直接扩展用于处理时变轨迹, 尤其当寻找非局部结果时。

最近, 文献 [140] 为单个航天飞船提出了一种基于单位四元数而且免速度测量的姿态跟踪控制方案。通过引入基于单位四元数的辅助系统可以消除对角速度的需求, 因此可得到近乎全局的结果。值得注意的是, 除了姿态四元数表示是全局非奇异之外, 对姿态控制问题使用连续控制方案还可以获得最佳的近乎全局稳定性[29]。

文献 [79] 应用了超前过滤方法来解决无速度测量情况下的多飞行器姿态校准问题。作者采用单位四元数表示法, 针对环状通信拓扑提出了一种局部免速度测量的控制方案。文献 [31] 提出的免速度测量控制律已经被扩展到两个主从结构式飞行器的姿态控制中, 如文献 [75] 使用超前滤波器进行设计, 文献 [52] 使用了联合观测器 — 控制器进行设计, 都得到了相同的实际稳定性。文献 [114] 用姿态的修正罗德里格参数 (MRP) 表示法将文献 [79] 的工作扩展到一般的无向通信拓扑结构中, 除了修正罗德里格参数是几何上奇异的之外, 文献 [114] 在所提出的免角速度测量同步方案中仅考虑了最终角速度为零的情况。同样, 文献 [155] 针对时变姿态只对组中某些系统可用的情况, 应用 MRP 表示法提出了一种控制方案。

1.3 垂直起降无人机的编队控制

目前, 无人机作为一种常规手段被应用于一些人机交互困难或者危险的领域。这些领域涵盖从军用到民用, 包括侦察行动、边境巡逻、森林火灾探测、监视和搜索/救援任务等。在简单的应用中, 操作手能够使用地面站控制单个 (半) 自主式运载工具。然而, 多自主式无人机更适合执行那些要求高效率、低成本以及低人机交互的挑战性任务。该领域一个重要的研究包括主从结构中固定翼无人机的编队控制 (参见文献 [19,45,54] 及其中的文献)。然而, 涉及垂直起降无人机编队的研究文献较少, 而垂直起降无人机具有悬停能力和高机动性, 已成为飞行器中的一个重要类别。这类飞行器的例子包括图 1.3 中的传统直升机、四旋翼飞行器和涵道风扇飞行器。

毫无疑问, 多运载工具编队控制依赖于有力的个体运载工具控制方法和多 Agent(multi-agent) 系统运动协调所带来的不容忽视的结果。简单动

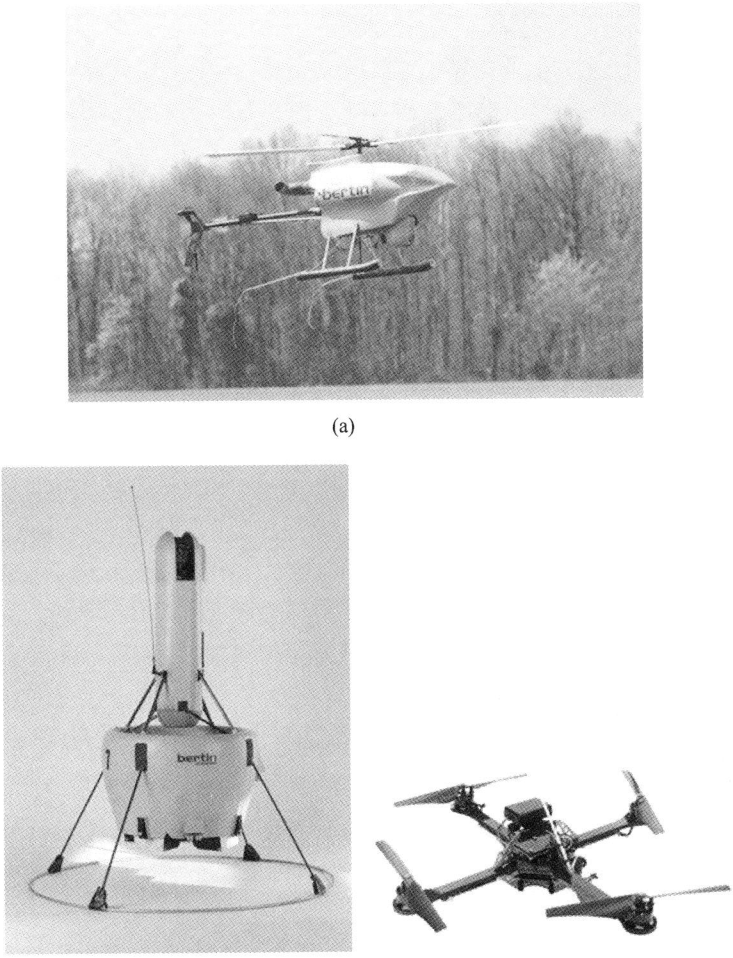

(a)

(b) (c)

图 1.3 垂直起降无人机

(a) 无人直升机; (b) 涵道风扇飞行器; (c) 四旋翼飞行器。

态多 Agent(multi-agent) 系统网络在目前的文献中被广泛研究, 并得到了一些令人关注的控制算法 (参见文献 [83,96,104–106,117,119,153] 及其中的文献)。然而, 垂直起降无人机编队控制的主要困难在于支配这些系统的复杂非线性动力学模型。这些需要推力推进的飞行器是欠驱动的, 并且没有为这些飞行器设计有效自主导航系统的通用方法存在。实际上, 三维刚体运动群中垂直起降无人机的位置控制是一个具有挑战性的问题, 尤其当需要得到令人满意的全局或半局结果时。这从一些文献中提出的少数方法中就可以看出来, 例如, 文献 [72] 中的反馈线性化方法、文献 [16,50,56,107] 中的反 (逆) 推方法、文献 [88] 中的滑模技术和文献 [66] 中基于增益调度的其他控制策略, 以及文献 [68] 中基于嵌套饱合技术的控制策略。

以上控制方法依赖于对飞行器线速度的精确掌握。对于飞行器, 可以通过 GPS 连续测量值的近似推导得到速度估计值。对于快速移动的交通工具, 其速度估计的标准过程是首先对加速度积分 (得到速度), 然后将积分结果与 GPS 测量导数相融合。这种估计方法具有一些不足, 如由于测量误差导致的积分漂移。有一些技术解决方法可以克服这些问题, 比如使用高精度传感器如差分 GPS(D-GPS)。然而, 由于信号阻塞和衰减,GPS 信号在室内和市区 (如结构/桥梁检查) 不可用, 这些都将使定位精度变差。

为了在不用 GPS 的情况下解决线速度的估计问题, 文献 [34] 和文献 [124] 提出了人工视觉和惯性传感器相结合的方法。另一个解决方法是使用状态观测器, 如文献 [43] 所述, 解决了二维垂直起降 (planar-VTOL) 的轨迹跟踪问题。值得一提的是, 对于 GPS 不可用的情况, 可以通过一些其他技术获得无人机的位置, 比如将惯性测量单元 (IMU) 与视觉系统相结合, 或者运用跟踪大量小型 (廉价) 超宽频带 (UWB) 发射器的超宽频带接收器网络。对于垂直起降无人机来说, 免线速度测量的位置控制方案设计不仅具有实际应用价值, 而且具有重要的理论价值, 众所周知, 多年来这个未解决的问题一直困扰着该领域。

在微型直升机的编队控制方面, 文献 [48] 和文献 [125] 针对特定类型的编队给出了一些编队控制结果。然而, 通用类型欠驱动垂直起降无人机的编队控制方案设计仍然面临一些技术挑战。

受此问题激发, 本专著主要目标之一是给出三维刚体运动群中垂直起降无人机的编队控制方案, 例如位置和方向。这些控制方案将依赖于为单个无人机提供全局位置控制的系统化设计过程。值得一提的是, 从简单多 Agent 系统推导得到的现有策略可以扩展到垂直起降无人机的编队控制中, 这是一项非常有意义的任务。

1.4 通信时延处理

在实际情况中, 多个交通工具之间的信息交换在协同控制律设计中至关紧要, 但是会受到传输信道固有通信时延的影响。文献 [82,98,105,129,137,146] 针对具有一阶和二阶动力学模型的多 Agent 系统, 研究了通信时延对其一致性算法的影响, 并从中列举几例。值得注意的是, 一致性问题与同步和编队控制问题密切相关。

例如, 文献 [95,98,129] 针对存在恒定通信时延的情况, 运用 Lyapunov-Krasovskii 泛函分析了多 Agent 系统的二阶一致性算法。这些论文都推导了一致性时滞相关条件。文献 [58] 针对存在输入和通信时延的情况, 假定主导者 (leader) 的速度恒定, 使用奈奎斯特稳定性判据, 研究了主从一致性算法的稳定性和收敛性。文献 [99] 使用广义奈奎斯特准则讨论了高阶线性单输入单输出系统的输出一致性问题。需要强调的是, 以上分析方法被广泛应用于智能体之间线性耦合的情况, 比如用线性差分去定义相对状态。

对于非线性系统, 应用中也考虑了通信时延, 比如欧拉–拉格朗日 (EL) 系统的双向远程操作和同步 (参见文献 [36,37,100-102,108,134] 及其中包含的文献)。在现有文献中, 系统是全驱动的, 假设全状态向量可用于反馈, 并且没有任何影响系统输入的约束。同样, 也考虑了与通信拓扑相关的附加约束, 如文献 [102] 就研究了有向网欧拉系统的同步问题。人们还研究了一些其他控制方法, 来处理系统间出现非线性耦合的情况, 这种情况很常见, 比如, 当需要考虑输入饱和约束时就会出现这样的情况。在此背景下, 文献 [35] 利用散射变量公式为具有非线性耦合的被动非线性系统提出了一个输出同步方案。

尽管上面引用了一些令人感兴趣的结果, 但为了研究复杂动力方程下运输工具群的协调控制算法, 还有许多工作需要去做。实际上, 在存在通信时延的情况下, 不能简单地将上述文章的研究结果扩展到刚体姿态同步问题中或者欠驱动垂直起降无人机的编队控制中。当要求解释与系统状态测量、系统输入和互连拓扑相关的实际约束 (限制) 时, 问题就变得更具挑战性了。事实上, 现有文献在刚体系统姿态同步方案设计中涉及通信时延的研究工作为数不多 (参见文献 [38,46,47,61,94])。

1.5 本书概要

本书主要研究垂直起降无人机的刚体姿态同步与编队控制问题。全书在控制策略中考虑了几个富有挑战性的实际问题, 例如, 缺乏速度测量、输入约束以及通信时延等。第 2 章概述数学背景和预备知识, 这些数学工具将用于后面的控制系统设计与分析中, 给出了旋转刚体系统和垂直起降无人机的数学模型。

第 3、4 章是本书的第一部分, 主要研究了多刚体系统的姿态同步问题。首先, 研究了一些免角速度测量的姿态同步方案设计方法。在考虑输入饱和约束的条件下, 针对指定参考轨迹和不指定参考轨迹的情况, 分别研究了几种姿态同步方案。第 4 章在全状态信息的情况下讨论了通信时延对姿态同步控制器的影响, 并且还提出了免角速度测量的姿态同步方案设计新方法, 新方法考虑了输入饱和与系统间通信拓扑的限制。

第 5 章 ~ 第 7 章是本书的第二部分, 给出了垂直起降无人机的控制设计方法。首先, 第 5 章针对一类欠驱动垂直起降无人机提出了一套新的控制设计方法。分别在全状态信息的情况下和线性速度不可用于反馈的情况下, 研究了单个垂直起降无人机的位置跟踪控制方案。这套设计方法给出了一个简单且易于理解的控制设计步骤, 该步骤将用于后续章节中。然后, 第 6 章研究了垂直起降无人机的编队控制问题, 采用第 5 章研究的控制设计方法, 分别在全状态和部分状态反馈情况下, 为如何将垂直起降无人机群操纵到一个具有一定参考线速度的理想编队问题提供了解决办法。第 7 章在存在通信时延的情况下, 进一步研究了垂直起降无人机的编队控制问题。考虑到飞行器间信息交换的限制, 在全状态和部分状态信息反馈情况下提出了几种编队控制方案。

最后, 第 8 章对本书进行了总结, 并给出了结束语, 讨论了与多飞行器运动协调相关的未解决问题。

第 2 章 背景和预备知识

2.1 预备知识

2.1.1 符号和定义

本书中, $\mathbb{R}$ 代表实数集, $\mathbb{R}^n$ 表示欧几里德 n 维空间, SO (3) 代表三维旋转群, SE (3) 代表三维刚体运动群。向量 $\mathbb{R}^p$ 表示 p 维列向量, 矩阵 $\mathbb{R}^{p\times q}$ 表示 $p\times q$ 矩阵。$\boldsymbol{I}_n$ 表示 n 维单位矩阵。向量 $\mathbf{1}_n\in\mathbb{R}^n$ 表示所有元素等于 1 的向量, 向量 $\mathbf{0}_n\in\mathbb{R}^n$ 表示零元素向量。向量 $\boldsymbol{x}$ 的时间导数表示为 $\dot{\boldsymbol{x}}$, 即 $\dot{\boldsymbol{x}}=\mathrm{d}\boldsymbol{x}/\mathrm{d}t$, 进一步, $\ddot{\boldsymbol{x}}=\mathrm{d}^2\boldsymbol{x}/\mathrm{d}t^2,\cdots$

对于向量 $\boldsymbol{x}=(x_1,\cdots,x_p)^{\mathrm{T}}\in\mathbb{R}^p$, $|\boldsymbol{x}|:=\sqrt{\boldsymbol{x}^{\mathrm{T}}\boldsymbol{x}}$ 表示 $\boldsymbol{x}$ 的欧几里德范数, $|\boldsymbol{x}|_\infty:=\max_i|x_i|$ 表示无穷范数, 这里 $|x|$ 是标量 x 的绝对值。对于矩阵 $\boldsymbol{A}$, $\|\boldsymbol{A}\|:=\sqrt{\lambda_m\left(\boldsymbol{A}^{\mathrm{T}}\boldsymbol{A}\right)}$ 表示 $\boldsymbol{A}$ 的诱导范数, 其中 $\lambda_m\left(\boldsymbol{A}\right)$ 是 $\boldsymbol{A}$ 的最大特征值。

对于时变函数 (向量), 将 $\mathcal{L}_p$ 范数定义为

$$\|\boldsymbol{x}\|_p:=\left(\int_0^\infty|\boldsymbol{x}\left(s\right)|^p\,\mathrm{d}s\right)^{1/p}$$

式中: $p\in[1,\infty)$ 。如果 $\|\boldsymbol{x}\|_p$ 是有限的, 那么认为向量 $\boldsymbol{x}$ 在 $\mathcal{L}_p$ 中, 即 $\boldsymbol{x}\in\mathcal{L}_p$。同样, 符号 $\boldsymbol{x}\in\mathcal{L}_\infty$ 表示如下的范数 $\mathcal{L}_\infty$ 是有限的。

$$\|\boldsymbol{x}\|_\infty:=\sup_{s\geqslant0}|\boldsymbol{x}\left(s\right)|$$

注意以上 $\mathcal{L}_2$、$\mathcal{L}_\infty$ 的定义中, $|\cdot|$ 可以是 $\mathbb{R}^n$ 中的任意范数。

另外, 为了表述清晰, 所有与时间相关信号 (向量) 的自变量都将被省略 (如 $\boldsymbol{x} \leftrightarrow \boldsymbol{x}(t)$), 但是时间延迟情况除外 (不能省略自变量) (例如 $\boldsymbol{x}(t-\tau)$, 这里 τ 代表时延, 也可以是时变的)。因此, 若无特殊说明, 当积分项内信号的自变量与微分变量相同时, 则信号的自变量可以省略 (例如 $\int_0^t \boldsymbol{x}\mathrm{d}s \leftrightarrow \int_0^t \boldsymbol{x}(s)\,\mathrm{d}s$)。同样, 信号在无穷处的极限可以用一个箭头来代替, 例如:

$$\boldsymbol{x} \to 0 \leftrightarrow \lim_{t\to\infty} \boldsymbol{x}(t) = 0,\ \boldsymbol{x} \to \boldsymbol{y} \leftrightarrow \lim_{t\to\infty} \boldsymbol{x}(t) = \lim_{t\to\infty} \boldsymbol{y}(t)$$

2.1.2 有用的引理

定义 2.1[63] 如果对于任意给定的 $\varepsilon > 0$, 存在 $\delta(\varepsilon) > 0$, 使得对于所有的 $t_0, t \in [0, \infty)$, 只要 $|t - t_0| < \delta(\varepsilon)$ 就有 $|y(t) - y(t_0)| < \varepsilon$, 则称函数 $y : [0, \infty) \to \mathbb{R}$ 在 $[0, \infty)$ 上一致连续。

下面给出如下重要引理, 它在控制系统分析中经常使用。

引理 2.1 (Barbalat 引理)[69] 令 $y : \mathbb{R} \to \mathbb{R}$ 是区间 $[0, \infty)$ 上的一致连续函数。如果 $\lim_{t\to\infty} \int_0^t y(s)\,\mathrm{d}s$ 存在且有限, 那么

$$\text{当 } t \to \infty \text{ 时},\quad y(t) \to 0 \tag{2.1}$$

检验函数是否一致连续的一种简单方法是检验其时间导数的界限。实际上, 若一个函数 y 的导数 $\dot{y}$ 有界, 即 $\dot{y} \in \mathcal{L}_\infty$, 则该函数一致连续。

引理 2.2 $y : \mathbb{R} \to \mathbb{R}$ 是定义在区间 $[0, \infty)$ 上的连续函数。如果当 $t \to \infty$ 时, $y(t) \to 0$, 且 $\ddot{y}(t)$ 有界, 那么当 $t \to \infty$ 时, $\dot{y}(t) \to 0$。

Barbalat 引理的一个特殊情况可以表示如下:

引理 2.3[63] 如果 $y, \dot{y} \in \mathcal{L}_\infty$, 并且对于某些 $p \in [0, \infty)$ 有 $y \in \mathcal{L}_p$, 则当 $t \to \infty$ 时, $y(t) \to 0$。

下面的引理将阐述只需更少限制条件的扩展 Barbalat 引理, 它的证明步骤和文献 [69] 中 Barbalat 引理的证明一样。

引理 2.4 (扩展 Barbalat 引理) 令 $x(t)$ 是微分方程 $\dot{x} = a(t) + b(t)$ 的一个解, 其中 $a(t)$ 是一个一致连续函数。如果当 $t \to \infty$ 时, $x(t) \to c$, $b(t) \to 0$, 其中 c 是一个常数, 则

$$\text{当 } t \to \infty \text{ 时},\quad \dot{x}(t) \to 0 \tag{2.2}$$

下面给出 $\mathcal{L}_p$(空间) 中函数的一些相关特性。

引理 2.5[63] 对于标量值函数来说存在如下两个性质:

(1) 函数 $f(t)$ 下界有限、非增且存在 $t\to\infty$ 时的极限。

(2) 对于所有 $t\geqslant 0$, 定义非负标量函数 $f(t)$、$g(t)$, 如果对于所有 $t\geqslant 0$ 都有 $f(t)\leqslant g(t)$ 且 $g\in\mathcal{L}_p$, 那么对于所有的 $p\in[0,\infty)$ 都有 $f\in\mathcal{L}_p$。

下面的结果描述了 Barbalat 引理的一个应用[132]。

引理 2.6 令标量函数 $V(x,t)$ 满足如下条件:

(1) $V(x,t)$ 有下界;

(2) $\dot{V}(x,t)$ 负半定;

(3) $\dot{V}(x,t)$ 在时域上一致连续。

那么当 $t\to\infty$ 时, $\dot{V}(x,t)\to 0$ 。

下面介绍两个重要的不等式。

引理 2.7 (Yong's 不等式)[76] 如果有常数 $p>1$, $q>1$ 使得 $(p-1)(q-1)=1$, 那么对于所有 $\varepsilon>0$、任意两个维度相同的向量 $\boldsymbol{x}$ 和 $\boldsymbol{y}$ 来说, 下面的不等式总是满足的:

$$\boldsymbol{x}^{\mathrm{T}}\boldsymbol{y}\leqslant\frac{\varepsilon^p}{p}|\boldsymbol{x}|^p+\frac{1}{q\varepsilon^q}|\boldsymbol{y}|^q \tag{2.3}$$

注意引理 2.7 中的不等式在 $p=q=2$ 且 $\varepsilon^2=\kappa$ 的情况下就变成如下形式:

$$\boldsymbol{x}^{\mathrm{T}}\boldsymbol{y}\leqslant\frac{\kappa}{2}|\boldsymbol{x}|^2+\frac{1}{2\kappa}|\boldsymbol{y}|^2 \tag{2.4}$$

引理 2.8 (Jensen's 积分不等式)[53] 对于任意正对称常数矩阵 $\boldsymbol{M}\in\mathbb{R}^{n\times n}$, 标量 a 和 b 满足 $a<b$, 向量函数 $f:[a,b]\to\mathbb{R}^n$, 使得 (如下) 相关积分有定义, 则有

$$\left(\int_a^b f\mathrm{d}s\right)^{\mathrm{T}}\boldsymbol{M}\left(\int_a^b f\mathrm{d}s\right)\leqslant(b-a)\int_a^b f^{\mathrm{T}}\boldsymbol{M}f\mathrm{d}s \tag{2.5}$$

2.1.3 有界函数

本书中, 经常使用 $\mathbb{R}^3$ 中向量元素的饱和函数:

$$\chi(\boldsymbol{x})=(\sigma(x_1),\sigma(x_2),\sigma(x_3))^{\mathrm{T}}\in\mathbb{R}^3 \tag{2.6}$$

式中: $\boldsymbol{x}=(x_1,x_2,x_3)^{\mathrm{T}}\in\mathbb{R}^3$, 且 $\sigma:\mathbb{R}\to\mathbb{R}$ 是一个严格递增连续可微函数且满足如下性质:

P1. 当 $x\neq 0$ 时, $\sigma(0)=0$ 且 $x\sigma(x)>0$;

P2. 对于 $x\in\mathbb{R}$, $|\sigma(x)|\leqslant\sigma_b$, 其中 $\sigma_b>0$;

P3. 对于 $x\in\mathbb{R}$, 函数 $\dfrac{\mathrm{d}\sigma(x)}{\mathrm{d}x}$ 有界。

值得一提的是, 性质 **P3** 可以通过性质 **P1** 和 **P2** 验证。函数 σ 的一个例子是双曲正切函数 tanh, 其满足 $\dfrac{\mathrm{d}\sigma(x)}{\mathrm{d}x}=1-\tanh^2(x)$ 且 $\sigma_b=1$。另一个标量值饱和函数 σ 的例子包括 $\arctan(x)$ 和 $\left(x/\sqrt{1+x^2}\right)$ 。

下面的结果将经常被使用在后续的章节中, 并且在附录 A.1 中证明。

引理 2.9 考虑二阶系统

$$\ddot{\boldsymbol{\theta}}=-k_p\chi(\boldsymbol{\theta})-k_d\chi(\dot{\boldsymbol{\theta}})+\boldsymbol{\varepsilon} \tag{2.7}$$

式中: $\boldsymbol{\theta}\in\mathbb{R}^3$, $\chi(\boldsymbol{\theta})$ 在式 (2.6) 中定义, k_p 和 k_d 是具有严格正实性的标量。如果 $\boldsymbol{\varepsilon}$ 全局有界且 $\boldsymbol{\varepsilon}\to 0$, 那么 $\boldsymbol{\theta}$、$\dot{\boldsymbol{\theta}}$ 也是全局有界的, 且 $\boldsymbol{\theta}\to 0$, $\dot{\boldsymbol{\theta}}\to 0$。

2.1.4 信息流建模

为了实现垂直起降无人机群的编队或者保证刚体姿态同步, 必须利用局部信息交换来设计控制方案。因此, 无人机需要发送彼此间的一些状态。在本书中, 用加权图来描述组成员之间的信息交换。本节将给出图的一些标准定义和特性, 读者还可以从文献 [65] 中获得更多详细信息。

加权图 $\mathcal{G}$ 由三元组 $(\mathcal{N},\mathcal{E},\boldsymbol{\mathcal{K}})$ 构成, 其中 $\mathcal{N}:=\{1,\cdots,n\}$ 是节点或者顶点集合, 用于描述群中飞行器集合, $\mathcal{E}$ 是成对节点的集合, 称为边, $\boldsymbol{\mathcal{K}}=[k_{ij}]\in\mathbb{R}^{n\times n}$ 是加权邻接矩阵。边 $(i,j)\in\mathcal{E}$ 表示第 i 个系统接收到来自第 j 个系统的信息, 且 j 与 i 相邻。加权图的加权邻接矩阵是这样定义的, $k_{ii}:=0$, 当且仅当 $(i,j)\in\mathcal{E}$ 时 $k_{ij}>0$, 当且仅当 $(i,j)\notin\mathcal{E}$ 时 $k_{ij}=0$。

如果系统间的互连是双向的, 那么 $\mathcal{G}$ 是无向的, $\mathcal{E}$ 中节点对是无序的, 即 $(i,j)\in\mathcal{E}\Leftrightarrow(j,i)\in\mathcal{E}$, 且 $\boldsymbol{\mathcal{K}}$ 是对称的, 即 $k_{ij}=k_{ji}$。在单向互连接的情况下, $\mathcal{G}$ 是一个有向图, $\mathcal{E}$ 包含有序节点对, $\boldsymbol{\mathcal{K}}$ 不一定是对称的。在图表示法中, 有向边 (i,j) 用一个由节点 j 指向节点 i 的有向连接线 (箭头) 来表示。在无向图中, 使用没有箭头的连接线。

如果加权无向图 $\mathcal{G}$ 中任意两个完全不同节点之间都存在一条路径，那么称 $\mathcal{G}$ 是连通的。环是每个节点恰好有两个邻节点的连通图。“$\mathcal{G}$ 包含一个环”是指 $\mathcal{G}$ 中有一个子图，它是一个环。无环图是一个没有环的图。连通且无环的加权无向图被称为树。图 2.1 是无向图的例子。

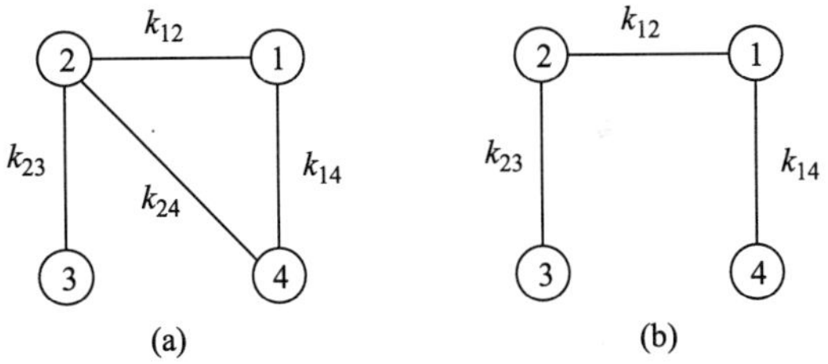

图 2.1 具有 4 个节点的无向图

(a) 连通图; (b) 无环连通图，即无向树。

如果有向图中任意两个完全不同节点之间存在一条有向路径则该图被说成是强连通的。这里，有向路径是有向图中的有向边序列，其形式是 $(i_1, i_2), (i_2, i_3), \cdots$，其中 $i_l \in \mathcal{N}$。同样，对于 $i \in \mathcal{N}$，如果节点 i 输入线的数量（节点 i 的入度）等于节点 i 输出线的数量（节点 i 的出度），那么图是平衡的。显然，每个无向图都是平衡的。如果有向图至少存在一个节点，它具有一条通往所有其他节点的有向路径，则称该图包含一个有向生成树。同样，如果用无向边替代（有向图 $\mathcal{G}$ 中的）有向边而获得的无向图 $\mathcal{G}'$ 是连通的，那么有向图 $\mathcal{G}$ 是弱连通的。图 2.2 举例说明了以上定义。

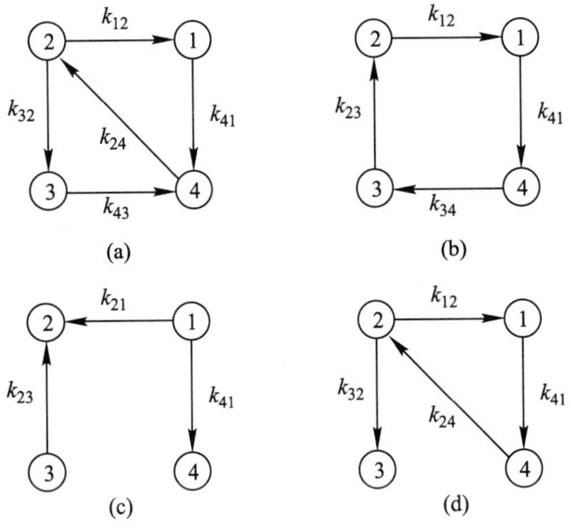

图 2.2 有向图的例子

(a) 强连通图; (b) 强连通平衡图; (c) 弱连通无环图; (d) 带有一个生成树的有向图。

有向图 $\mathcal{G}=(\mathcal{N},\mathcal{E},\boldsymbol{\mathcal{K}})$ 的加权关联矩阵表示为 $\boldsymbol{D}=[d_{ij}]\in\mathbb{R}^{n\times m}$, 其中 n 是节点数, m 是图中有向边的总数, 并且有

$$d_{i\mathcal{H}^{(u,v)}}=\begin{cases}+k_{uv}, & i=u\\ -k_{uv}, & i=v\\ 0, & 其他\end{cases} \tag{2.8}$$

式中: 函数 $\mathcal{H}^{(u,v)}:\mathcal{E}\rightarrow\{1,\cdots,m\}$ 给出了各有向边 $(u,v)\in\mathcal{E}$ 与集合 $\{1,\cdots,m\}$ 之间的唯一映射关系。例如, 图 2.2(c) 中的弱连通无环有向图具有边集合 $\mathcal{E}=\{(2,1),(2,3),(4,1)\}$, 其关联矩阵为

$$\boldsymbol{D}=\begin{pmatrix}-k_{21} & 0 & -k_{41}\\ k_{21} & k_{23} & 0\\ 0 & -k_{23} & 0\\ 0 & 0 & k_{41}\end{pmatrix}$$

关联矩阵 $\boldsymbol{D}$ 满足以下特性[65]。

性质 2.1 如果 $\mathcal{G}$ 弱连通, 则有向图 $\mathcal{G}$ 的关联矩阵 $\boldsymbol{D}$ 的秩是 $(n-1)$, 如果 $\mathcal{G}$ 弱连通且无环, 则关联矩阵 $\boldsymbol{D}$ 列满秩。

图 $\mathcal{G}:=(\mathcal{N},\mathcal{E},\boldsymbol{\mathcal{K}})$ 的拉普拉斯矩阵可表示为 $\boldsymbol{L}:=[l_{ij}]\in\mathbb{R}^{n\times n}$, 并定义

$$l_{ij}=\sum_{j=1}^{n}k_{ij},\quad l_{ij}=-k_{ij},\quad i\neq j \tag{2.9}$$

一个给定图的拉普拉斯矩阵拥有一些特性, 这些特性在有关图论和线性多 Agent 系统的文献中都能找到。本书中使用的一些重要结论在下面的引理中给出。

引理 2.10 (文献 [61]) 令 $\boldsymbol{L}$ 是有向强连通图 $\mathcal{G}$ 的拉普拉斯矩阵。那么, 存在一个向量 $\boldsymbol{\gamma}:=(\gamma_1,\gamma_2,\cdots,\gamma_n)^{\mathrm{T}}\in\mathbb{R}^n$, 其中 $\gamma_i>0, i\in\mathcal{N}$, 使得 $\boldsymbol{\gamma}^{\mathrm{T}}\boldsymbol{L}=0$。

引理 2.11[117] 有向图的拉普拉斯矩阵 $\boldsymbol{L}$ 有一个简单的零特征值和一个相关特征向量 $\mathbf{1}_n$, 当且仅当有向图具有一个有向生成树时, 所有其他特征值都有正实部。

2.2 姿态表示和运动学

为了表示刚体系统的位置和方向，引入了几个坐标系。惯性坐标系，用 $\mathcal{F}_O$ 表示，严格依附于假设平坦的地球表面上的一点。与 $\mathcal{F}_O$ 相关的标准正交基用轴系 $\{\hat{e}_1, \hat{e}_2, \hat{e}_3\}$ 给出，其中 $\hat{e}_1$ 指向北，$\hat{e}_2$ 指向东，$\hat{e}_3$ 指向地心。依附于刚体重心的坐标系是机体坐标系，用 $\mathcal{F}_i$ 表示，其中在单个飞行器的情况下 $i = b$，在 n 个飞行器的情况下 $i \in \mathcal{N} := \{1, \cdots, n\}$。与 $\mathcal{F}_i$ 相关的基用 $\{\hat{e}_{1i}, \hat{e}_{2i}, \hat{e}_{3i}\}$ 给出，其中 $\hat{e}_{1i}$ 指向飞行器的前方，$\hat{e}_{2i}$ 指向飞行器的右方，$\hat{e}_{3i}$ 指向飞行器的下方。

2.2.1 姿态表示

刚体姿态能够用不同的表示方法描述，本节将给出一些描述方法。

2.2.1.1 旋转矩阵

旋转矩阵 $\boldsymbol{R}$ 描述了坐标系 $\mathcal{F}_1$ 相对于坐标系 $\mathcal{F}_2$ 的方向，它是由坐标系 $\mathcal{F}_1$ 中各轴到 $\mathcal{F}_2$ 上的投影组成的。$\boldsymbol{R}$ 的列向量表示在 $\mathcal{F}_2$ 中描述 $\mathcal{F}_1$ 相应坐标轴的坐标。由于 $\mathcal{F}_1$ 和 $\mathcal{F}_2$ 的坐标轴通常都是单位向量，因此旋转矩阵仅包含余弦项，被称为方向余弦矩阵。此外，由于参考坐标系的坐标轴是标准正交的，所以旋转矩阵是正交的，且属于如下集合:

$$\mathrm{SO}(3) := \{\boldsymbol{R} \in \mathbb{R}^{3\times 3} \,|\det(\boldsymbol{R}) = 1,\ \boldsymbol{R}\boldsymbol{R}^{\mathrm{T}} = \boldsymbol{R}^{\mathrm{T}}\boldsymbol{R} = \boldsymbol{I}_3\} \tag{2.10}$$

集合 SO(3) 由一个包含单位矩阵 $\boldsymbol{I}_3$ 和逆矩阵 $\boldsymbol{R}^{-1} = \boldsymbol{R}^{\mathrm{T}}$ 的线性矩阵乘法群构成的。另外，集合 SO(3) 提供了一个唯一且非奇异的姿态描述法，通常被称为旋转空间。

旋转矩阵可用于将一个坐标系中的向量坐标映射到另一个坐标系中。令 $\boldsymbol{R} \in \mathrm{SO}(3)$ 表示从坐标系 $\mathcal{F}_1$ 到坐标系 $\mathcal{F}_2$ 的旋转，如果 $\mathcal{F}_1$ 中一个向量的坐标用 $\boldsymbol{x}_1$ 表示，那么在坐标系 $\mathcal{F}_2$ 中，这个向量的坐标 $\boldsymbol{x}_2$ 可表示如下:

$$\boldsymbol{x}_2 = \boldsymbol{R}\boldsymbol{x}_1 \tag{2.11}$$

以上特性可应用于几个坐标系的情况，这样就得到旋转矩阵的合成，合成矩阵通过适当旋转矩阵的非交换相乘得到。

2.2.1.2 欧拉角

任意旋转矩阵的 9 个元素都不是独立的，因此可以使用更小的参数集

合来表示旋转矩阵 $\boldsymbol{R} \in \mathrm{SO}(3)$。事实上, 方向可以用一个包含三个角的集合来表示, 这三个角被称为欧拉角。欧拉角可通过围绕相关定义轴的三个相继旋转的组合而得到。机体坐标系的方向可以通过这三个旋转的合成得到, 只要毗邻旋转不是围绕平行轴进行的。结果可以得到 12 个完全不同的欧拉角集合, 本节考虑的一个欧拉角集合是 (φ, θ, ψ), 分别代表滚转、俯仰和偏航角。

将向量 (φ, θ, ψ) 映射到其相应旋转矩阵的变换可以通过描述如下一连串旋转矩阵的连续相乘而获得。这些旋转为: 围绕 $\hat{e}_{3b}$ 轴旋转角度 ψ (yaw), 然后围绕 $\hat{e}_{2b}$ 轴旋转角 θ (pitch), 紧接着围绕 $\hat{e}_{1b}$ 轴旋转角度 φ (roll)。于是可得到从惯性坐标系到机体坐标系的旋转矩阵如下:

$$\boldsymbol{R} = \begin{pmatrix} c_\theta c_\psi & c_\theta s_\psi & -s_\theta \\ s_\varphi s_\theta c_\psi - c_\varphi s_\psi & s_\varphi s_\theta s_\psi + c_\varphi c_\psi & s_\varphi c_\theta \\ c_\varphi s_\theta c_\psi + s_\varphi s_\psi & c_\varphi s_\theta s_\psi - s_\varphi c_\psi & c_\varphi c_\theta \end{pmatrix} \tag{2.12}$$

$c_\theta = \cos(\vartheta)$, $s_\theta = \sin(\vartheta)$。描述从机体坐标系到惯性坐标系的旋转矩阵可以通过上述旋转矩阵的转置获得。

值得注意的是, “滚转 — 俯仰 — 偏航角” 参数化方法是集合 SO(3) 的最小化表示方法, 然而它在俯仰角 $\theta = \pi/2 + k\pi$, $k \in \mathbb{Z}$ 处有一个奇点。事实上, 所有 12 个可能的欧拉角集合都存在奇点[41,136]。

2.2.1.3 轴角参数化 (方法)

两个参考坐标系的相对方向总能够通过一个单个的旋转 (矩阵) 来表示, 该旋转将围绕一个指定的正规化 (归一化) 向量旋转一个给定的角度。令 $\hat{\boldsymbol{\kappa}} \in \mathbb{R}^3$ 代表一个单位向量, ϑ 表示绕 $\hat{\boldsymbol{\kappa}}$ 的旋转角, 那么相应旋转矩阵 $\boldsymbol{R}(\vartheta, \hat{\boldsymbol{\kappa}}) \in \mathrm{SO}(3)$ 的计算公式可给出如下:

$$\boldsymbol{R}(\vartheta, \hat{\boldsymbol{\kappa}}) = \boldsymbol{I}_3 - \sin(\vartheta)\, \boldsymbol{S}(\hat{\boldsymbol{\kappa}}) + (1 - \cos(\vartheta))\, \boldsymbol{S}(\hat{\boldsymbol{\kappa}})^2 \tag{2.13}$$

式中: $\boldsymbol{S}(\boldsymbol{x})$ 为与 $\boldsymbol{x} = (x_1, x_2, x_3)^{\mathrm{T}} \in \mathbb{R}^3$ 相关的斜对称矩阵, 表示如下:

$$\boldsymbol{S}(x) = \begin{pmatrix} 0 & -x_3 & x_2 \\ x_3 & 0 & -x_1 \\ -x_2 & x_1 & 0 \end{pmatrix} \tag{2.14}$$

并且满足 $\boldsymbol{S}(\boldsymbol{x})\boldsymbol{y} := \boldsymbol{x} \times \boldsymbol{y}$, 其中 $\boldsymbol{x}, \boldsymbol{y} \in \mathbb{R}^3$, “×” 代表向量叉乘。

一个旋转矩阵总可以用一组给定的参数集合 $\{\vartheta, \hat{\boldsymbol{\kappa}}\}$ 来定义。然而, 反问题的解 (即找出给定旋转矩阵的参数集) 并不唯一。这从式 (2.13) 中就可看出, 式中 $\boldsymbol{R}\left(\vartheta,\hat{\boldsymbol{k}}\right)=\boldsymbol{R}\left(-\vartheta,-\hat{\boldsymbol{k}}\right)$。此外, 针对 $\boldsymbol{R}=\boldsymbol{I}_3$ 的情况, 对于任意单位长度向量 $\hat{\boldsymbol{\kappa}}$ 及 $k\in\mathbb{Z}$, 可得到其解为 $\{2k\pi,\hat{\boldsymbol{\kappa}}\}$。

2.2.1.4 单位四元数

单位四元数是一个姿态的四元素表示法, 可用下式表示:

$$\boldsymbol{Q}=\begin{pmatrix}\boldsymbol{q}\\ \eta\end{pmatrix}\in\mathbb{Q} \tag{2.15}$$

式中: $\boldsymbol{q}\in\mathbb{R}^3$, $\eta\in\mathbb{R}$, $\mathbb{Q}$ 是单位四元数集合, 其定义如下:

$$\mathbb{Q}=\left\{\boldsymbol{Q}\in\mathbb{R}^4\middle|\,|\boldsymbol{Q}|=1\right\} \tag{2.16}$$

单位四元数通常被认为是一种轴角表示法。的确, 绕任意单位长度向量 $\hat{\boldsymbol{\kappa}}\in\mathbb{R}^3$ 旋转一个角度 ϑ 的旋转操作可用如下的单位四元数来描述:

$$\boldsymbol{Q}=\begin{pmatrix}\hat{\boldsymbol{\kappa}}\sin(\vartheta/2)\\ \cos(\vartheta/2)\end{pmatrix} \tag{2.17}$$

能提供与单位四元数 $\boldsymbol{Q}$ 相关的旋转矩阵的变换可通过罗德里格 (Rodrigues) 公式得到, 具体如下:

$$\boldsymbol{R}(\boldsymbol{Q})=\left(\eta^2-\boldsymbol{q}^{\mathrm{T}}\boldsymbol{q}\right)\boldsymbol{I}_3+2\boldsymbol{q}\boldsymbol{q}^{\mathrm{T}}-2\eta\boldsymbol{S}(\boldsymbol{q}) \tag{2.18}$$

其中, 斜 (反) 对称矩阵 $\boldsymbol{S}(\cdot)$ 已在式 (2.14) 中给出。可以证明: 用单位四元数 $\boldsymbol{Q}$ 描述其方向的坐标系在物理上等价于用单位四元数 $-\boldsymbol{Q}$ 定义其方向的坐标系。这从式 (2.18) 很容易证明, 因为 $\boldsymbol{R}(\boldsymbol{Q})=\boldsymbol{R}(-\boldsymbol{Q})$。同样, 可以从式 (2.17) 看出, 对于任意的 $k\in\mathbb{Z}$

$$-\boldsymbol{Q}=\begin{pmatrix}-\hat{\boldsymbol{\kappa}}\sin(\vartheta/2)\\ -\cos(\vartheta/2)\end{pmatrix}=\begin{pmatrix}\hat{\boldsymbol{\kappa}}\sin((\vartheta+2k\pi)/2)\\ \cos((\vartheta+2k\pi)/2)\end{pmatrix} \tag{2.19}$$

式 (2.19) 指出 $\boldsymbol{Q}$ 与 $-\boldsymbol{Q}$ 之间的区别存在于角 ϑ, 角 ϑ 以 $2k\pi$ 值增加。因此, 如果两种不同的坐标系的方向分别用单位四元数 $\boldsymbol{Q}$ 与 $-\boldsymbol{Q}$ 描述, 则对于使用 SO(3) 参数化方法的旋转矩阵来说, 两种坐标系的方向在物理上是等同的并且具有相同的值。

类似于旋转矩阵的线性矩阵乘法, 用一个单位四元数表示的连续旋转的合成可通过四元数乘法来获得, 该四元数乘法满足分配律和结合律, 但

不满足交换律。为了定义这个运算, 考虑如下两个单位四元数:

$$\boldsymbol{Q}_1 = \begin{pmatrix} \boldsymbol{q}_1 \\ \eta_1 \end{pmatrix}, \quad \boldsymbol{Q}_2 = \begin{pmatrix} \boldsymbol{q}_2 \\ \eta_2 \end{pmatrix}$$

$\boldsymbol{Q}_1$ 和 $\boldsymbol{Q}_2$ 的四元数乘积, 可用 $\boldsymbol{Q}_3 \in \mathbb{Q}$ 表示如下:

$$\boldsymbol{Q}_3 = \boldsymbol{Q}_1 \odot \boldsymbol{Q}_2 = \begin{pmatrix} \eta_1 \boldsymbol{q}_2 + \eta_2 \boldsymbol{q}_1 + \boldsymbol{S}(\boldsymbol{q}_1)\boldsymbol{q}_2 \\ \eta_1\eta_2 - \boldsymbol{q}_1^{\mathrm{T}}\boldsymbol{q}_2 \end{pmatrix} \tag{2.20}$$

并且得到与 $\boldsymbol{Q}_3$ 相关的旋转矩阵为 $\boldsymbol{R}(\boldsymbol{Q}_3) = \boldsymbol{R}(\boldsymbol{Q}_2)\boldsymbol{R}(\boldsymbol{Q}_1)$。单位四元数集合 $\mathbb{Q}$ 是一个具有四元数乘 $\odot$ 和如下四元数逆的群所构成的, 即

$$\boldsymbol{Q}^{-1} := \begin{pmatrix} -\boldsymbol{q} \\ \eta \end{pmatrix} \in \mathbb{Q} \tag{2.21}$$

使得

$$\boldsymbol{Q} \odot \boldsymbol{Q}^{-1} = \boldsymbol{Q}^{-1} \odot \boldsymbol{Q} = \boldsymbol{Q}_I \tag{2.22}$$

式中: $\boldsymbol{Q}_I$ 为单位四元数, 它可以看作是一个绕任意旋转向量旋转零度的旋转, 可给出其表达式如下:

$$\boldsymbol{Q}_I := \begin{pmatrix} \boldsymbol{0}_3 \\ 1 \end{pmatrix} \tag{2.23}$$

运用式 (2.18) 和式 (2.21), 显然可得到 $\boldsymbol{R}\left(\boldsymbol{Q}^{-1}\right) = \boldsymbol{R}(\boldsymbol{Q})^{\mathrm{T}}$。

利用四元数乘, 单位四元数可被用于给出一个向量在多参考坐标系中的坐标, 类似式 (2.11)。实际上, 有了性质 $\boldsymbol{x}_2 = \boldsymbol{R}(\boldsymbol{Q})\boldsymbol{x}_1$, 向量 $\boldsymbol{x}_2$ 也可通过如下的四元数乘得到:

$$\begin{pmatrix} \boldsymbol{x}_2 \\ 0 \end{pmatrix} = \boldsymbol{Q}^{-1} \odot \begin{pmatrix} \boldsymbol{x}_1 \\ 0 \end{pmatrix} \odot \boldsymbol{Q} \tag{2.24}$$

2.2.1.5 罗德里格参数

罗德里格向量是姿态的另一种描述方法, 可从式 (2.17) 中单位四元数 $\boldsymbol{Q}$ 的定义中导出如下:

$$\boldsymbol{\rho} := \frac{1}{\eta}\boldsymbol{q} = \hat{\boldsymbol{\kappa}}\tan(\vartheta/2) \tag{2.25}$$

式中: $\boldsymbol{\rho}$ 的 3 个元素被称为罗德里格参数。与 $\boldsymbol{\rho}$ 相关的旋转矩阵可从式 (2.18) 得到:

$$\boldsymbol{Q} = \frac{1}{\sqrt{1+|\boldsymbol{\rho}|^2}}\begin{pmatrix} \boldsymbol{\rho} \\ 1 \end{pmatrix} \tag{2.26}$$

罗德里格参数表示法仅使用 3 个元素, 因此是最简的。然而, 罗德里格向量不能用来表示经过 $\pm\pi$ 的旋转, 因为其对应 $\eta = 0$。与罗德里格参数不同但却相关的表示法是修正罗德里格参数 (MRP) 表示法。MRP 是向量 $\bar{\boldsymbol{\rho}}$ 的元素, $\bar{\boldsymbol{\rho}}$ 的定义如下:

$$\bar{\boldsymbol{\rho}} := \frac{1}{1+\eta}\boldsymbol{q} = \hat{\boldsymbol{\kappa}}\tan(\vartheta/4) \tag{2.27}$$

显然, 姿态的 MRP 表示也是最简的; 然而, 修正罗德里格向量在 $\eta = -1$ 处无定义。这就表明: 与罗德里格向量相比, 奇点已经移动到 $\pm 2\pi$ 处。

2.2.1.6 姿态描述的比较

从以上段落可以看出姿态的三元素表示并不是全局的。例如, 滚转 — 俯仰 — 偏航集仅适用于不执行垂直机动的交通工具, 如陆地车辆、轮船和运输飞机[41]。同样, 通过单位四元数推导得到的其他三元素表示在几何上是唯一的, 比如罗德里格参数或者修正 MRP。如果将旋转角限制在小于 2π, MRP 将提供一个连续且唯一的方向表示。然而, 如果旋转角没有限制, 那么使用上述表示不可避免地会产生奇点。

相比之下, 刚体的所有姿态可以用四元素表示法来加以描述, 即轴角、单位四元数表示和旋转矩阵; 然而, 只有旋转矩阵能够提供所有姿态的唯一表示[33]。尽管事实如此, 但在实际应用中通常利用单位四元数表示法来描述刚体的姿态, 因为单位四元数表示法比 SO(3) 表示法更具优势[149]。实际上, 和旋转矩阵法相比, 单位四元数法可以提供简化的控制系统分析与设计。此外, 式 (2.18) 给出的与单位四元数相关的旋转矩阵可以高效运算。由于以上原因, 在本书中考虑用单位四元数来表示刚体的姿态。

有必要指出, 单位四元数表示是非最小 (简) 的, 本身是旋转空间 SO(3) 的一个过参数化方法。事实上, $\mathbb{Q} \to \mathrm{SO}(3)$ 的变换是一个二到一的映射关系。因此, 当使用这种表示方法时, 在控制设计和分析中就会出现一个问题, 那就是对于现实运动空间中存在的每一个平衡解来说, 在四元空间中都会存在两个平衡解。需要注意到的是, 尽管这两个平衡解对应于刚体的相同物理配置, 但是它们未必共享同样的数学特性。实际上, 这一对平衡解可能有完全不同的特性, 例如, 一个是吸收子, 另一个则是排斥子。这将引起退绕效应, 起始于预期平衡解附近的轨迹可能偏离并行驶很长一段距离后再回到相同的平衡解。文献 [29, 33] 和文献 [71] 讨论了这个情况以及一些其他的情况。

2.2.2 姿态运动学

令 $\boldsymbol{Q} \in \mathbb{Q}$ 是一个单位四元数, 它描述了机体坐标系相对于惯性坐标系的方向。同样, 令 $\boldsymbol{\omega} \in \mathbb{R}^3$ 为机体坐标系相对于惯性坐标系的角速度, 它在机体坐标系中给出, 也被称为机体参考角速度。可以得到与 $\boldsymbol{Q}$ 相关的旋转矩阵 $\boldsymbol{R}(\boldsymbol{Q})$ (在式 (2.18) 中定义) 的时间导数如下:

$$\dot{\boldsymbol{R}}(\boldsymbol{Q}) = -\boldsymbol{S}(\boldsymbol{\omega})\boldsymbol{R}(\boldsymbol{Q}) \tag{2.28}$$

式中: $\boldsymbol{S}(\cdot)$ 是定义于式 (2.14) 的斜对称矩阵。可以得到刚体姿态的运动学微分方程如下[130]:

$$\dot{\boldsymbol{Q}} = \frac{1}{2}\boldsymbol{T}(\boldsymbol{Q})\boldsymbol{\omega} \tag{2.29}$$

式中: $\boldsymbol{T}(\boldsymbol{Q})$ 由下式给出

$$\boldsymbol{T}(\boldsymbol{Q}) = \begin{pmatrix} \eta \boldsymbol{I}_3 + \boldsymbol{S}(q) \\ -\boldsymbol{q}^{\mathrm{T}} \end{pmatrix} \tag{2.30}$$

并且满足 $\boldsymbol{T}(\boldsymbol{Q})^{\mathrm{T}}\boldsymbol{T}(\boldsymbol{Q}) = \boldsymbol{I}_3$。因此, 逆 (反) 运动学问题的解如下:

$$\boldsymbol{\omega} = 2\boldsymbol{T}(\boldsymbol{Q})^{\mathrm{T}}\dot{\boldsymbol{Q}} \tag{2.31}$$

2.3 垂直起降无人机的动力学模型

本节将介绍具有垂直起降能力的无人机运动方程。在坐标系 $\mathcal{F}_0$ 中, 飞行器重心的位置和线性速度分别用 $\boldsymbol{p} \in \mathbb{R}^3, \boldsymbol{v} \in \mathbb{R}^3$ 表示。令机体坐标系的方向用单位四元数 $\boldsymbol{Q}$ 表示, 令 $\boldsymbol{\omega}$ 为飞行器的机体参考角速度。同样, 令 $\boldsymbol{R}(\boldsymbol{Q})$ 代表与 $\boldsymbol{Q}$ 相关的旋转矩阵, 通过旋转矩阵实现惯性坐标系向机体坐标系的变换。此外, 令 m 和 g 分别代表飞行器的质量和重力加速度, $\boldsymbol{J} \in \mathbb{R}^{3\times 3}$ 表示机体相对坐标系 $\mathcal{F}_b$ 的对称正定常数惯性矩阵。用这些符号, 考虑两种不同垂直起降飞机的动力学方程, 然后为这类垂直起降无人机给出一个标称模型, 该模型将在后续的研究中使用。

2.3.1 四旋翼飞行器举例

动力驱动垂直起降无人机的一个例子就是四旋翼飞行器, 由于结构简单而最为常见。这种飞机由十字形机身和四个独立的旋翼组成, 如图 2.3

所示。前边的和后边的旋翼, 标号分别为 1 和 3, 沿逆时针方向旋转 (绕 z 轴的正向); 而左边和右边的旋翼, 标号分别为 2 和 4, 沿顺时针方向旋转。垂直运动是通过等比例增加或减小每一个旋翼的旋转速度来实现的。滚转运动通过增加旋翼 2(4) 的推力、减小旋翼 4(2) 的推力来控制, 以此获得一个向右 (左) 的正 (负) 滚转。类似于滚转运动, 俯仰运动通过旋翼 1 和 3 之间不同的速度获得。四旋翼偏航运动是通过调整顺时针和逆时针旋转旋翼的平均推力来实现的。例如, 通过等比例增加旋翼对 1 和 3 的速度, 同时等比例减小旋翼对 2 和 4 的速度, 就可获得正向偏航运动。这将保持相同的整体推力, 不会产生飞行器的俯仰和滚转运动。

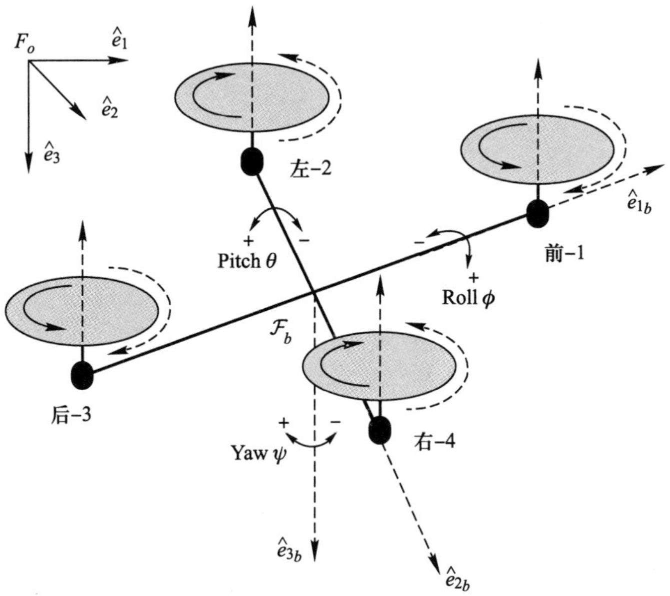

图 2.3 四旋翼飞行器模型的架构与标记符号

四旋翼飞行器的运动方程可以推导如下:

$$\begin{cases} \dot{\boldsymbol{p}} = \boldsymbol{v} \\ m\dot{\boldsymbol{v}} = mg\hat{\boldsymbol{e}}_3 - \mathcal{T}\boldsymbol{R}(\boldsymbol{Q})^{\mathrm{T}}\hat{\boldsymbol{e}}_3 \\ \dot{\boldsymbol{Q}} = (1/2)\boldsymbol{T}(\boldsymbol{Q})\boldsymbol{\omega} \\ \boldsymbol{J}\dot{\boldsymbol{\omega}} = \boldsymbol{\Gamma} - \boldsymbol{S}(\boldsymbol{\omega})\boldsymbol{J}\boldsymbol{\omega} - \boldsymbol{G}_a \end{cases} \tag{2.32}$$

并且

$$\boldsymbol{J}_r\dot{\varpi}_i = v_i - W_i, \quad i \in \{1,2,3,4\} \tag{2.33}$$

式中: $\hat{\boldsymbol{e}}_3 := (0,0,1)^{\mathrm{T}}$ 为坐标系 $\mathcal{F}_0$ 中的单位向量, $\boldsymbol{J}_r$ 和 $\dot{\varpi}_i$ 分别为惯性力矩和旋翼速度, $i \in \{1,2,3,4\}$。由于机身和 4 个旋翼的联合旋转, 向量 $\boldsymbol{G}_a$ 包含回转扭矩, 并且表示如下:

$$\boldsymbol{G}_a = \sum_{i=1}^{4}(-1)^{i+1}\boldsymbol{J}_r\boldsymbol{S}(\boldsymbol{\omega})\hat{e}_3\varpi_i \tag{2.34}$$

由第 i 个旋翼的拖拉而在自由空气中产生作用于机身的反扭矩用 W_i 表示, 并且建模为 $W_i := \kappa\varpi_i^2, \kappa > 0$。正标量 $\mathcal{T}$ 表示 4 个旋翼在 $\hat{e}_{3b}$ 方向上作用于机身的总推力, $\boldsymbol{\Gamma} \in \mathbb{R}^3$ 是坐标系 $\mathcal{F}_b$ 中 4 个旋翼作用于机身的外扭矩。四旋翼中与 $\left(\mathcal{T}, \boldsymbol{\Gamma}^{\mathrm{T}}\right)^{\mathrm{T}}$ 和旋翼速度相关的表达式可以用下面的矩阵形式表达:

$$\begin{pmatrix} \mathcal{T} \\ \boldsymbol{\Gamma} \end{pmatrix} = \begin{pmatrix} b & b & b & b \\ 0 & bd & 0 & -bd \\ -bd & 0 & bd & 0 \\ \kappa & -\kappa & \kappa & -\kappa \end{pmatrix} \begin{pmatrix} \varpi_1^2 \\ \varpi_2^2 \\ \varpi_3^2 \\ \varpi_4^2 \end{pmatrix} := \boldsymbol{M} \begin{pmatrix} \varpi_1^2 \\ \varpi_2^2 \\ \varpi_3^2 \\ \varpi_4^2 \end{pmatrix} \tag{2.35}$$

式中: d 为旋翼与飞机重心之间的距离; κ 和 $b > 0$ 为由空气密度、桨片大小、形状、俯仰角及其他因素决定的参数。值得注意的是, 对于 $\kappa bd \neq 0$, 矩阵 $\boldsymbol{M}$ 是非奇异的。对于一个给定的理想推力和输入扭矩, 每个旋翼的理想速度可以通过式 (2.35) 求出。

为了控制四旋翼飞行器, 可以用方程组式 (2.32) 设计适当的推力和输入扭矩。那么, 对于由式 (2.35) 决定的每个旋翼的给定目标速度来说, 每个发动机的输入电压 ν_i 可以通过式 (2.33) 来设计, 用于跟踪目标速度。

2.3.2 涵道风扇飞行器举例

在航空航天应用中, 涵道风扇通常属于一种旋翼 (螺旋桨) 被罩 (管) 包围的特殊构造。这种构造由于它的安全性能而引人注意, 同样对于小型垂直起降无人机也是有吸引力, 因为它能提高低速情况下推进效率[121]。涵道风扇在小型垂直起降无人机中较为普遍, 许多研究组用这种系统作为实验平台[107,121]。

这些系统通常由一个或两个同轴螺旋桨驱动, 以产生所需的推力, 涵道出口的副翼或控制面控制无人机的方向。涵道垂直起降无人机装备了两

个同轴螺旋桨和 4 个伺服驱动副翼, 其简化动力学模型[121]给出如下:

$$
\begin{aligned}
\dot{\boldsymbol{p}} &= \boldsymbol{v} \\
m\dot{\boldsymbol{v}} &= mg\hat{e}_3 - \mathcal{T}\boldsymbol{R}(\boldsymbol{Q})^{\mathrm{T}}\hat{e}_3 - \frac{1}{l}\boldsymbol{R}(\boldsymbol{Q})^{\mathrm{T}}\boldsymbol{S}(\hat{e}_3)\boldsymbol{\Gamma} + \boldsymbol{R}(\boldsymbol{Q})^{\mathrm{T}}\boldsymbol{F}_d \\
\dot{\boldsymbol{Q}} &= (1/2)\boldsymbol{T}(\boldsymbol{Q})\boldsymbol{\omega} \\
\boldsymbol{J}\dot{\boldsymbol{\omega}} &= -\boldsymbol{S}(\boldsymbol{\omega})\boldsymbol{J}\boldsymbol{\omega} + \boldsymbol{\Gamma} + \varepsilon\boldsymbol{S}(\hat{e}_3)\boldsymbol{F}_d
\end{aligned}
\tag{2.36}
$$

其中, 由于空气阻力和阵风造成的外部干扰可以用一个未知的机体参考力 $\boldsymbol{F}_d$ 表示, 如图 2.4 所示, $\boldsymbol{F}_d$ 的作用点与飞行器重心之间的距离 ε 是未知的。重心 (COG) 与副翼压力中心 (COP) 之间的距离 l 表示转矩杠杆臂的长度。$\boldsymbol{F}_d$ 的模型在文献 [121, 122] 中有所介绍。以上模型是通过假定两个旋翼等速反向旋转而得到的。

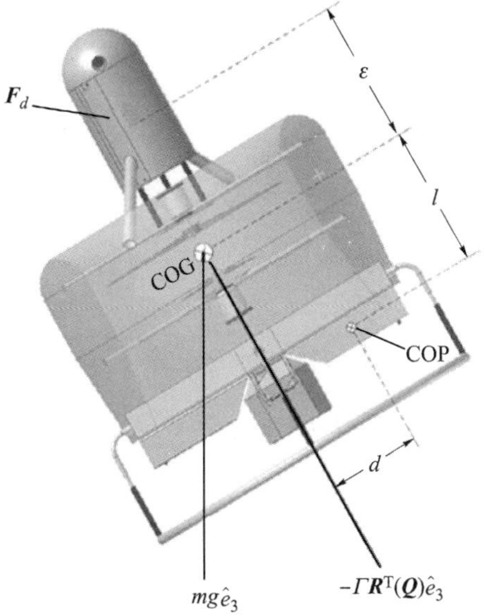

图 2.4 涵道风扇无人机模型

由旋翼产生的推力如下:

$$
\mathcal{T} = \boldsymbol{\kappa}_{\mathcal{T}}\varpi_r^2 \tag{2.37}
$$

式中: ϖ_r 为旋翼的转速; $\boldsymbol{\kappa}_{\mathcal{T}}$ 为由空气密度、旋翼和其他因素决定的参

数[121]。机身扭矩是由 4 个副翼引起的空气偏转而产生的, 并可以建模为

$$\boldsymbol{\Gamma} = \boldsymbol{\kappa}_L \mathcal{T} \begin{pmatrix} -l & -l & 0 & 0 \\ 0 & 0 & -l & -l \\ -d & d & -d & d \end{pmatrix} \begin{pmatrix} \alpha_1 \\ \alpha_2 \\ \alpha_3 \\ \alpha_4 \end{pmatrix} \tag{2.38}$$

式中: α_i 为副翼 i 的攻角, $i \in \{1,2,3,4\}$; $\boldsymbol{\kappa}_L$ 为由副翼大小、形状以及其他参数决定的升力常量[121]。

类似于四旋翼飞行器, 涵道风扇无人机的控制设计可以考虑使用式 (2.36) 来确定适当的推力和输入扭矩以实现控制目标。那么, 式 (2.37) 和式 (2.38) 可以用来确定旋翼的预定转速和副翼的攻角。

2.3.3 垂直起降无人机的标称模型

本书涉及的垂直起降无人机的标称动力学模型可给出如下:

平移动力学模型:

$$\begin{cases} \dot{\boldsymbol{p}} = \boldsymbol{v} \\ \dot{\boldsymbol{v}} = g\hat{e}_3 - \dfrac{\mathcal{T}}{m}\boldsymbol{R}(\boldsymbol{Q})^{\mathrm{T}}\hat{e}_3 \end{cases} \tag{2.39}$$

旋转动力学模型:

$$\begin{cases} \dot{\boldsymbol{Q}} = \dfrac{1}{2}\boldsymbol{T}(\boldsymbol{Q})\boldsymbol{\omega} \\ \boldsymbol{J}\dot{\boldsymbol{\omega}} = \boldsymbol{\Gamma} - \boldsymbol{S}(\boldsymbol{\omega})\boldsymbol{J}\boldsymbol{\omega} \end{cases} \tag{2.40}$$

式中: $\hat{e}_3 := (0,0,1)^{\mathrm{T}}$; $\mathcal{T}$、$\boldsymbol{\Gamma}$ 分别为作用于飞行器上的推力和输入扭矩。

式 (2.39)、式 (2.40) 的标称动力学模型是在假定空气动力及外部干扰可忽略的情况下得到的。标称模型是在假设陀螺力矩 G_a 可忽略的情况下, 根据四旋翼运动方程式 (2.32) 得到的。陀螺力矩是一个被动项, 在某种意义上, 它不会引起无人机旋转动能的变化, 并且在控制设计中处理起来很容易。同样, 在接近悬停状态 (即小俯仰和小滚转), 通常认为 $G_a \approx 0$。另一方面, 在假设 $\varepsilon \approx 0$, $ml \gg 1$, $\boldsymbol{F}_d \approx 0$ 的情况下, 根据涵道风扇模型式 (2.36) 也可得到标称动力学模型, 这个假设在涵道风扇无人机控制设计中普遍采用。

很显然垂直起降无人机是一个欠驱动系统, 因为引起平移运动的力由单一方向产生, 而且位置向量的其他两个分量不能“直接”控制。方程组式 (2.40) 描述了旋转刚体在三维空间的姿态动力学方程, 其中 $\boldsymbol{\Gamma}$ 表示作用在三个旋转主轴上的力矩。

第 3 章

刚体姿态同步

近年来, 编队航天飞行器的相对姿态控制问题, 或者刚体通用动力学, 已经引起了很多研究人员的兴趣。基于不同的控制设计方法, 有些文章在全状态信息的情况下研究这个问题, 即航天器的姿态和角速度可用于反馈。然而, 对于角速度不可用于反馈情况的研究较少。在航空航天应用领域, 使用的陀螺仪昂贵且易失效, 在这种情况下, 不依赖于角速度测量的控制方案就显得很有吸引力。这些控制方案甚至在装备有角速度传感器的系统中可作为一种备用方案。

本章介绍了基于单位四元数的姿态同步方案, 该方案不需要角速度测量。首先, 仅利用相邻刚体之间的相对姿态, 考虑了一种基于动态输入非线性辅助系统的方法。这种方法与全状态信息情况相比, 降低了对信息流的需求。其次, 考虑到输入饱和约束, 用基于静态输入辅助系统的方法来设计姿态同步方案, 这是第二种方法。这种方法放宽了第一种方法的一些实现问题, 在某些情况下, 需要更多的相邻信息交换。不同于现有文献, 本章提出的方法可以用来解决不同的姿态同步问题。事实上, 下面章节在固定和无向通信拓扑的假设条件下, 讨论了无主和主从式同步的解决方案及协同姿态跟踪问题。

3.1 姿态同步问题

类似于式 (2.40), n 个刚体系统 (或者航天器) 建模如下:

$$\dot{\boldsymbol{Q}}_i = \frac{1}{2}\boldsymbol{T}(\boldsymbol{Q}_i)\boldsymbol{\omega}_i \tag{3.1}$$

$$\boldsymbol{J}_i\dot{\boldsymbol{\omega}}_i = \boldsymbol{\Gamma}_i - \boldsymbol{S}(\boldsymbol{\omega}_i)\boldsymbol{J}_i\boldsymbol{\omega}_i \tag{3.2}$$

式中: $i \in \mathcal{N} := \{1, \cdots, n\}$, $\boldsymbol{Q}_i := (\boldsymbol{q}_i^{\mathrm{T}}, \eta_i)^{\mathrm{T}}$、$\boldsymbol{\omega}_i$ 和 $\boldsymbol{\Gamma}_i$ 分别为第 i 个刚体的姿态、角速度和输入力矩, $\boldsymbol{T}(\boldsymbol{Q}_i)$ 在式 (2.30) 中给出。假设系统间的信息流用无向通信图 $\mathcal{G} = (\mathcal{N}, \mathcal{E}, \boldsymbol{\mathcal{K}})$ 表示, 其中 $\mathcal{N}$、$\mathcal{E}$ 和 $\boldsymbol{\mathcal{K}} = [k_{ij}]$ 在 2.1.4 小节中定义。

后续章节中将要讨论的控制问题定义如下。

无主姿态同步: 在没有为群成员指定参考轨迹的情况下, 仅通过局部信息交换, 要求所有的刚体系统将他们的姿态调整到相同的最终姿态, 即对于所有 $i, j \in \mathcal{N}$ 有 $\boldsymbol{Q}_i \to \boldsymbol{Q}_j, \boldsymbol{\omega}_i \to \boldsymbol{\omega}_j$。一般在没有指定航天器最终角速度时, 实现最终速度为零的同步在一些情况下较为理想, 即对于所有 $i, j \in \mathcal{N}$, $\boldsymbol{Q}_i \to \boldsymbol{Q}_j$, $\boldsymbol{\omega}_i \to 0$。

主从式同步问题: 给定一个恒定不变的目标姿态, 用单位四元数 $\boldsymbol{Q}_d$ 表示, 设定群中一个单独的刚体作为主导者 (leader) , 要求所有系统同步它们的姿态到这个期望的姿态, 即对所有 $i \in \mathcal{N}$, $\boldsymbol{Q}_i \to \boldsymbol{Q}_d$, $\boldsymbol{\omega}_i \to 0$。不考虑多主导者和时变目标姿态的情形, 其进一步的讨论将在 3.7 节中进行。

协同姿态跟踪: 给定一个时变目标姿态, 用单位四元数 $\boldsymbol{Q}_d$ 表示, 适用于群中所有成员, 为每个刚体设计一个控制输入 (明确包含邻近成员间的相对姿态), 使得所有系统将它们的姿态同步到这个期望的姿态, 即 $\boldsymbol{Q}_i \to \boldsymbol{Q}_d$, $i \in \mathcal{N}$。

解决上述问题的一些控制方案已经在文献中有了研究, 例如, 可以从文献 [22,38,42,111,144] 中找到。然而, 上述文献是在假定全状态向量可用于反馈的情况下设计的控制方案。本章中关注的焦点是为上述问题提供解决方法, 去除对角速度测量的要求。

3.2 预备知识

本节中定义一些误差信号并介绍一些有助于后续分析的初步结果。

3.2.1 相对姿态误差

第 i 和第 j 个系统间的相对姿态用单位四元数 $\boldsymbol{Q}_{ij} := (\boldsymbol{q}_{ij}^{\mathrm{T}}, \eta_{ij})^{\mathrm{T}}$ 表示, 并定义为

$$\boldsymbol{Q}_{ij} = \boldsymbol{Q}_j^{-1} \odot \boldsymbol{Q}_i \tag{3.3}$$

类似式 (3.1)，相对姿态运动学方程可以描述如下:

$$\dot{\boldsymbol{Q}}_{ij} = \frac{1}{2}\boldsymbol{T}(\boldsymbol{Q}_{ij})\boldsymbol{\omega}_{ij}, \quad \boldsymbol{T}(\boldsymbol{Q}_{ij}) = \begin{pmatrix} \eta_{ij}\boldsymbol{I}_3 + \boldsymbol{S}(\boldsymbol{q}_{ij}) \\ -\boldsymbol{q}_{ij}^{\mathrm{T}} \end{pmatrix} \tag{3.4}$$

式中: $\boldsymbol{\omega}_{ij}$ 为第 i 个刚体坐标系 $\mathcal{F}_i$ 相对第 j 个刚体坐标系 $\mathcal{F}_j$ 的角速度，在 $\mathcal{F}_i$ 中定义为

$$\boldsymbol{\omega}_{ij} = \boldsymbol{\omega}_i - \boldsymbol{R}(\boldsymbol{Q}_{ij})\boldsymbol{\omega}_j \tag{3.5}$$

$\boldsymbol{Q}_{ij}$ 的旋转矩阵 $\boldsymbol{R}(\boldsymbol{Q}_{ij})$ 表示从 $\mathcal{F}_j$ 到 $\mathcal{F}_i$ 的旋转，给出如下:

$$\boldsymbol{R}(\boldsymbol{Q}_{ij}) = \boldsymbol{R}(\boldsymbol{Q}_i)\boldsymbol{R}(\boldsymbol{Q}_j)^{\mathrm{T}} \tag{3.6}$$

利用式 (3.3) 和式 (3.6)，可以证明下面的关系式:

$$\boldsymbol{R}(\boldsymbol{Q}_{ji})^{\mathrm{T}} = \boldsymbol{R}(\boldsymbol{Q}_{ij}) \tag{3.7}$$

$$\boldsymbol{q}_{ji} = -\boldsymbol{q}_{ij} = -\boldsymbol{R}(\boldsymbol{Q}_{ji})\boldsymbol{q}_{ij} \tag{3.8}$$

根据上述定义，如果一个成员对于所有 $i,j \in \mathcal{N}$ 保证 $\boldsymbol{\omega}_{ij} \to 0, \boldsymbol{Q}_{ij} \to \pm\boldsymbol{Q}_I$，或者等效地 $\boldsymbol{R}(\boldsymbol{Q}_{ij}) \to \boldsymbol{I}_3$，就可以实现群间的姿态同步，即群所有成员的方向调整到同一方向，其中 $\boldsymbol{Q}_I$ 是定义于式 (2.23) 的单位四元数。因此，$\boldsymbol{q}_{ij} \to 0$ 足以说明所有系统将它们的姿态调整到同一个姿态。

如果系统的绝对姿态能够在相邻系统间传递，则可以利用上述关系式计算群中任意两个相邻系统间的相对姿态，或者如果每个系统都装备了相对姿态传感器，则可以直接测量出群中任意两个相邻系统间的相对姿态。在这两种情况下，群成员间的信息交换可以用加权图 $\mathcal{G}$ 来描述。

利用 2.1.4 小节所论述的图的性质和相对姿态的定义，可以得到下面的结论。

引理 3.1[3] 考虑由 n 个刚体系统组成的群，群中的各个刚体系统根据加权无向图 $\mathcal{G}$ 互连。给出如下方程组:

$$\sum_{j=1}^{n} k_{ij}\boldsymbol{q}_{ij} = 0, \quad i \in \mathcal{N} \tag{3.9}$$

式中: $k_{ij} \geqslant 0$ 为图 $\mathcal{G}$ 邻接矩阵的第 (i,j) 个元素，$\boldsymbol{q}_{ij}$ 是定义于式 (3.3) 的单位四元数 $\boldsymbol{Q}_{ij}$ 的向量部分。如果通信图是一棵树，那么式 (3.9) 的唯一解是 $\boldsymbol{q}_{ij} = 0, i,j \in \mathcal{N}$。进一步来说，如果 η_i $(i \in \mathcal{N})$ 是严格正 (或者严格负)，那么对于任意连通无向通信图 $\mathcal{G}$ 来说，$\boldsymbol{q}_{ij} = 0 (i,j \in \mathcal{N})$ 是式 (3.9) 的唯一解，其中 η_i 是单位四元数 $\boldsymbol{Q}_i$ 的标量部分，而 $\boldsymbol{Q}_i$ 表示第 i 个刚体的姿态。

证明 该引理的证明在附录 A.2 节中给出。

值得一提的是,上述引理已经在文献 [3] 中提出,类似的结论已在文献 [1,2,4,22,111] 中使用。

3.2.2 姿态跟踪误差

在为群成员指定参考轨迹的情况下,定义姿态跟踪误差来描述机体坐标系和指定目标坐标系间的方向失配。令目标方向用单位四元数 $\boldsymbol{Q}_d := (\boldsymbol{q}_d^{\mathrm{T}}, \eta_d)^{\mathrm{T}}$ 表示, $\boldsymbol{Q}_d$ 满足如下关系:

$$\dot{\boldsymbol{Q}}_d = \frac{1}{2}\boldsymbol{T}(\boldsymbol{Q}_d)\boldsymbol{\omega}_d \tag{3.10}$$

式中: $\boldsymbol{T}(\boldsymbol{Q}_d)$ 与式 (2.30) 一样, 利用 $\boldsymbol{Q}_d$ 分量而得到, $\boldsymbol{\omega}_d$ 是目标角速度。第 i 个刚体的姿态跟踪误差用单位四元数 $\tilde{\boldsymbol{Q}}_i := \left(\tilde{\boldsymbol{q}}_i^{\mathrm{T}}, \tilde{\eta}_i\right)^{\mathrm{T}}$ 表示, 定义如下:

$$\tilde{\boldsymbol{Q}}_i = \boldsymbol{Q}_d^{-1} \odot \boldsymbol{Q}_i \tag{3.11}$$

类似于式 (3.3) , 姿态跟踪误差动力学方程描述为

$$\dot{\tilde{\boldsymbol{Q}}}_i = \frac{1}{2}\boldsymbol{T}\left(\tilde{\boldsymbol{Q}}_i\right)\tilde{\boldsymbol{\omega}}_i, \boldsymbol{T}\left(\tilde{\boldsymbol{Q}}_i\right) = \begin{pmatrix} \tilde{\eta}_i \boldsymbol{I}_3 + \boldsymbol{S}(\tilde{\boldsymbol{q}}_i) \\ -\tilde{\boldsymbol{q}}_i^{\mathrm{T}} \end{pmatrix} \tag{3.12}$$

其中

$$\tilde{\boldsymbol{\omega}}_i = \boldsymbol{\omega}_i - \boldsymbol{R}\left(\tilde{\boldsymbol{Q}}_i\right)\boldsymbol{\omega}_d \tag{3.13}$$

是角速度跟踪误差向量, 矩阵 $\boldsymbol{R}\left(\tilde{\boldsymbol{Q}}_i\right)$ 是与 $\tilde{\boldsymbol{Q}}_i$ 相关的旋转矩阵, 给出如下:

$$\boldsymbol{R}\left(\tilde{\boldsymbol{Q}}_i\right) = \boldsymbol{R}(\boldsymbol{Q}_i)\boldsymbol{R}(\boldsymbol{Q}_d)^{\mathrm{T}} \tag{3.14}$$

如果确保 $\tilde{\boldsymbol{\omega}}_i \to 0, \tilde{\boldsymbol{Q}}_i = \pm \boldsymbol{Q}_I$, 或者等效为 $\boldsymbol{R}\left(\tilde{\boldsymbol{Q}}_i\right) \to \boldsymbol{I}_3, i \in \mathcal{N}$, 那么就可实现姿态跟踪, 即 $\boldsymbol{Q}_i$ 与 $\boldsymbol{Q}_d$ 一致。根据图的性质、式 (3.3) 中相对姿态的定义和式 (3.11) 中跟踪姿态误差的定义, 可以给出如下结论, 以便于后续分析。

引理 3.2 考虑由 n 个刚体系统组成的群, 群中的各个刚体系统根据加权无向图 $\mathcal{G}$ 互连。给出如下方程组:

$$k_i^p \tilde{\boldsymbol{q}}_i + \sum_{j=1}^{n} k_{ij}\boldsymbol{q}_{ij} = 0, \quad i \in \mathcal{N} \tag{3.15}$$

式中: $\tilde{\boldsymbol{q}}_i$、$\boldsymbol{q}_{ij}$ 分别为 $\tilde{\boldsymbol{Q}}_i$、$\boldsymbol{Q}_{ij}$ 的向量部分; k_i^p 为一个严格正标量, k_{ij} 的定义同引理 3.1。如果对于 $i \in \mathcal{N}$:

$$k_i^p > 2\sum_{j=1}^{n} k_{ij} \tag{3.16}$$

那么式 (3.15) 的唯一解是 $\tilde{\boldsymbol{q}}_i = 0, i \in \mathcal{N}$。进一步来说, 如果 $\tilde{\eta}_i\ (i \in \mathcal{N})$ 严格正, 其中 $\tilde{\eta}_i$ 为单位四元数 $\tilde{\boldsymbol{Q}}_i$ 的标量部分, 那么上述结果无条件成立。

证明 该引理的证明在附录 A.3 节中给出。

类似于上述引理的结果已在文献 [1, 3, 4, 79, 111, 144] 中使用。

3.3 状态反馈姿态同步

本节介绍一些依赖全状态信息的姿态同步方案, 即姿态和角速度都可用于反馈。无主姿态同步要求所有的系统在没有指定任何参考轨迹的情况下调整它们的姿态。为了解决无主姿态同步问题, 必须根据相邻刚体间的相对姿态和相对角速度来设置每个刚体的输入。因此, 信息交换的性质将定义控制结构。基于此, 文献 [111] 提出了下面的姿态同步方案:

$$\boldsymbol{\Gamma}_i = \boldsymbol{S}(\boldsymbol{\omega}_i)\boldsymbol{J}_i\boldsymbol{\omega}_i - \boldsymbol{J}_i\sum_{j=1}^{n} k_{ij}(\boldsymbol{q}_{ij} + \bar{\gamma}(\boldsymbol{\omega}_i - \boldsymbol{\omega}_j)) \tag{3.17}$$

式中: $\bar{\gamma} > 0$, $k_{ij} > 0$ 为加权无向通信图 $\mathcal{G}$ 邻接矩阵的第 (i, j) 个元素; $\boldsymbol{q}_{ij}$ 为式 (3.3) 给出的单位四元数 $\boldsymbol{Q}_{ij}$ 的向量部分; $\boldsymbol{\omega}_i$ 为第 i 个刚体的角速度。

注意: 这个控制律由协同项组成, 该协同项通过相对姿态和相对角速度分别与刚体惯性矩阵的相乘而得到。这使得上述控制律可应用于具有不同惯性矩阵的异类刚体系统群中。利用通信图的特性和下面的正定函数可表示相对误差渐近收敛于零:

$$V = \sum_{i=1}^{n}\left(\frac{1}{2}\boldsymbol{\omega}_i^{\mathrm{T}}\boldsymbol{\omega}_i + \sum_{j=1}^{n} k_{ij}(1 - \eta_{ij})\right) \tag{3.18}$$

得到负半定的时间导数

$$\dot{V} = -\frac{1}{2}\sum_{i=1}^{n}\sum_{j=1}^{n}\bar{\gamma}k_{ij}(\boldsymbol{\omega}_i - \boldsymbol{\omega}_j)^{\mathrm{T}}(\boldsymbol{\omega}_i - \boldsymbol{\omega}_j) \tag{3.19}$$

借助 Barbalat 引理、引理2.1, 并利用一些信号运行步骤 (在后续结果中清晰可见), 可以得出下面的结论: 如果通信图 $\mathcal{G}$是一棵树, 那么 $\boldsymbol{\omega}_i$ 有界, 且对于所有 $i,j\in\mathcal{N}$, 有 $\dot{\boldsymbol{\omega}}_i\to 0$, $\boldsymbol{Q}_{ij}\to\pm\boldsymbol{Q}_I$ 并且 $(\boldsymbol{\omega}_i-\boldsymbol{\omega}_j)\to 0$。

还可给出另一个能得到上述结果的姿态同步方案, 具体如下:

$$\boldsymbol{\Gamma}_i=\boldsymbol{S}(\boldsymbol{\omega}_i)\boldsymbol{J}_i\boldsymbol{\omega}_i-\frac{1}{2}\boldsymbol{J}_i\sum_{j=1}^{n}k_{ij}(\eta_{ij}\boldsymbol{I}_3+\boldsymbol{S}(\boldsymbol{q}_{ij}))\boldsymbol{\omega}_{ij}-\sum_{j=1}^{n}k_{ij}\boldsymbol{q}_{ij} \tag{3.20}$$

在这种情况下, 系统轨迹的有界性和收敛性可用下述的正定函数表示:

$$V=\frac{1}{2}\sum_{i=1}^{n}\left((\boldsymbol{\omega}_i+\boldsymbol{\vartheta}_i)^{\mathrm{T}}\boldsymbol{J}_i(\boldsymbol{\omega}_i+\boldsymbol{\vartheta}_i)+2\sum_{j=1}^{n}k_{ij}(1-\eta_{ij})\right) \tag{3.21}$$

式中: $\boldsymbol{\vartheta}_i=\sum_{j=1}^{n}k_{ij}\boldsymbol{q}_{ij}$, $\dot{\boldsymbol{\vartheta}}_i=\frac{1}{2}\sum_{j=1}^{n}k_{ij}(\eta_{ij}\boldsymbol{I}_3+\boldsymbol{S}(\boldsymbol{q}_{ij}))\boldsymbol{\omega}_{ij}$。$V$ 的时间导数为

$$\dot{V}=-\sum_{i=1}^{n}\left(\sum_{j=1}^{n}k_{ij}\boldsymbol{q}_{ij}\right)^{\mathrm{T}}\left(\sum_{j=1}^{n}k_{ij}\boldsymbol{q}_{ij}\right) \tag{3.22}$$

可以证明 $\left(\sum_{j=1}^{n}k_{ij}\boldsymbol{q}_{ij}\right)\to 0$, 在通信图 $\mathcal{G}$ 为一棵树的情况下, 利用引理 2.1 和引理 3.1, 可以看出对于所有的 $i,j\in\mathcal{N}$, $\dot{\boldsymbol{\omega}}_i\to 0$, $\boldsymbol{Q}_{ij}\to\pm\boldsymbol{Q}_I$ 且 $(\boldsymbol{\omega}_i-\boldsymbol{\omega}_j)\to 0$。

此外, 还提出了一些状态反馈控制方案来实现协同姿态跟踪。总的来说, 这些控制方案是基于文献 [78] 提出的耦合动力学控制器, 它包含两项, 可用下式表示:

$$\boldsymbol{\Gamma}_i=\boldsymbol{\Gamma}_i^1+\boldsymbol{\Gamma}_i^2 \tag{3.23}$$

其中, 第一项旨在跟踪参考姿态以实现目标搜索, 第二项用于实现编队保持。

式 (3.23) 中的第一项仅使用单个刚体的状态来构建, 保证跟踪目标姿态。在全状态信息情况下, 可以考虑一个可能的姿态跟踪控制器如下:

$$\boldsymbol{\Gamma}_i^1=\boldsymbol{S}(\boldsymbol{\omega}_i)\boldsymbol{J}_i\boldsymbol{\omega}_i-\boldsymbol{J}_i\boldsymbol{S}(\tilde{\boldsymbol{\omega}}_i)\boldsymbol{R}(\tilde{\boldsymbol{Q}}_i)\boldsymbol{\omega}_d+\boldsymbol{J}_i\boldsymbol{R}(\tilde{\boldsymbol{Q}}_i)\dot{\boldsymbol{\omega}}_d-k_i^q\tilde{\boldsymbol{q}}_i-k_i^{\omega}\tilde{\boldsymbol{\omega}}_i \tag{3.24}$$

式中: k_i^q 和 k_i^{ω} 为严格正增益, 一般指姿态跟踪控制增益; $\tilde{\boldsymbol{Q}}_i$ 和 $\tilde{\boldsymbol{\omega}}_i$ 分别为姿态和角速度的跟踪误差; $\tilde{\boldsymbol{q}}_i$ 为 $\tilde{\boldsymbol{Q}}_i$ 的向量部分。

为了保持编队, 通常使用下面的项:

$$\boldsymbol{\Gamma}_i^2 = -\sum_{j=1}^{n} k_{ij}(\boldsymbol{q}_{ij} + \bar{\gamma}\boldsymbol{\omega}_{ij}) \tag{3.25}$$

式中: $\boldsymbol{q}_{ij}$ 为单位四元数 $\boldsymbol{Q}_{ij}$ 的向量部分。$\boldsymbol{\omega}_{ij}$ 为式 (3.5) 定义的相对角速度。k_{ij} 的定义同上, $\bar{\gamma} > 0$。

可用下面的类李雅普诺夫函数表示误差信号渐近收敛于零:

$$V = \sum_{i=1}^{n}\left(\frac{1}{2}\tilde{\boldsymbol{\omega}}_i^{\mathrm{T}}\boldsymbol{J}_i\tilde{\boldsymbol{\omega}}_i + 2k_i^q(1-\tilde{\eta}_i) + \sum_{j=1}^{n} k_{ij}(1-\eta_{ij})\right) \tag{3.26}$$

其负半定时间导数为

$$\dot{V} = -\sum_{i=1}^{n} k_i^{\omega}\tilde{\boldsymbol{\omega}}_i^{\mathrm{T}}\tilde{\boldsymbol{\omega}}_i - \frac{\bar{\gamma}}{2}\sum_{i=1}^{n}\sum_{j=1}^{n} k_{ij}\boldsymbol{\omega}_{ij}^{\mathrm{T}}\boldsymbol{\omega}_{ij} \tag{3.27}$$

利用 Barbalat 引理和引理 3.2, 根据式 (3.16) 选取控制增益, 可以发现 $\tilde{\omega}_i$ 有界, 且 $\tilde{\boldsymbol{q}}_i \to 0$, $\tilde{\boldsymbol{\omega}}_i \to 0$, $i \in \mathcal{N}$。

从上述状态反馈控制方案可以看出, 当每个刚体被精确跟踪时, 目标搜索控制律 (式 (3.23) 中 $\boldsymbol{\Gamma}_i^1$) 可充分保证姿态同步到目标轨迹。然而, 可能一些群成员已经实现了目标姿态跟踪, 而另一些群成员却被延迟了 (例如, 外部干扰作用于一些群成员上, 或者群中包含了一些异类的刚体系统, 或者初始姿态误差不同)。在这种情况下, 第二项 $\boldsymbol{\Gamma}_i^2$ 通过同步可带来暂态性能的改善。而且, 在一些情况下, 可以在两个群行为之间指定优先权。此外, 上述控制律可以进行修改, 以便能够处理最终角速度恒定或为零的情况, 也可以被扩展去解决 3.1 节定义的主从式姿态同步问题。

3.4 免速度测量的姿态同步 —— 方法一

为了设计不用角速度信息的姿态同步方案, 采用了文献 [140] 引入的辅助系统的概念。与每个单独刚体相关的辅助系统定义为

$$\dot{\boldsymbol{Q}}_{pi} = \frac{1}{2}\boldsymbol{T}(\boldsymbol{Q}_{pi})\boldsymbol{\beta}_i \tag{3.28}$$

并初始化, 使得 $|\boldsymbol{Q}_{pi}(0)| = 1$, 其中 $\boldsymbol{Q}_{pi} := (\boldsymbol{q}_{pi}^{\mathrm{T}}, \eta_{pi})^{\mathrm{T}} \in \mathbb{Q}$, 并且

$$\boldsymbol{T}(\boldsymbol{Q}_{pi}) = \begin{pmatrix} \eta_{pi}\boldsymbol{I}_3 + \boldsymbol{S}(\boldsymbol{q}_{pi}) \\ -\boldsymbol{q}_{pi}^{\mathrm{T}} \end{pmatrix} \tag{3.29}$$

向量 $\boldsymbol{\beta}_i \in \mathbb{R}^3$ 表示辅助系统式 (3.28) 的输入, 并由下面的动力学方程决定

$$\dot{\boldsymbol{\beta}}_i = -\lambda_i \boldsymbol{\beta}_i + \boldsymbol{R}(\boldsymbol{Q}_i^e)^{\mathrm{T}} \bar{\boldsymbol{\Gamma}}_i \tag{3.30}$$

式中: 标量增益 $\lambda_i > 0$; $\boldsymbol{\beta}_i(0)$ 可以任意选择; $\bar{\boldsymbol{\Gamma}}_i$ 为用于后续设计的附加输入。矩阵 $\boldsymbol{R}(\boldsymbol{Q}_i^e)$ 是与单位四元数 $\boldsymbol{Q}_i^e := (\boldsymbol{q}_i^{e\mathrm{T}}, \eta_i^e)^{\mathrm{T}}$ 相关的旋转矩阵, 表示第 i 个刚体绝对姿态与辅助系统式 (3.28) 输出之间的失配, 即

$$\boldsymbol{Q}_i^e = \boldsymbol{Q}_{pi}^{-1} \odot \boldsymbol{Q}_i \tag{3.31}$$

并且满足单位四元数动力学方程

$$\dot{\boldsymbol{Q}}_i^e = \frac{1}{2}\boldsymbol{T}(\boldsymbol{Q}_i^e)\boldsymbol{\Omega}_i \tag{3.32}$$

$$\boldsymbol{\Omega}_i = \boldsymbol{\omega}_i - \boldsymbol{R}(\boldsymbol{Q}_i^e)\boldsymbol{\beta}_i \tag{3.33}$$

式中: $\boldsymbol{T}(\boldsymbol{Q}_i^e)$ 类似于式 (2.30), 即

$$\boldsymbol{T}(\boldsymbol{Q}_i^e) = \begin{pmatrix} \eta_i^e \boldsymbol{I}_3 + \boldsymbol{S}(\boldsymbol{q}_i^e) \\ -\boldsymbol{q}_i^{e\mathrm{T}} \end{pmatrix} \tag{3.34}$$

根据上述定义, 在下面 3.4.1 节中将给出仅使用相对姿态来实现姿态同步的控制方案。

3.4.1 无主和主从式姿态同步

在本小节中, 利用上述辅助系统来设计一个姿态同步方案 (图 3.1), 该同步方案经过微小改动后, 可在无角速度测量的情况下解决无主和主从式姿态同步问题。考虑下面免速度测量的输入力矩

$$\boldsymbol{\Gamma}_i = \boldsymbol{J}_i \boldsymbol{R}(\boldsymbol{Q}_i^e)\dot{\boldsymbol{\beta}}_i + \boldsymbol{S}(\boldsymbol{R}(\boldsymbol{Q}_i^e)\boldsymbol{\beta}_i)\boldsymbol{J}_i \boldsymbol{R}(\boldsymbol{Q}_i^e)\boldsymbol{\beta}_i + \bar{\boldsymbol{\Gamma}}_i \tag{3.35}$$

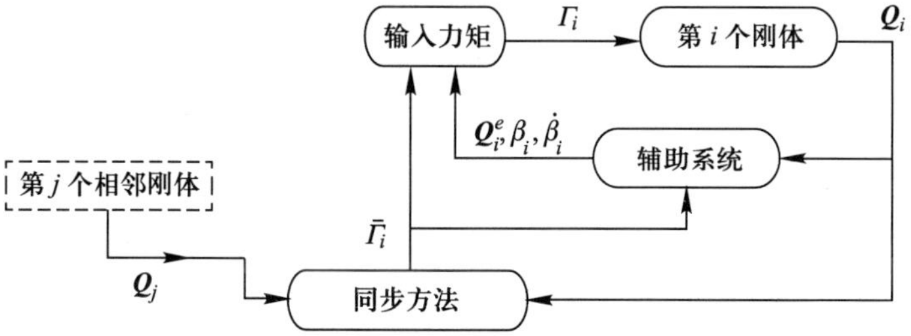

图 3.1 采用辅助系统的姿态同步

式中: $i \in \mathcal{N}, \boldsymbol{\beta}_i$ 在式 (3.30) 中定义, $\boldsymbol{Q}_i^e$ 在式 (3.31) 中定义, 式 (3.30) 和式 (3.35) 中的输入 $\bar{\boldsymbol{\Gamma}}_i$ 设计如下:

$$\bar{\boldsymbol{\Gamma}}_i = -\alpha \bar{\boldsymbol{u}}_i - \sum_{j=1}^{n} k_{ij} \boldsymbol{q}_{ij} \tag{3.36}$$

式中: $i \in \mathcal{N}$, $\boldsymbol{q}_{ij}$ 为式 (3.3) 定义的单位四元数 $\boldsymbol{Q}_{ij}$ 的向量部分, $k_{ij} \geqslant 0$ 是通信图 $\mathcal{G}$ 邻接矩阵的第 (i,j) 项, 并且

$$\bar{\boldsymbol{u}}_i = \begin{cases} k_l^q \tilde{\boldsymbol{q}}_l, & i = l \\ 0, & i \neq l \end{cases} \tag{3.37}$$

标量增益 $k_l^q > 0$, $\tilde{\boldsymbol{q}}_l$ 是单位四元数 $\tilde{\boldsymbol{Q}}_l := (\tilde{\boldsymbol{q}}_l^{\mathrm{T}}, \tilde{\eta}_l)^{\mathrm{T}}$ 的向量部分, $\tilde{\boldsymbol{Q}}_l$ 定义为

$$\tilde{\boldsymbol{Q}}_l = \boldsymbol{Q}_d^{-1} \odot \boldsymbol{Q}_l \tag{3.38}$$

并满足单位四元数动力学方程:

$$\dot{\tilde{\boldsymbol{Q}}}_l = \frac{1}{2} \boldsymbol{T}(\tilde{\boldsymbol{Q}}_l) \boldsymbol{\omega}_l \tag{3.39}$$

式中: 下标 "l" 为主导者。在主从姿态同步问题中, 恒定目标姿态 $\boldsymbol{Q}_d$ 仅当单独刚体作为主导者才可用。因此, 当处理无主姿态同步问题时, 常数 α 设为 0, 在主从式问题的情况下设为 1。图 3.1 是一个基于辅助系统的同步方案示意图。

定理 3.1 考虑系统式 (3.1)、式 (3.2) 及其控制律式 (3.35) ~ 式 (3.37) 和式 (3.28) ~ 式 (3.31)。假设信息流图 $\mathcal{G}$ 为一棵树。那么所有的信号是全局有界的, 可通过设置 $\alpha = 0$ 或 $\alpha = 1$ 来分别解决无主和主从式同步问题。此外, 如果存在一个时刻 $t_0 > 0$, 使得对于所有 $t \geqslant t_0$, $i \in \mathcal{N}$, 都有 $\eta_i(t) > 0$ (或者 $\eta_i(t) < 0$), 那么上述结论对任意连通无向通信图都成立。

证明 求出式 (3.33) 的时间导数如下:

$$\dot{\boldsymbol{\Omega}}_i = \dot{\boldsymbol{\omega}}_i - \boldsymbol{R}(\boldsymbol{Q}_i^e) \dot{\boldsymbol{\beta}}_i + \boldsymbol{S}(\boldsymbol{\Omega}_i) \boldsymbol{R}(\boldsymbol{Q}_i^e) \boldsymbol{\beta}_i \tag{3.40}$$

根据式 (3.2) 的姿态动力学方程和式 (3.33), 将上式两边同乘 $\boldsymbol{J}_i$ 可以得到

$$\begin{aligned} \boldsymbol{J}_i \dot{\boldsymbol{\Omega}}_i = {} & \boldsymbol{\Gamma}_i - \boldsymbol{S}(\boldsymbol{\Omega}_i + \boldsymbol{R}(\boldsymbol{Q}_i^e)\boldsymbol{\beta}_i) \boldsymbol{J}_i (\boldsymbol{\Omega}_i + \boldsymbol{R}(\boldsymbol{Q}_i^e)\boldsymbol{\beta}_i) - \\ & \boldsymbol{J}_i (\boldsymbol{S}(\boldsymbol{R}(\boldsymbol{Q}_i^e)\boldsymbol{\beta}_i)\boldsymbol{\Omega}_i + \boldsymbol{R}(\boldsymbol{Q}_i^e)\dot{\boldsymbol{\beta}}_i) \end{aligned} \tag{3.41}$$

利用向量的叉乘性质 (即 $\boldsymbol{S}(\boldsymbol{x})\boldsymbol{y} = \boldsymbol{x} \times \boldsymbol{y} = -\boldsymbol{S}(\boldsymbol{y})\boldsymbol{x} = -\boldsymbol{y} \times \boldsymbol{x}$), 进行一些代数运算后, 上述关系式可以重写为

$$\begin{aligned}\boldsymbol{J}_i\dot{\boldsymbol{\Omega}}_i = \boldsymbol{\Gamma}_i - \boldsymbol{S}(\boldsymbol{\Omega}_i)\boldsymbol{J}_i(\boldsymbol{\Omega}_i + \boldsymbol{R}(\boldsymbol{Q}_i^e)\boldsymbol{\beta}_i) - \boldsymbol{J}_i\boldsymbol{R}(\boldsymbol{Q}_i^e)\dot{\boldsymbol{\beta}}_i - \\ (\boldsymbol{S}(\boldsymbol{R}(\boldsymbol{Q}_i^e)\boldsymbol{\beta}_i)\boldsymbol{J}_i + \boldsymbol{J}_i\boldsymbol{S}(\boldsymbol{R}(\boldsymbol{Q}_i^e)\boldsymbol{\beta}_i))\boldsymbol{\Omega}_i - \\ \boldsymbol{S}(\boldsymbol{R}(\boldsymbol{Q}_i^e)\boldsymbol{\beta}_i)\boldsymbol{J}_i\boldsymbol{R}(\boldsymbol{Q}_i^e)\boldsymbol{\beta}_i\end{aligned} \tag{3.42}$$

由于 $\boldsymbol{J}_i = \boldsymbol{J}_i^{\mathrm{T}} > 0$, 很显然 $(\boldsymbol{S}(\boldsymbol{R}(\boldsymbol{Q}_i^e)\boldsymbol{\beta}_i)\boldsymbol{J}_i + \boldsymbol{J}_i\boldsymbol{S}(\boldsymbol{R}(\boldsymbol{Q}_i^e)\boldsymbol{\beta}_i))$ 是斜对称的, 可以写为

$$\boldsymbol{\Omega}_i^{\mathrm{T}}\boldsymbol{J}_i\dot{\boldsymbol{\Omega}}_i = \boldsymbol{\Omega}_i^{\mathrm{T}}(\boldsymbol{\Gamma}_i - \boldsymbol{J}_i\boldsymbol{R}(\boldsymbol{Q}_i^e)\dot{\boldsymbol{\beta}}_i - \boldsymbol{S}(\boldsymbol{R}(\boldsymbol{Q}_i^e)\boldsymbol{\beta}_i)\boldsymbol{J}_i\boldsymbol{R}(\boldsymbol{Q}_i^e)\boldsymbol{\beta}_i) \tag{3.43}$$

考虑下面的正定函数

$$\begin{aligned}V = \alpha k_l^q(\tilde{\boldsymbol{q}}_l^{\mathrm{T}}\tilde{\boldsymbol{q}}_l + (1-\tilde{\eta}_l)^2) + \frac{1}{2}\sum_{i=1}^{n}(\boldsymbol{\Omega}_i^{\mathrm{T}}\boldsymbol{J}_i\boldsymbol{\Omega}_i + \boldsymbol{\beta}_i^{\mathrm{T}}\boldsymbol{\beta}_i) + \\ \frac{1}{2}\sum_{i=1}^{n}\sum_{j=1}^{n}k_{ij}(\boldsymbol{q}_{ij}^{\mathrm{T}}\boldsymbol{q}_{ij} + (1-\eta_{ij})^2)\end{aligned} \tag{3.44}$$

式中: $\tilde{\eta}_l$ 和 η_{ij} 分别为单位四元数 $\tilde{\boldsymbol{Q}}_l$ 和 $\boldsymbol{Q}_{ij}$ 的标量部分。利用归一化约束式 (2.16), 上述正定函数可以重写为

$$V = 2\alpha k_l^q(1-\tilde{\eta}_l) + \frac{1}{2}\sum_{i=1}^{n}\left(\boldsymbol{\Omega}_i^{\mathrm{T}}\boldsymbol{J}_i\boldsymbol{\Omega}_i + \boldsymbol{\beta}_i^{\mathrm{T}}\boldsymbol{\beta}_i + 2\sum_{j=1}^{n}k_{ij}(1-\eta_{ij})\right) \tag{3.45}$$

根据式 (3.4)、式 (3.35)、式 (3.39) 和式 (3.33), 以及系统动力学方程式 (3.43) 的计算结果, 可以得到式 (3.45) 中 V 的时间导数为

$$\dot{V} = \alpha k_l^q\tilde{\boldsymbol{q}}_l^{\mathrm{T}}\boldsymbol{\omega}_l + \sum_{i=1}^{n}\left((\boldsymbol{\omega}_i - \boldsymbol{R}(\boldsymbol{Q}_i^e)\boldsymbol{\beta}_i)^{\mathrm{T}}\bar{\boldsymbol{\Gamma}}_i + \boldsymbol{\beta}_i^{\mathrm{T}}\dot{\boldsymbol{\beta}}_i + \frac{1}{2}\sum_{j=1}^{n}k_{ij}\boldsymbol{q}_{ij}^{\mathrm{T}}\boldsymbol{\omega}_{ij}\right) \tag{3.46}$$

利用式 (3.5)、式 (3.7)、式 (3.8) 和无向通信图的对称性, 即 $k_{ij} = k_{ji}$, 可以证明

$$\begin{aligned}\frac{1}{2}\sum_{i=1}^{n}\sum_{j=1}^{n}k_{ij}\boldsymbol{\omega}_{ij}^{\mathrm{T}}\boldsymbol{q}_{ij} &= \frac{1}{2}\sum_{i=1}^{n}\sum_{j=1}^{n}k_{ij}\boldsymbol{\omega}_i^{\mathrm{T}}\boldsymbol{q}_{ij} - \frac{1}{2}\sum_{i=1}^{n}\sum_{j=1}^{n}k_{ij}\boldsymbol{\omega}_j^{\mathrm{T}}\boldsymbol{R}(\boldsymbol{Q}_{ij})^{\mathrm{T}}\boldsymbol{q}_{ij} \\ &= \frac{1}{2}\sum_{i=1}^{n}\sum_{j=1}^{n}k_{ij}\boldsymbol{\omega}_i^{\mathrm{T}}\boldsymbol{q}_{ij} - \frac{1}{2}\sum_{j=1}^{n}\sum_{i=1}^{n}k_{ji}\boldsymbol{\omega}_i^{\mathrm{T}}\boldsymbol{q}_{ji} \\ &= \sum_{i=1}^{n}\sum_{j=1}^{n}k_{ij}\boldsymbol{\omega}_i^{\mathrm{T}}\boldsymbol{q}_{ij}\end{aligned} \tag{3.47}$$

因此, 应用式 (3.30)、式 (3.36) 和关系式

$$\sum_{i=1}^{n}\boldsymbol{\omega}_i^{\mathrm{T}}(-\alpha\bar{\boldsymbol{u}}_i)=-\alpha k_l^q\tilde{\boldsymbol{q}}_l^{\mathrm{T}}\boldsymbol{\omega}_l$$

可以得出

$$\dot{V}=-\sum_{i=1}^{n}\lambda_i\boldsymbol{\beta}_i^{\mathrm{T}}\boldsymbol{\beta}_i \tag{3.48}$$

式 (3.48) 用到了这一结论, 即对于任意单位四元数 $\boldsymbol{Q}=(\boldsymbol{q}^{\mathrm{T}},\eta)^{\mathrm{T}}$, 都有 $\boldsymbol{R}(\boldsymbol{Q})^{\mathrm{T}}\boldsymbol{q}=\boldsymbol{q}$。既然 $\dot{V}$ 是负半定的, 显然就有 $V(t)\leqslant V(0)$。又由于 $\boldsymbol{\Omega}_i$ 和 $\boldsymbol{\beta}_i$ 是全局有界的, 因而从式 (3.33) 可知 $\boldsymbol{\omega}_i$ $(i\in\mathcal{N})$ 也是全局有界的。依据定义, $\boldsymbol{Q}_{ij}$ 是自然有界的。将这一性质与式 (3.30) 相结合可推出 $\dot{\boldsymbol{\beta}}_i$ 有界, $i\in\mathcal{N}$。因此, 可以断定 $\ddot{V}$ 有界。借助 Barbalat 引理, 可推出 $\boldsymbol{\beta}_i\to 0$, $i\in\mathcal{N}$。

另外, 从式 (3.30) 的时间导数可以证明 $\ddot{\boldsymbol{\beta}}_i$ 有界。这一性质很容易证明, 因为已知 $\boldsymbol{\omega}_i$、$\boldsymbol{\Omega}_i$、$\dot{\boldsymbol{\beta}}_i$ 有界。再一次借助 Barbalat 引理, 可以得出 $\dot{\boldsymbol{\beta}}_i\to 0$。结果, 从式 (3.30) 可知 $\bar{\boldsymbol{\Gamma}}_i\to 0$, 于是就有

$$\alpha\bar{\boldsymbol{u}}_i+\sum_{j=1}^{n}k_{ij}^{p}\boldsymbol{q}_{ij}\to 0,\quad i\in\mathcal{N} \tag{3.49}$$

在 $\alpha=0$ 的情况下, 即无主姿态同步问题的情况下, 式 (3.49) 可简化为

$$\sum_{j=1}^{n}k_{ij}\boldsymbol{q}_{ij}\to 0,\quad i\in\mathcal{N} \tag{3.50}$$

如果通信图是一棵树, 则利用引理 3.1 可得出 $\boldsymbol{q}_{ij}\to 0$。结果, 对于所有 $i,j\in\mathcal{N}$, 有 $\boldsymbol{Q}_{ij}\to\pm\boldsymbol{Q}_I$, 由此得出, 所有刚体系统都将它们的姿态同步到一个相同的最终姿态。同样, 由于 $\dot{\boldsymbol{\Omega}}_i$ 有界, 从式 (3.41) 和式 (3.35) 可知 $\dot{\boldsymbol{\omega}}_i$ 和 $\dot{\boldsymbol{\omega}}_{ij}$ 有界, 并且从 Barbalat 引理可以推出 $\boldsymbol{\omega}_{ij}\to 0$, 因此对于所有 $i,j\in\mathcal{N}$ 有 $(\boldsymbol{\omega}_i-\boldsymbol{\omega}_j)\to 0$。于是, 无主姿态同步问题得到了解决。

在 $\alpha=1$ 的情况下, 即主从式姿态同步, 方程组式 (3.49) 将等价于

$$k_l^q\tilde{\boldsymbol{q}}_l+\sum_{j=1}^{n}k_{ij}\boldsymbol{q}_{ij}\to 0,\quad i\in\mathcal{N} \tag{3.51}$$

在 $i\in\mathcal{N}$ 范围内对所有方程求和, 有

$$k_l^q\tilde{\boldsymbol{q}}_l+\sum_{i=1}^{n}\sum_{j=1}^{n}k_{ij}\boldsymbol{q}_{ij}\to 0$$

利用无向通信图的对称性质和关系式 $\boldsymbol{q}_{ij}=-\boldsymbol{q}_{ji}$, 易于证得 $\sum_{i=1}^{n}\sum_{j=1}^{n}k_{ij}\boldsymbol{q}_{ij}=0$。根据这一结论和 $\dot{\boldsymbol{\omega}}_l$ 有界, 可以得出结论 $\tilde{\boldsymbol{q}}_l\to 0$ 和 $\boldsymbol{\omega}_l\to 0$。结果, 方程组式 (3.51) 可简化为式 (3.50), 类似上述情况, 通过引理 3.1 可以得出这样的结论, 即如果通信图是一棵树, 那么对于所有 $i,j\in\mathcal{N}$ 有 $\boldsymbol{Q}_{ij}\to\pm\boldsymbol{Q}_I$、$(\boldsymbol{\omega}_i-\boldsymbol{\omega}_j)\to 0$。由于 $\tilde{\boldsymbol{Q}}_l\to\pm\boldsymbol{Q}_I$, 可以推断出所有系统将它们的姿态同步到恒定的目标姿态 $\boldsymbol{Q}_d$, 从而主从式姿态同步问题获解。

另外, 式 (3.50) 具有渐近性。因此, 从引理 3.1 可以得出, 对于任意无向通信图来说, 如果存在一个时刻 $t_0>0$, 使得对于所有的 $t\geqslant t_0, i\in\mathcal{N}$, 都满足条件 $\eta_i(t)>0$ (或 $\eta_i(t)<0$), 则上述结论成立。

应当注意到, 在无主情况下, 定理 3.1 提出的在 $\alpha=0$ 时的控制方案确保了系统角速度收敛于一个共同的有界时变函数, 这可以从定理 3.1 的证明中看出来。在定理 3.1 的证明中, 可以验证各刚体的输入力矩式 (3.35) 渐近收敛于零并且极限角速度动力学方程满足:

$$\boldsymbol{J}_i\dot{\boldsymbol{\omega}}_i=-\boldsymbol{S}(\boldsymbol{\omega}_i)\boldsymbol{J}_i\boldsymbol{\omega}_i \tag{3.52}$$

在全状态信息情况下, 文献 [111] 已经得到了类似的结论, 它指出: 在类似于定理 3.1 中的通信图的条件下, 式 (3.17) 给出的控制律可确保在一个恒定的共同角速度下实现无主姿态同步。当角速度可用于反馈时, 这一结论可以通过补偿非线性项 $\boldsymbol{S}(\boldsymbol{\omega}_i)\boldsymbol{J}_i\boldsymbol{\omega}_i$ 来实现。

3.4.2 最终速度为零的无主姿态同步

没有为群中任何一个成员指定参考姿态, 但却期望实现最终角速度为零的姿态同步, 在这样的情况下, 可以通过允许一些系统的速度稳定于零来修改定理 3.1 的结论。类似于上述控制方案, 将群中各刚体与辅助系统式 (3.28) 及式 (3.30) 相关联, 并且考虑式 (3.31) 中的单位四元数误差 $\boldsymbol{Q}_i^e$。另外, 将群中的一些系统与一个第二辅助系统相关联, 第二辅助系统定义如下:

$$\dot{\boldsymbol{\Phi}}_i=\frac{1}{2}\boldsymbol{T}(\boldsymbol{\Phi}_i)\boldsymbol{\Psi}_i,\quad i\in\mathcal{I} \tag{3.53}$$

式中: $\boldsymbol{\Phi}_i:=(\boldsymbol{\phi}_i^{\mathrm{T}},\varsigma_i)^{\mathrm{T}}$ 为一个经过初始化 $|\boldsymbol{\Phi}_i(0)|=1$ 的单位四元数; $\boldsymbol{T}(\boldsymbol{\Phi}_i)$ 利用了 $\boldsymbol{\Phi}_i$ 的元素, 在式 (2.30) 中给出; $\mathcal{I}$ 为 $\mathcal{N}$ 的非空子集。辅助系统式 (3.53) 的输入 $\boldsymbol{\Psi}_i\in\mathbb{R}^3$ 定义如下:

$$\boldsymbol{\Psi}_i=\bar{\lambda}_i\tilde{\boldsymbol{\phi}}_i,\quad i\in\mathcal{I} \tag{3.54}$$

式中: $\bar{\lambda}_i$ 为一个严格正标量增益; $\tilde{\boldsymbol{\phi}}_i$ 为单位四元数 $\tilde{\boldsymbol{\Phi}}_i := (\tilde{\boldsymbol{\phi}}_i^{\mathrm{T}}, \tilde{\varsigma}_i)^{\mathrm{T}}$ 的向量部分, $\tilde{\boldsymbol{\Phi}}_i$ 定义如下:

$$\tilde{\boldsymbol{\Phi}}_i = \boldsymbol{\Phi}_i^{-1} \odot \boldsymbol{Q}_i, \quad i \in \mathcal{I} \tag{3.55}$$

可以直接证明 $\tilde{\boldsymbol{\Phi}}_i$ 由下式决定:

$$\dot{\tilde{\boldsymbol{\Phi}}}_i = \frac{1}{2}\boldsymbol{T}(\tilde{\boldsymbol{\Phi}}_i)(\boldsymbol{\omega}_i - \boldsymbol{R}(\tilde{\boldsymbol{\Phi}}_i)\boldsymbol{\Psi}_i) \tag{3.56}$$

$\boldsymbol{T}(\tilde{\boldsymbol{\Phi}}_i)$ 的定义类似于式 (2.30)。

令每个刚体的控制输入在式 (3.35) 中给出, 式 (3.35) 和式 (3.30) 中的 $\bar{\boldsymbol{\Gamma}}_i$ 在式 (3.36) 中给出, 其中 $\alpha = 1$, 并且

$$\bar{\boldsymbol{u}}_i = \begin{cases} k_i^{\phi}\tilde{\boldsymbol{\phi}}_i, & i \in \mathcal{I} \\ 0, & \text{其他} \end{cases} \tag{3.57}$$

其中控制增益的定义如定理 3.1, 标量增益 $k_i^{\phi} > 0$, $\tilde{\boldsymbol{\phi}}_i$ 是式 (3.53) 中单位四元数 $\tilde{\boldsymbol{\Phi}}_i$ 的向量部分。值得注意的是, 集合 $\mathcal{I}$ 的定义表明群中至少有一个系统实现了动力系统式 (3.53)。

定理 3.2 考虑系统式 (3.1)、式 (3.2) 及其控制律式 (3.35)、式 (3.36)、式 (3.28) ~ 式 (3.31) 以及式 (3.53) ~ 式 (3.57)。假设无向通信图 $\mathcal{G}$ 为一棵树, 那么对于所有的 $i, j \in \mathcal{N}$, 所有信号全局有界, 且 $\boldsymbol{Q}_{ij} \to \pm\boldsymbol{Q}_I$, $\boldsymbol{\omega}_i \to 0$。而且, 如果存在一个时刻 $t_0 > 0$, 使得对于所有 $t \geqslant t_0$, $i \in \mathcal{N}$, 都有 $\eta_i(t) > 0$ (或者 $\eta_i(t) < 0$), 那么上述结论对于任意连通无向通信图都成立。

证明 式 (3.41) 中 $\boldsymbol{\Omega}_i$ 的动力学可用式 (3.35) 表示如下:

$$\boldsymbol{\Omega}_i^{\mathrm{T}}\boldsymbol{J}_i\dot{\boldsymbol{\Omega}}_i = \boldsymbol{\Omega}_i^{\mathrm{T}}\bar{\boldsymbol{\Gamma}}_i \tag{3.58}$$

考虑下面的正定函数

$$V = \frac{1}{2}\sum_{i=1}^{n}\left(\boldsymbol{\Omega}_i^{\mathrm{T}}\boldsymbol{J}_i\boldsymbol{\Omega}_i + \boldsymbol{\beta}_i^{\mathrm{T}}\boldsymbol{\beta}_i + 2\sum_{j=1}^{n}k_{ij}^{p}(1-\eta_{ij})\right) + 2\sum_{i\in\mathcal{I}}k_i^{\phi}(1-\tilde{\varsigma}_i) \tag{3.59}$$

式中: $\tilde{\varsigma}_i$ 为单位四元数 $\tilde{\boldsymbol{\Phi}}_i$ 的标量部分。采用类似于定理 3.1 的证明步骤, 并且利用式 (3.58)、式 (3.56) 和式 (3.33), 得到 V 的时间导数为

$$\begin{aligned}\dot{V} = &\sum_{i=1}^{n}\left((\boldsymbol{\omega}_i - \boldsymbol{R}(\boldsymbol{Q}_i^e)\boldsymbol{\beta}_i)^{\mathrm{T}}\bar{\boldsymbol{\Gamma}}_i + \boldsymbol{\beta}_i^{\mathrm{T}}\dot{\boldsymbol{\beta}}_i + \frac{1}{2}\sum_{j=1}^{n}k_{ij}\boldsymbol{q}_{ij}^{\mathrm{T}}\boldsymbol{\omega}_{ij}\right) + \\ &\sum_{i\in\mathcal{I}}k_i^{\phi}\tilde{\boldsymbol{\phi}}_i^{\mathrm{T}}(\boldsymbol{\Omega}_i + \boldsymbol{R}(\boldsymbol{Q}_i^e)\boldsymbol{\beta}_i - \boldsymbol{R}(\tilde{\boldsymbol{\Phi}}_i)\boldsymbol{\Psi}_i)\end{aligned} \tag{3.60}$$

然后, 应用输入向量式 (3.30)、式 (3.36) 以及式 (3.54)、式 (3.57), 并且利用关系式 (3.47) 可得出

$$\dot{V} = -\sum_{i=1}^{n} \lambda_i \boldsymbol{\beta}_i^{\mathrm{T}} \boldsymbol{\beta}_i - \sum_{i \in \mathcal{I}}^{n} \bar{\lambda}_i k_i^{\phi} \tilde{\boldsymbol{\phi}}_i^{\mathrm{T}} \tilde{\boldsymbol{\phi}}_i \tag{3.61}$$

由上式可得出 $\boldsymbol{\Omega}_i$、$\boldsymbol{\beta}_i$ 有界, 因此 $\boldsymbol{\omega}_i$ 有界。另外, 从式 (3.54) 可以证明 $\boldsymbol{\Psi}_i$ $(i \in I)$ 有界, 因此 $\dot{\tilde{\boldsymbol{\Phi}}}_i$ 有界, $i \in \mathcal{I}$。同样, 从式 (3.30) 及式 (3.36)、式 (3.57) 可知 $\dot{\boldsymbol{\beta}}_i$ 有界, $i \in \mathcal{I}$。结果得到 $\ddot{V}$ 有界。借助 Barbalat 引理, 可知 $\boldsymbol{\beta}_i \to 0$ $(i \in \mathcal{N})$, $\tilde{\boldsymbol{\phi}}_i \to 0$ $(i \in \mathcal{I})$。而且, 从式 (3.30) 的时间导数可证明 $\ddot{\boldsymbol{\beta}}_i$ 有界, $i \in \mathcal{N}$, 借助 Barbalat 引理可知 $\dot{\boldsymbol{\beta}}_i \to 0$, $i \in \mathcal{N}$。

因此, 利用式 (3.35)、式 (3.36)、式 (3.57), 显然动力学方程式 (3.30) 可以简化为式 (3.50), 并且如果无向通信图是一棵树, 则可以从引理 3.1 推出对于所有的 $i, j \in \mathcal{N}$, 都有 $\boldsymbol{Q}_{ij} \to \pm \boldsymbol{Q}_I$。同样, 可知 $\dot{\boldsymbol{\Omega}}_i$、$\dot{\boldsymbol{\omega}}_i$ 有界, 借助 Barbalat 引理可以推出对于所有 $i, j \in \mathcal{N}$, 都有 $(\boldsymbol{\omega}_i - \boldsymbol{\omega}_j) \to 0$。

利用以上结果, 可以证明 $\ddot{\tilde{\boldsymbol{\Phi}}}_i$ 有界, $i \in \mathcal{I}$。由于已知 $\tilde{\boldsymbol{\Phi}}_i \to 0$ $(i \in \mathcal{I})$, 因此再次借助 Barbalat 引理可以推出 $\dot{\tilde{\boldsymbol{\Phi}}}_i \to 0$, $i \in \mathcal{I}$。结果从式 (3.56) 可推出 $\boldsymbol{\omega}_i \to 0$, $i \in \mathcal{I}$, 既然已知对于所有的 $i, j \in \mathcal{N}$ 有 $(\boldsymbol{\omega}_i - \boldsymbol{\omega}_j) \to 0$, 则可推出 $\boldsymbol{\omega}_i \to 0$, $i \in \mathcal{N}$。证明的最后一部分可根据引理 3.1 的结论得到。

3.4.3 协同姿态跟踪

本小节的目标是设计单独的控制律, 允许群中的所有成员协同跟踪一个时变参考姿态, 该参考姿态由式 (3.10) 所决定的单位四元数 $\boldsymbol{Q}_d$ 给出。假设期望角速度 $\boldsymbol{\omega}_d$ 及其一阶导数 $\dot{\boldsymbol{\omega}}_d$ 有界, 第 i 个刚体的姿态跟踪误差用式 (3.11) 定义的单位四元数 $\tilde{\boldsymbol{Q}}_i$ 表示, 它由式 (3.12)、式 (3.13) 确定。另外, 利用辅助系统式 (3.28) ~ 式 (3.30), 可将式 (3.11) 给出的第 i 个刚体姿态跟踪误差与辅助系统式 (3.28) ~ 式 (3.30) 输出之间的偏差用单位四元数 $\tilde{\boldsymbol{Q}}_i^e := (\tilde{\boldsymbol{q}}_i^{e\mathrm{T}}, \tilde{\eta}_i^e)^{\mathrm{T}}$ 表示, $\tilde{\boldsymbol{Q}}_i^e$ 的定义如下:

$$\tilde{\boldsymbol{Q}}_i^e = \boldsymbol{Q}_{pi}^{-1} \odot \tilde{\boldsymbol{Q}}_i \tag{3.62}$$

$\tilde{\boldsymbol{Q}}_i^e$ 满足单位四元数动力学, 即

$$\dot{\tilde{\boldsymbol{Q}}}_i^e = \frac{1}{2} \boldsymbol{T}(\tilde{\boldsymbol{Q}}_i^e) \tilde{\boldsymbol{\Omega}}_i \tag{3.63}$$

$$\tilde{\boldsymbol{\Omega}}_i = \tilde{\boldsymbol{\omega}}_i - \boldsymbol{R}(\tilde{\boldsymbol{Q}}_i^e) \boldsymbol{\beta}_i \tag{3.64}$$

式中: $\tilde{\boldsymbol{\omega}}_i$ 为角速度跟踪误差式 (3.13); $\boldsymbol{T}(\tilde{\boldsymbol{Q}}_i^e)$ 可通过与式 (2.30) 相类似的计算方法来得到, $\boldsymbol{R}(\tilde{\boldsymbol{Q}}_i^e)$ 是与 $\tilde{\boldsymbol{Q}}_i^e$ 相关的旋转矩阵。

考虑各刚体的输入力矩为

$$\boldsymbol{\Gamma}_i = \boldsymbol{f}_i(\boldsymbol{\omega}_d, \dot{\boldsymbol{\omega}}_d, \boldsymbol{\beta}_i, \dot{\boldsymbol{\beta}}_i, \tilde{\boldsymbol{Q}}_i, \tilde{\boldsymbol{Q}}_i^e) + \bar{\boldsymbol{\Gamma}}_i \tag{3.65}$$

式中

$$\begin{aligned} \boldsymbol{f}_i(\cdot) = \boldsymbol{J}_i(&\boldsymbol{R}(\tilde{\boldsymbol{Q}}_i)\dot{\boldsymbol{\omega}}_d + \boldsymbol{R}(\tilde{\boldsymbol{Q}}_i^e)\dot{\boldsymbol{\beta}}_i + \boldsymbol{S}(\boldsymbol{R}(\tilde{\boldsymbol{Q}}_i)\boldsymbol{\omega}_d)\boldsymbol{R}(\tilde{\boldsymbol{Q}}_i^e)\boldsymbol{\beta}_i) + \\ &\boldsymbol{S}(\boldsymbol{R}(\tilde{\boldsymbol{Q}}_i)\boldsymbol{\omega}_d + \boldsymbol{R}(\tilde{\boldsymbol{Q}}_i^e)\boldsymbol{\beta}_i)\boldsymbol{J}_i(\boldsymbol{R}(\tilde{\boldsymbol{Q}}_i)\boldsymbol{\omega}_d + \boldsymbol{R}(\tilde{\boldsymbol{Q}}_i^e)\boldsymbol{\beta}_i) \end{aligned} \tag{3.66}$$

式 (3.65)、式 (3.30) 中的输入 $\bar{\boldsymbol{\Gamma}}_i$ 的表达式为

$$\bar{\boldsymbol{\Gamma}}_i = -k_i^p \tilde{\boldsymbol{q}}_i - \sum_{j=1}^{n} k_{ij}\boldsymbol{q}_{ij} \tag{3.67}$$

式中: $\tilde{\boldsymbol{q}}_i$ 为式 (3.11) 定义的 $\tilde{\boldsymbol{Q}}_i$ 的向量部分; k_i^p 为一个严格正标量增益; k_{ij} 的定义同定理 3.1。

定理 3.3 在控制律式 (3.65) ~ 式 (3.67) 及式 (3.28) ~ 式 (3.30) 下, 考虑系统式 (3.1) ~ 式 (3.2)。如果控制增益满足条件式 (3.16), 那么所有信号全局有界, 所有系统都将它们的姿态同步到时变参考姿态 $\boldsymbol{Q}_d$, 即对于所有 $i, j \in \mathcal{N}$ 都有 $\tilde{\boldsymbol{Q}}_i \to \pm\boldsymbol{Q}_I$, 且 $\boldsymbol{\omega}_i \to \boldsymbol{\omega}_d$。而且, 如果存在一个时刻 $t_0 > 0$, 使得对于所有 $t \geqslant t_0$, $i \in \mathcal{N}$, 都有 $\tilde{\eta}_i(t) > 0$, 那么针对上述控制增益可无条件获得相同的收敛结果。

证明 证明详见附录 A.4 节。

备注 3.1 可以证明上述同步控制方案可以应用于目标角速度是零或常数的情况。另外, 上述同步控制方案易于扩展到这样的情况, 即在编队机动过程中要求所有系统都保持一个恒定的相对姿态。

本节给出的姿态同步方案是基于具有动态输入辅助系统实现的, 以便在无角速度测量的情况下实现控制目标。采用这种方法的主要优点是仅在相邻刚体间传递绝对姿态, 因此与 3.3 节讨论的状态反馈控制方案相比, 降低了群成员间的通信流量要求。然而, 应当注意的是, 所有上述控制方案都要求精确知道刚体的惯性矩阵, 而刚体的惯性矩阵包含了一些几乎不是先验有界的项。这在一些实际情况中, 如由于执行机构的物理特性使系统的惯性矩阵不确定且系统输入饱和时, 可能会引发一些问题。

3.5 免速度测量的姿态同步 —— 方法二

本节将考虑无角速度测量情况下的多刚体系统姿态同步问题, 在这种情况下各个系统的输入满足输入饱和约束, 即 $\|\boldsymbol{\Gamma}_i\|_\infty \leqslant \boldsymbol{\Gamma}_{\max}$, $i \in \mathcal{N}$。

将群中各个刚体与单位四元数辅助系统式 (3.28) 相关联, 即

$$\dot{\boldsymbol{Q}}_{pi} = \frac{1}{2}\boldsymbol{T}(\boldsymbol{Q}_{pi})\boldsymbol{\beta}_i \tag{3.68}$$

式中: $|\boldsymbol{Q}_{pi}(0)| = 1$; $\boldsymbol{T}(\boldsymbol{Q}_{pi})$ 在式 (3.29) 中给出; $\boldsymbol{\beta}_i$ 为需要设计的输入。通过设计辅助系统的静态输入可实现本节的控制目标, 这在后面的分析中可清晰看出。

考虑式 (3.31) 中定义的单位四元数误差 $\boldsymbol{Q}_i^e := (\boldsymbol{q}_i^{e\mathrm{T}}, \eta_i^e)^{\mathrm{T}}$, 即

$$\boldsymbol{Q}_i^e = \boldsymbol{Q}_{pi}^{-1} \odot \boldsymbol{Q}_i \tag{3.69}$$

上式服从动力学方程式 (3.32), 令单位四元数 $\tilde{\boldsymbol{Q}}_{ij}^e := (\tilde{\boldsymbol{q}}_{ij}^{e\mathrm{T}}, \tilde{\eta}_{ij}^e)^{\mathrm{T}}$ 表示第 i 个系统误差向量 $\boldsymbol{Q}_i^e$ 与第 j 个系统误差向量之间的偏差, 定义为

$$\tilde{\boldsymbol{Q}}_{ij}^e = \boldsymbol{Q}_j^{e^{-1}} \odot \boldsymbol{Q}_i^e \tag{3.70}$$

可直接证明, $\tilde{\boldsymbol{Q}}_{ij}^e$ 由下面的动力学方程决定:

$$\dot{\tilde{\boldsymbol{Q}}}_{ij}^e = \frac{1}{2}\boldsymbol{T}(\tilde{\boldsymbol{Q}}_{ij}^e)\tilde{\boldsymbol{\Omega}}_{ij} \tag{3.71}$$

$$\tilde{\boldsymbol{\Omega}}_{ij} = \boldsymbol{\Omega}_i - \boldsymbol{R}(\tilde{\boldsymbol{Q}}_{ij}^e)\boldsymbol{\Omega}_j \tag{3.72}$$

式中: $\boldsymbol{\Omega}_i$ 在式 (3.33) 中给出。

3.5.1 无主和主从式姿态同步

类似 3.4.1 小节, 在相同的框架中处理无主和主从式同步问题, 并且考虑各个刚体免速测量情况下的力矩输入如下:

$$\boldsymbol{\Gamma}_i = -\alpha\bar{\boldsymbol{u}}_i - k_i^d\boldsymbol{q}_i^e - \sum_{j=1}^{n} k_{ij}\boldsymbol{q}_{ij} \tag{3.73}$$

式中: $i \in \mathcal{N}$, $\boldsymbol{q}_{ij}$ 为式 (3.3) 中定义的单位四元数 $\boldsymbol{Q}_{ij}$ 的向量部分; $\boldsymbol{q}_i^e$ 为式 (3.69) 中定义的 $\boldsymbol{Q}_i^e$ 的向量部分, 则

$$\bar{\boldsymbol{u}}_i = \begin{cases} k_l^q\tilde{\boldsymbol{q}}_l, & i = l \\ 0, & i \neq l \end{cases} \tag{3.74}$$

式中: 向量 $\tilde{\boldsymbol{q}}_l$ 为式 (3.38) 中定义的 $\tilde{\boldsymbol{Q}}_l$ 的向量部分; 下标 "l" 用于标明主导系统; 控制增益定义已在定理 3.1 中给出; k_i^d 为一个严格正标量增益。注意输入力矩式 (3.73) 和式 (3.74) 由纯单位四元数反馈项构成, 因此, 无论系统状态如何, 输入力矩都有一个如下的先验界, 即

$$\|\boldsymbol{\Gamma}_i\|_\infty \leqslant \alpha\|\bar{\boldsymbol{u}}_i\|_\infty + k_i^d + \sum_{j=1}^{n} k_{ij} \tag{3.75}$$

式中: 当 $i = l$ 时, $\|\bar{\boldsymbol{u}}_i\|_\infty = k_l^q$, 其他情况为零。因此, 设计者通过适当选择控制增益, 就可轻松设置控制力矩的目标边界。

定理 3.4 考虑系统式 (3.1)、式 (3.2) 以及控制律式 (3.73)、式 (3.74)。令辅助系统式 (3.68) 的输入为

$$\boldsymbol{\beta}_i = \lambda_i \boldsymbol{q}_i^e \tag{3.76}$$

其中标量增益 $\lambda_i > 0$。

如果无向通信图是一棵树并且控制增益满足

$$\alpha\|\bar{\boldsymbol{u}}_i\|_\infty + k_i^d + \sum_{j=1}^{n} k_{ij} \leqslant \boldsymbol{\Gamma}_{\max} \tag{3.77}$$

那么所有信号都是全局有界的, $\|\boldsymbol{\Gamma}_i\|_\infty \leqslant \boldsymbol{\Gamma}_{\max}$, $\boldsymbol{\omega}_i \to 0$, $i \in \mathcal{N}$。另外, 通过设置 $\alpha = 1$, 可以保证所有刚体系统同步它们的姿态到主刚体可以达到的恒定姿态 $\boldsymbol{Q}_d$。同样, 通过设置 $\alpha = 0$ 可以保证 $\boldsymbol{Q}_{ij} \to \pm\boldsymbol{Q}_I$, $i, j \in \mathcal{N}$。而且, 如果存在一个时刻 $t_0 > 0$, 使得对于所有 $t \geqslant t_0$, $i \in \mathcal{N}$, $\eta_i(t) > 0$ (或者 $\eta_i(t) < 0$), 那么上述结论对于任何连通无向通信图都成立。

证明 首先, 从式 (3.75) 可以看出控制输入所需的上边界由条件式 (3.77) 决定。考虑下面的类李雅普诺夫函数

$$V = 2\alpha k_l^q(1-\tilde{\eta}_l) + \sum_{i=1}^{n}\left(\frac{1}{2}\boldsymbol{\omega}_i^{\mathrm{T}}\boldsymbol{J}_i\boldsymbol{\omega}_i + 2k_i^d(1-\eta_i^e) + \sum_{j=1}^{n} k_{ij}(1-\eta_{ij})\right) \tag{3.78}$$

式中: $\tilde{\eta}_l$、η_i^e 和 η_{ij} 分别为 $\tilde{\boldsymbol{Q}}_l$、$\boldsymbol{Q}_i^e$ 和 $\boldsymbol{Q}_{ij}$ 的标量部分。根据闭环动力学方程式 (3.2) 及式 (3.4)、式 (3.32) 与式 (3.39) 计算得到式 (3.78) 中 V 的时间导数为

$$\dot{V} = \alpha k_l^q \tilde{\boldsymbol{q}}_l^{\mathrm{T}}\boldsymbol{\omega}_l + \sum_{i=1}^{n}\left(\boldsymbol{\omega}_i^{\mathrm{T}}\boldsymbol{\Gamma}_i + k_i^d(\boldsymbol{\omega}_i - \boldsymbol{R}(\boldsymbol{Q}_i^e)\boldsymbol{\beta}_i)^{\mathrm{T}}\boldsymbol{q}_i^e + \frac{1}{2}\sum_{j=1}^{n} k_{ij}\boldsymbol{\omega}_{ij}^{\mathrm{T}}\boldsymbol{q}_{ij}\right) \tag{3.79}$$

应用输入式 (3.73) ~ 式 (3.74) 和式 (3.76), 并采用类似于定理 3.1 的证明步骤, 可得到

$$\dot{V} = -\sum_{i=1}^{n} \lambda_i k_i^d \boldsymbol{q}_i^{e^{\mathrm{T}}} \boldsymbol{q}_i^e \tag{3.80}$$

因此, 推出 $V(t) \leqslant V(0)$, $\boldsymbol{\omega}_i$ 全局有界, 既然 $\boldsymbol{\beta}_i$ 有界, 那么式 (3.32) ~ 式 (3.34) 中给出的 $\boldsymbol{\Omega}_i$ 和 $\dot{\boldsymbol{Q}}_i^e$ 有界。从而 $\ddot{V}$ 有界, 利用 Barbalat 引理, 可知 $\boldsymbol{q}_i^e \to 0, \boldsymbol{\beta}_i \to 0, i \in \mathcal{N}$。同样可以证明 $\dot{\boldsymbol{\omega}}_i$ 有界, 从式 (3.33)、式 (3.34) 以及式 (3.76) 还可以推出 $\ddot{\boldsymbol{Q}}_i^e$ 有界, 因此 $\dot{\boldsymbol{Q}}_i^e \to 0$、$\boldsymbol{\Omega}_i \to 0, \boldsymbol{\omega}_i \to 0, i \in \mathcal{N}$。

而且, 从闭环动力学方程式 (3.2) 及式 (3.73)、式 (3.74) 可以看出 $\ddot{\boldsymbol{\omega}}_i$ 有界。借助 Barbalat 引理, 可推出 $\dot{\boldsymbol{\omega}}_i \to 0, i \in \mathcal{N}$, 闭环方程可简化为

$$\alpha \bar{\boldsymbol{u}}_i + \sum_{j=1}^{n} k_{ij} \boldsymbol{q}_{ij} \to 0, \quad i \in \mathcal{N} \tag{3.81}$$

注意: 这个方程组已经在式 (3.49) 中获得。那么采用类似于定理 3.1 的证明步骤, 通过设置 $\alpha = 0$, 可以推出 $\boldsymbol{Q}_{ij} \to \pm \boldsymbol{Q}_I$。同样, 令 $\alpha = 1$, 可以得出这样的结论, 即所有系统将它们的姿态同步到只有主系统可达到的恒定目标姿态 $\boldsymbol{Q}_d$。证明的余下部分采取与定理 3.1 和引理 3.1 最后一部分证明相似的思路。

定理 3.4 中的控制方案扩展了定理 3.1 和定理 3.2 中的结论, 用来解决输入饱合约束。上述控制律的一个重要特征是其独立于系统惯性矩阵。这就增强了系统对不确定的鲁棒性 (稳健性)。另外, 群中邻近刚体间传递的仅为绝对姿态。这主要是由于在控制律中使用辅助系统式 (3.69) 的输出取代了实际的角速度, 以便所有系统的速度趋于零。

值得一提的是, 上述控制方案可以通过合并式 (3.70) 中定义的辅助系统输出之间的相对误差来更改。利用实际的相对速度将产生必要的衰减, 因而改善了系统的瞬时响应。然而, 更多的信息需要在群成员间传递, 这就增加了网络中的通信需求。有了这个附加信息交换, 在假定所有系统有相同惯性矩阵的条件下, 可以得到最终角速度不为零情况下无主姿态同步问题的一个解决方案。

定理 3.5 考虑系统式 (3.1)、式 (3.2) 及其控制律:

$$\boldsymbol{\Gamma}_i = -\sum_{j=1}^{n} k_{ij} (\boldsymbol{q}_{ij} + \bar{\gamma} \tilde{\boldsymbol{q}}_{ij}^e) \tag{3.82}$$

式中: 控制参数在定理 3.4 中定义; $\bar{\gamma} > 0$ 为一个标量增益; $\tilde{\boldsymbol{q}}_{ij}^e$ 为式 (3.70) 中定义的单位四元数 $\tilde{\boldsymbol{Q}}_{ij}^e$ 的向量部分。辅助系统式 (3.68) 的输入给出如下:

$$\boldsymbol{\beta}_i = \lambda_i \boldsymbol{R}(\boldsymbol{Q}_i^e)^{\mathrm{T}} \left(\sum_{j=1}^{n} k_{ij} \tilde{\boldsymbol{q}}_{ij}^e \right) \tag{3.83}$$

式中: $\lambda_i > 0$, $\boldsymbol{Q}_i^e$ 在式 (3.69) 中定义。令无向通信图 $\mathcal{G}$ 是一棵树。控制器增益满足

$$(\bar{\gamma} + 1) \sum_{j=1}^{n} k_{ij} \leqslant \boldsymbol{\Gamma}_{\max} \tag{3.84}$$

那么所有信号全局有界, $\|\boldsymbol{\Gamma}_i\|_{\infty} \leqslant \Gamma_{\max}$, 且 $(\boldsymbol{\omega}_i - \boldsymbol{\omega}_j) \to 0, i, j \in \mathcal{N}$。另外, 如果所有刚体系统是同类的, 即 $\boldsymbol{J}_i = \boldsymbol{J}$, $i, j \in \mathcal{N}$, 那么所有系统将它们的姿态同步到相同的最终姿态, 即 $\boldsymbol{Q}_{ij} \to \pm \boldsymbol{Q}_I$, $i, j \in \mathcal{N}$。而且, 如果存在一个时刻 $t_0 > 0$, 使得对于所有 $t > t_0, i \in \mathcal{N}$, 都有 $\eta_i(t) > 0$ (或者 $\eta_i(t) < 0$), 那么上述结论对于任何连通无向通信图都成立。

证明 证明在附录 A.5 节给出。

和定理 3.1(当 $\alpha = 0$ 时) 的结果类似, 定理 3.5 中的姿态同步方案保证了所有系统角速度收敛到一个有界时变函数。这主要是由于 $\boldsymbol{S}(\boldsymbol{\omega}_i)\boldsymbol{J}_i\boldsymbol{\omega}_i$ 项因缺乏角速度信息而不能被控制律抵消。同样的原因, 惯性矩阵不能用于控制律, 这一点与文献 [111] 在全状态信息条件下所提出的同步方案式 (3.17) 有所不同。结果, 上述姿态同步方案只能用于同类系统, 它不同于定理 3.1 中无主姿态同步方案的情况。

3.5.2 协同姿态跟踪

在群中系统受输入饱和约束的情况下, 假定目标角速度及其一阶时间导数上有界, 即对于一些具有严格正实性的 ρ 和 κ 有 $\|\boldsymbol{\omega}_d\|_{\infty} \leqslant \rho$ 且 $\|\dot{\boldsymbol{\omega}}_d\|_{\infty} \leqslant \kappa$。利用 3.3 节讨论的行为设计策略, 考虑控制结构式 (3.23), 其中 $\boldsymbol{\Gamma}_i^1$ 由下式给出:

$$\boldsymbol{\Gamma}_i^1 = \boldsymbol{J}_i \boldsymbol{R}(\tilde{\boldsymbol{Q}}_i)\dot{\boldsymbol{\omega}}_d + \boldsymbol{S}(\boldsymbol{R}(\tilde{\boldsymbol{Q}}_i)\boldsymbol{\omega}_d)\boldsymbol{J}_i \boldsymbol{R}(\tilde{\boldsymbol{Q}}_i)\boldsymbol{\omega}_d - k_i^p \tilde{\boldsymbol{q}}_i - k_i^d \boldsymbol{q}_i^e \tag{3.85}$$

式中: 控制增益的定义同定理 3.3, $\tilde{\boldsymbol{q}}_i$ 为式 (3.11) 中定义的 $\tilde{\boldsymbol{Q}}_i$ 的向量部分; $\boldsymbol{q}_i^e$ 为式 (3.69) 中定义的单位四元数 $\boldsymbol{Q}_i^e$ 的向量部分。跟踪控制方案式 (3.85) 已在文献 [140] 中进行了详述。

为保持编队, 提出下面的控制律:

$$\boldsymbol{\Gamma}_i^2 = -\sum_{j=1}^{n} k_{ij}(\boldsymbol{q}_{ij} + \bar{\gamma}\tilde{\boldsymbol{q}}_{ij}^e) \tag{3.86}$$

式中: 控制增益的定义同定理 3.5, $\boldsymbol{q}_{ij}$ 为式 (3.3) 给出的单位四元数 $\boldsymbol{Q}_{ij}$ 的向量部分; $\tilde{\boldsymbol{q}}_{ij}^e$ 为式 (3.70) 给出的单位四元数 $\tilde{\boldsymbol{Q}}_{ij}^e$ 的向量部分, 由式 (3.71)、式 (3.72) 决定。同样, 辅助系统式 (3.68) 的输入由下式给出:

$$\boldsymbol{\beta}_i = \boldsymbol{R}(\boldsymbol{Q}_i^e)^{\mathrm{T}}(\boldsymbol{R}(\tilde{\boldsymbol{Q}}_i)\boldsymbol{\omega}_d + \lambda_i\bar{\boldsymbol{\Gamma}}_i) \tag{3.87}$$

式中: λ_i 为一个正的标量增益, 并且

$$\bar{\boldsymbol{\Gamma}}_i = k_i^d\boldsymbol{q}_i^e + \bar{\gamma}\sum_{j=1}^{n} k_{ij}\tilde{\boldsymbol{q}}_{ij}^e \tag{3.88}$$

可以发现输入力矩式 (3.23) 连同式 (3.85)、式 (3.86) 由纯单位四元数反馈项、目标轨迹相关项和系统参数组成。因此, 不管角速度如何, 其控制力都是有界的, 即

$$\|\boldsymbol{\Gamma}_i\|_\infty \leqslant \|\boldsymbol{J}_i\|(\kappa + \rho^2) + k_i^p + k_i^d + (\bar{\gamma} + 1)\sum_{j=1}^{n} k_{ij} \tag{3.89}$$

定理 3.6 考虑系统式 (3.1)、式 (3.2)、控制律式 (3.23) 以及式 (3.85)、式 (3.86) 和式 (3.68), 辅助系统式 (3.68) 的输入由式 (3.87)、式 (3.88) 给出。如果选择控制增益使其满足条件式 (3.16) 和

$$k_i^d > 2\bar{\gamma}\sum_{j=1}^{n} k_{ij} \tag{3.90}$$

$$k_i^p + k_i^d + (\bar{\gamma} + 1)\sum_{j=1}^{n} k_{ij} + \|\boldsymbol{J}_i\|(\kappa + \rho^2) \leqslant \boldsymbol{\Gamma}_{\max} \tag{3.91}$$

那么所有信号都是全局有界的, 对于所有的 $i, j \in \mathcal{N}$, $\|\boldsymbol{\Gamma}_i\|_\infty \leqslant \boldsymbol{\Gamma}_{\max}$, $\tilde{\boldsymbol{Q}}_i \to \pm\boldsymbol{Q}_I$ 且 $\boldsymbol{\omega}_i \to \boldsymbol{\omega}_d$。而且, 如果存在一个时刻 $t_0 > 0$, 使得对于所有 $t \geqslant t_0$, $i \in \mathcal{N}$, 都有 $\tilde{\eta}_i(t) > 0$ 并且 $\eta_i^e(t) > 0$, 那么对于控制增益, 上述结论无条件成立。

证明 证明在附录 A.6 节中给出。

备注 3.2 应当注意到，对控制增益式 (3.16) 和式 (3.90) 的条件约束意味着目标搜索行为的优先权高于编队控制行为的优先权。这种免速测量的结果非常类似于文献 [111] 和文献 [144] 中全状态信息情况 (带角速度测量的情况) 下得到的结果，其中控制增益的类似条件也已在文献 [111] 和文献 [144] 中给出了。如果存在一个时刻 $t_0 > 0$，使得对于所有 $t \geqslant t_0$，$i \in \mathcal{N}$，都有 $\tilde{\eta}_i(t) > 0$，那么就不需要这些条件了。在群中只有两个系统构成的主从关系中，为了解决其相对姿态控制问题，文献 [75] 假设标量部分 $\tilde{\eta}_i$ 初始化为正，并且始终不改变符号；文献 [79] 在早期的研究工作中，在一个适当吸引域内选择初始系统状态的条件下，给出了这个假设的一个解析证明。

3.6 仿真结果

本节给出仿真结果，以例证本章所提出的免角速度测量的姿态同步方案的有效性。仿真是利用 MATLAB/SIMULINK 进行操作，并考虑一组四刚体系统，即 $\mathcal{N} := \{1, \cdots, 4\}$。系统的初始条件选择如下:

$$\begin{cases} \boldsymbol{Q}_1(0) = (0,0,1,0)^{\mathrm{T}} \\ \boldsymbol{Q}_2(0) = (1,0,0,0)^{\mathrm{T}} \\ \boldsymbol{Q}_3(0) = (0,1,0,0)^{\mathrm{T}} \\ \boldsymbol{Q}_4(0) = (0,0,\sin(-\pi/4),\cos(-\pi/4))^{\mathrm{T}} \end{cases}$$

$$\begin{cases} \boldsymbol{\omega}_1(0) = (-0.5,0.5,-0.45)^{\mathrm{T}}\mathrm{rad/s} \\ \boldsymbol{\omega}_2(0) = (0.5,-0.3,0.1)^{\mathrm{T}}\mathrm{rad/s} \\ \boldsymbol{\omega}_3(0) = (0.1,0.6,-0.1)^{\mathrm{T}}\mathrm{rad/s} \\ \boldsymbol{\omega}_4(0) = (0.4,0.4,-0.5)^{\mathrm{T}}\mathrm{rad/s} \end{cases}$$

另外，对于所有 $i,j \in \mathcal{N}$，初始化辅助系统式 (3.28)、式 (3.30) 和式 (3.68) 为

$$\boldsymbol{Q}_{pi}(0) = (1,0,0,0)^{\mathrm{T}}, \quad \boldsymbol{\beta}_i(0) = (0.1,0.1,0.1)^{\mathrm{T}}$$

无主姿态同步: 定理 3.1 ($\alpha = 0$) 和定理 3.5 给出的控制方案首先用于惯性矩阵为 $\boldsymbol{J}_i = \boldsymbol{J} = \mathrm{diag}[20,20,30]\,\mathrm{kg}\cdot\mathrm{m}^2$ ($i \in \mathcal{N}$) 的一组同类系统中。信息交换用图 3.2(a) 中的无向通信图 $\mathcal{G}$ 表示，其邻接矩阵为 $\boldsymbol{\mathcal{K}} = [k_{ij}]$，控制增益在表 3.1 中给出。需要注意的是，通信图连通且不包含环，即通信图为一棵树。

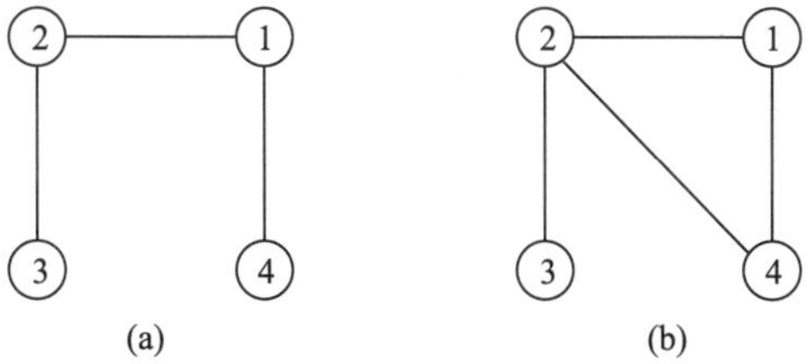

图 3.2 信息流图

(a) $\mathcal{G}$; (b) $\tilde{\mathcal{G}}$。

表 3.1 控制增益

	λ_i	k_{ij}	k_l^q	k_l^ϕ	$\bar{\lambda}_l$	k_i^p	k_i^d	$\bar{\gamma}$
定理 3.1 ($\alpha=0$)	6	10						
定理 3.1 ($\alpha=1$)	6	15	10					
定理 3.2	6	15		20	0.5			
定理 3.3	6	1.5				10		
定理 3.4 ($\alpha=0$)	6	5					20	
定理 3.4 ($\alpha=1$)	6	15	15				30	
定理 3.5	0.1	10						2
定理 3.6	0.1	5				35	60	2

得到的结果在图 3.3 ~ 图 3.4 中给出, 其中刚体系统的角速度和绝对姿态分别用 $\boldsymbol{\omega}_i^k$ 和 $\boldsymbol{q}_i^k$ 表示, $i \in \mathcal{N}$, 上标 k 用于表示向量的第 k 个分量。从这些图中可以清楚地看出使用这两种姿态同步方案, 所有系统保持一致并收敛到相同的最终时变姿态。需要注意的是, 在两种情况下最终姿态是不同的。

如上所述, 定理 3.1 中的控制律使用第一种设计方法, 实现起来更简单, 因为只有绝对姿态在群成员间传递。图 3.5 说明在这种情况下的控制力要比定理 3.5 中的控制输入大得多, 尤其是在暂态期间。这主要是由于式 (3.35) 中非线性项的存在, 当相对姿态较大时, 非线性项能产生更大的值。尽管只考虑了同类航天飞行器, 但定理 3.1 的结果可实现不同种类刚体系统的无主姿态同步。这不同于定理 3.5 的情况, 定理 3.5 中的同步方案需要有类似的惯性矩阵。

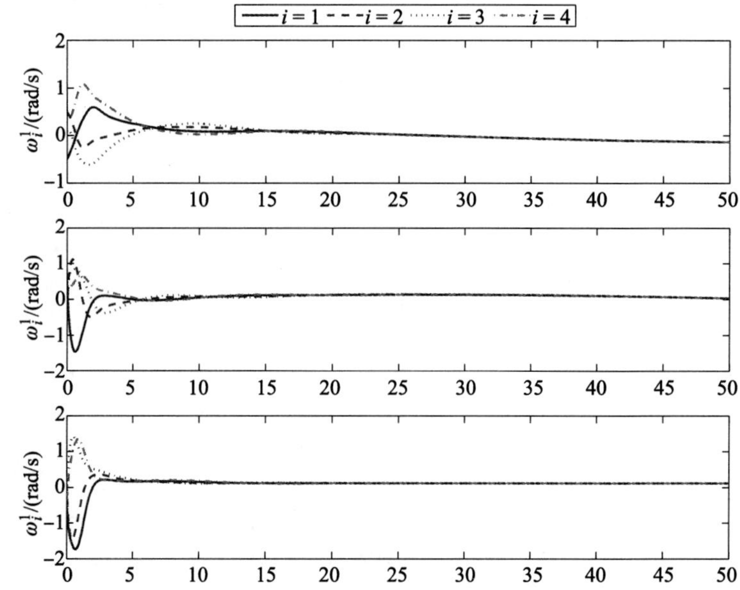

(a)

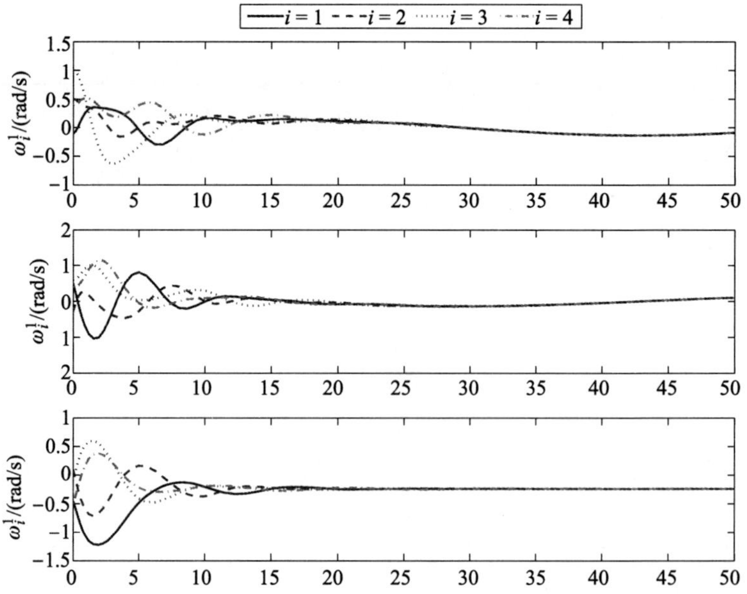

(b)

图 3.3 系统角速度 (彩色版本见彩图)

(a) 定理 3.1 ($\alpha = 0$); (b) 定理 3.5。

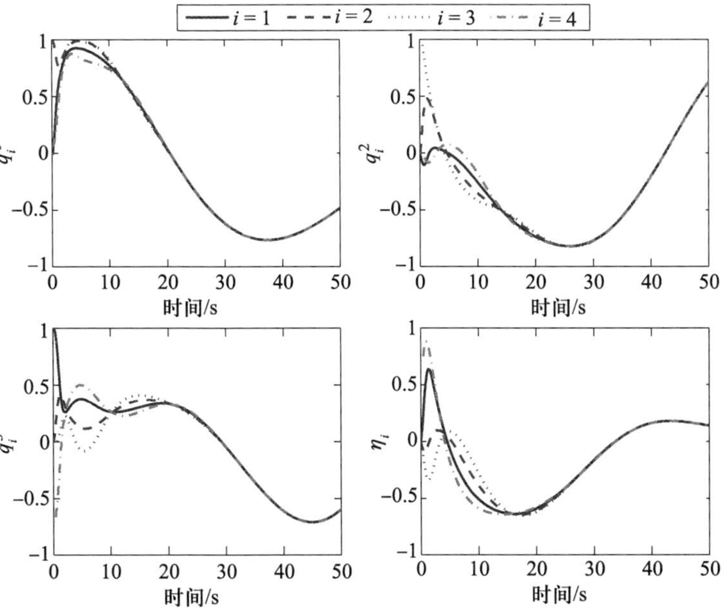

(a)

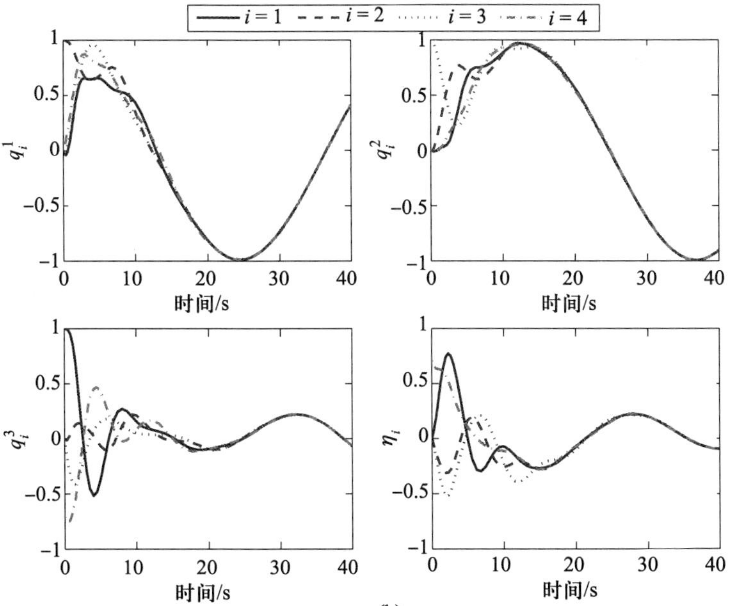

(b)

图 3.4 系统姿态 (彩色版本见彩图)

(a) 定理 3.1 ($\alpha = 0$); (b) 定理 3.5。

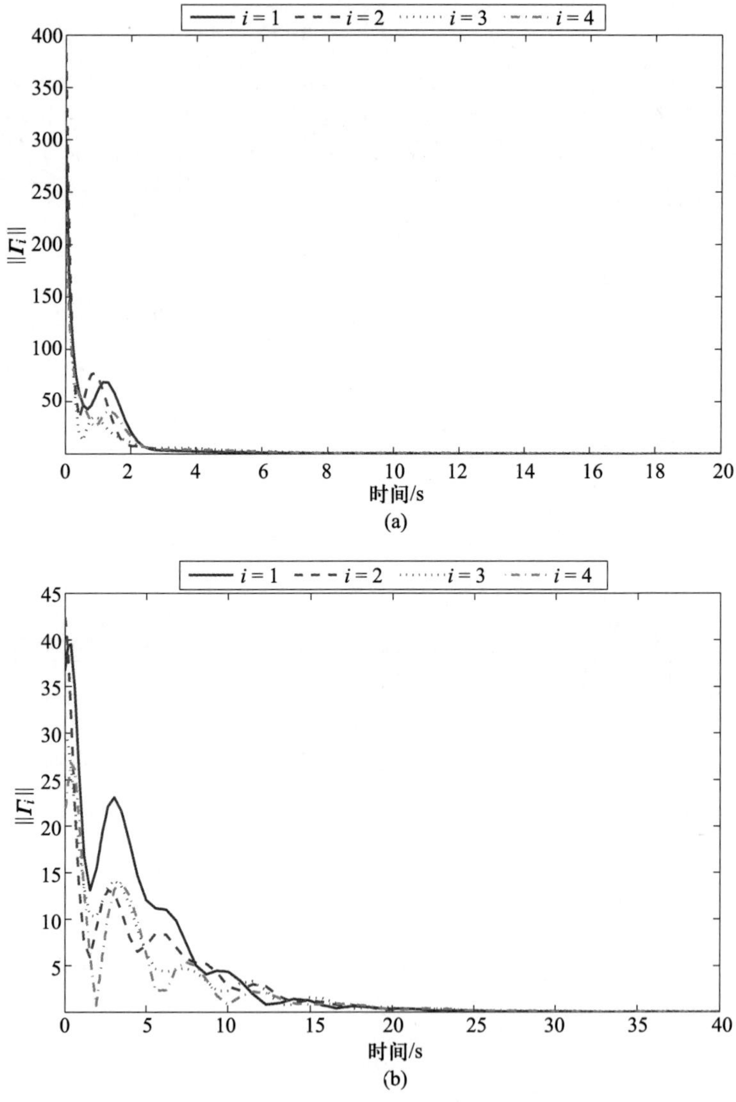

图 3.5 输入力矩范数 (彩色版本见彩图)

(a) 定理 3.1 ($\alpha = 0$); (b) 定理 3.5。

接下来, 实施定理 3.2 和定理 3.4 ($\alpha = 0$) 中的控制方案以获得最终角速度为零的姿态同步。给出刚体系统的惯性矩阵如下:

$$\begin{aligned} &\boldsymbol{J}_1 = \text{diag}(20, 20, 30)\text{kg} \cdot \text{m}^2, \boldsymbol{J}_2 = \text{diag}(10, 5, 15)\text{kg} \cdot \text{m}^2 \\ &\boldsymbol{J}_3 = \text{diag}(10, 3, 8)\text{kg} \cdot \text{m}^2, \boldsymbol{J}_4 = \text{diag}(5, 8, 15)\text{kg} \cdot \text{m}^2 \end{aligned} \tag{3.92}$$

信息流用图 3.2(a) 中的无向通信图 $\mathcal{G}$ 描述。控制增益由表 3.1 给出, 辅助系统式 (3.53) 仅在第一个航天飞行器中应用, 即 $\mathcal{I} = \{1\}$, 并且初始化为 $\boldsymbol{\Phi}_1(0) = (1, 0, 0, 0)^{\mathrm{T}}$。

图 3.6、图 3.7 举例说明了用所提出的两种方法得到的系统角速度和姿态。可以看出 4 个航天飞行器将它们的姿态调整到一个角速度为零的最终姿态, 其中两种控制方案仅有绝对姿态在邻近系统间传递。值得一提的是, 第二种方案中系统的响应会呈现出一些瞬时振荡, 如图 3.6(b) 和图 3.7(b) 所示, 即便使用更高的增益, 也不能使这些瞬时振荡明显降低。当采用第一种方案时, 并使用更高的控制力, 系统响应却没有出现上述情况。控制力没有在这种情况下展示, 因为它与图 3.5 几乎相似。

主从姿态同步: 在为主刚体指定一个恒定目标姿态的情况下, 定理 3.1 和定理 3.4 中的控制律通过设置 $\alpha = 1$ 来实现。根据图 3.2(a) 中的交互图 $\mathcal{G}$, 编队中的系统是互连的, 并且惯性矩阵在式 (3.92) 中给出。同样, 考虑 $\boldsymbol{Q}_d = (0, 0, 0, 1)^{\mathrm{T}}$ 可用于第一系统, 即 $l = 1$。图 3.8、图 3.9 给出这两种情况下所得到的结果。可以看出这两种控制方案保证所有系统都收敛到预期的恒定姿态。注意到第二种方案中系统的响应会出现一些振荡。解决这个问题的一种方法是通过计入单位四元数 $\boldsymbol{Q}_{ij}^e$ 的向量部分 (如同在式 (3.82) 和式 (3.86) 中所做的那样) 来更改控制输入式 (3.73)。这种情况下的分析与定理 3.6 的证明步骤相似, 导致产生了一个类似式 (3.90) 的条件。

协同姿态跟踪: 当需要跟踪如下目标时变轨迹时, 要求所有系统调整它们的姿态:

$$\boldsymbol{\omega}_d = 0.5\sin(0.1\pi t)(1, 1, 1)^{\mathrm{T}}\text{rad/s}, \quad \dot{\boldsymbol{Q}}_d = \boldsymbol{T}(\boldsymbol{Q}_d)\boldsymbol{\omega}_d \tag{3.93}$$

式中: $\boldsymbol{Q}_d(0) = (0, 0, 0, 1)^{\mathrm{T}}$。群中成员间的信息流用图 3.2(b) 中给出的无向通信图 $\tilde{\mathcal{G}}$ 表示, 其邻近矩阵的元素在表 3.1 中给出。同样, 系统的惯性矩阵在式 (3.92) 中给出。

为了达到这些目标, 定理 3.3 和定理 3.6 中的控制方案通过表 3.1 给出的控制增益加以实现, 注意控制增益的选择满足条件式 (3.16) 和式 (3.90)。图 3.10、图 3.11 举例说明了这种情况下所获得的结果, 从结果中可以看

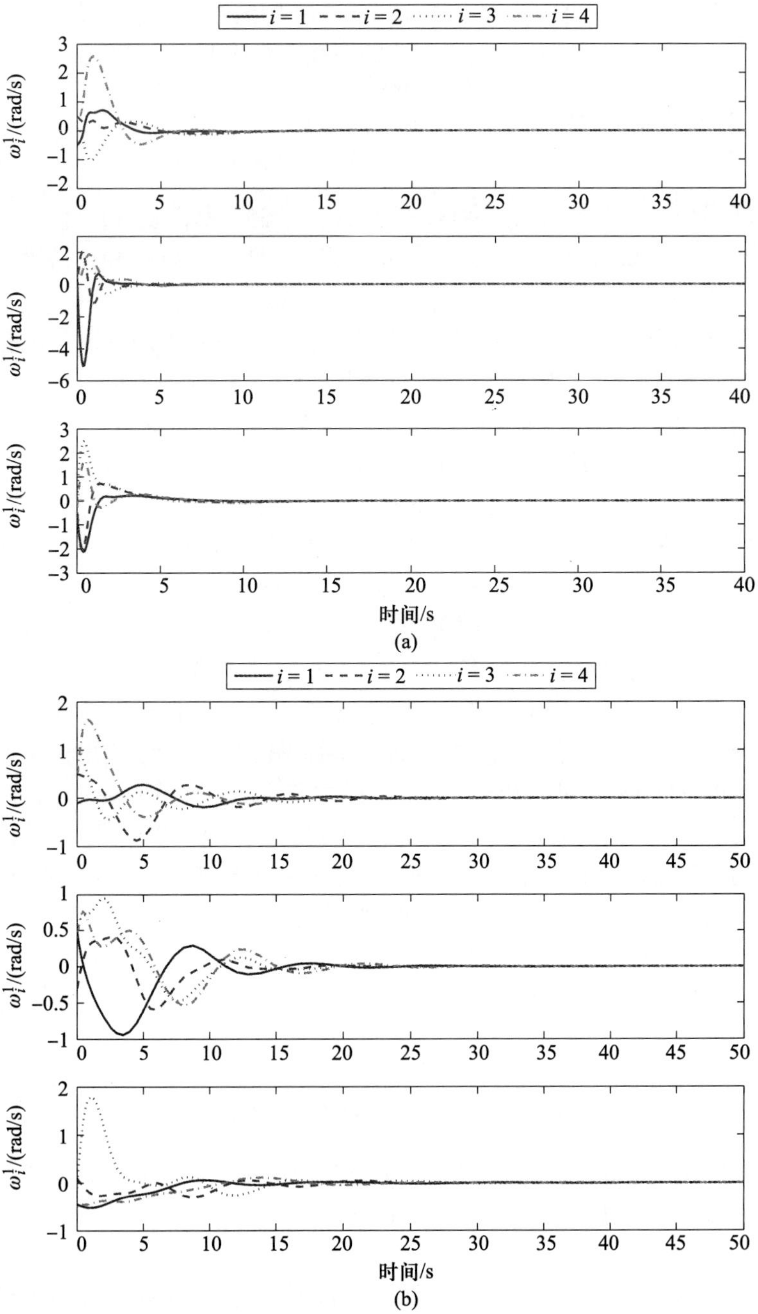

图 3.6 系统角速度 (彩色版本见彩图)

(a) 定理 3.2; (b) 定理 3.4 ($\alpha = 0$)。

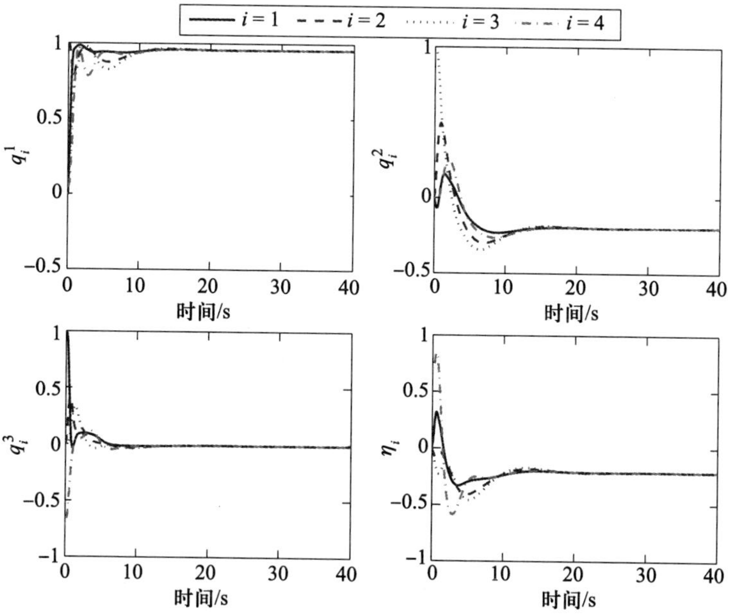

(a)

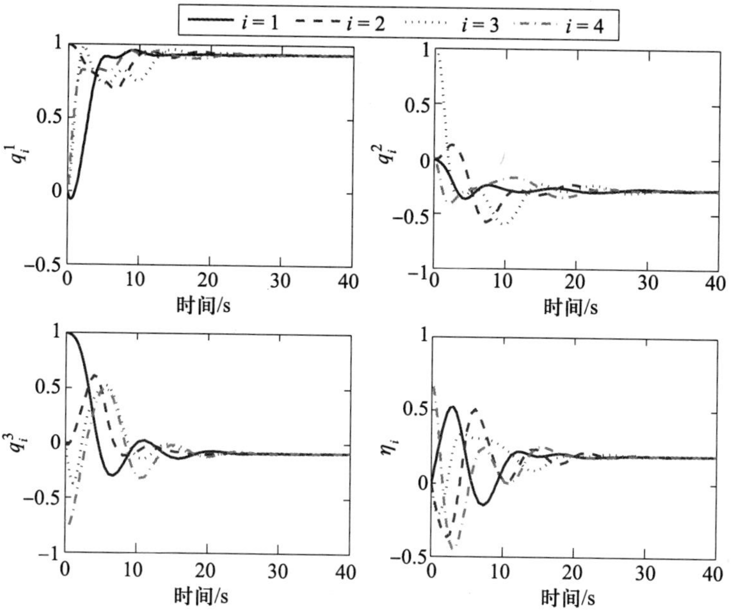

(b)

图 3.7 系统姿态 (彩色版本见彩图)

(a) 定理 3.2; (b) 定理 3.4($\alpha = 0$)。

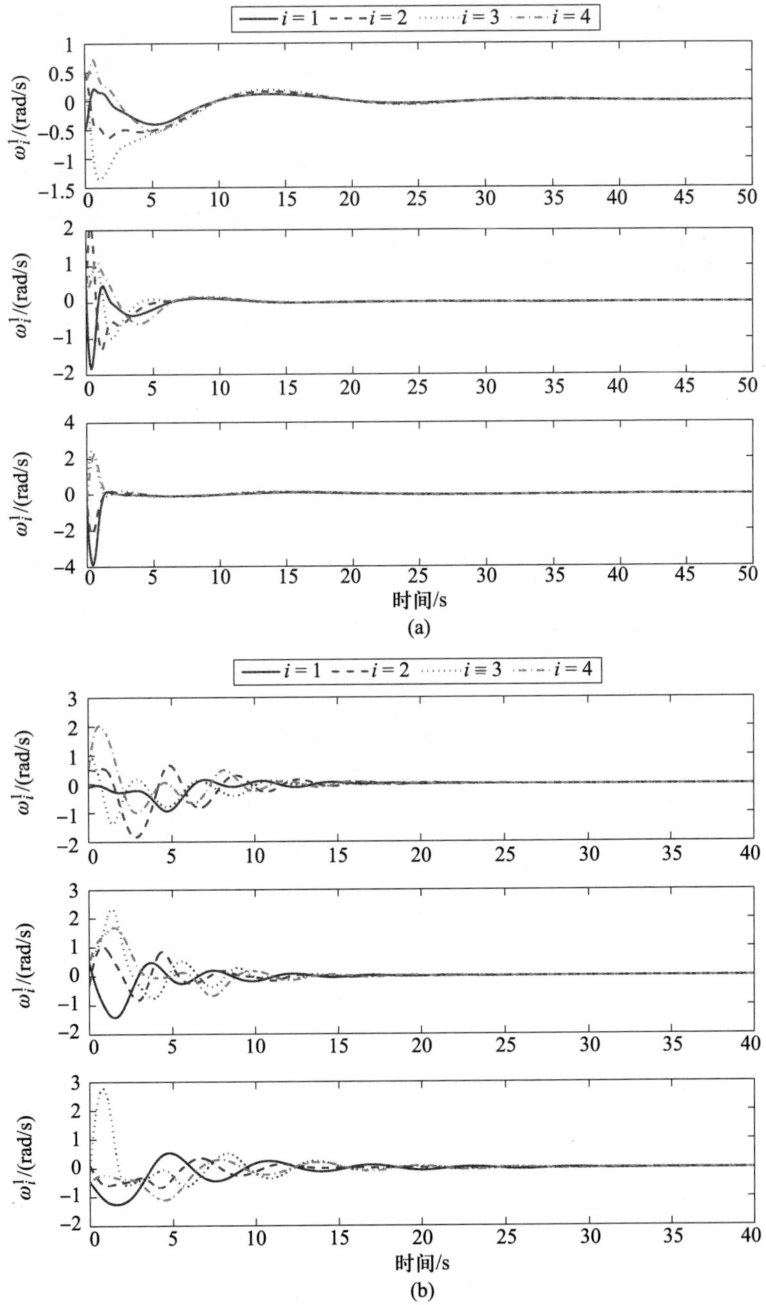

图 3.8 系统角速度 (彩色版本见彩图)

(a) 定理 3.1 ($\alpha = 1$); (b) 定理 3.4($\alpha = 1$)。

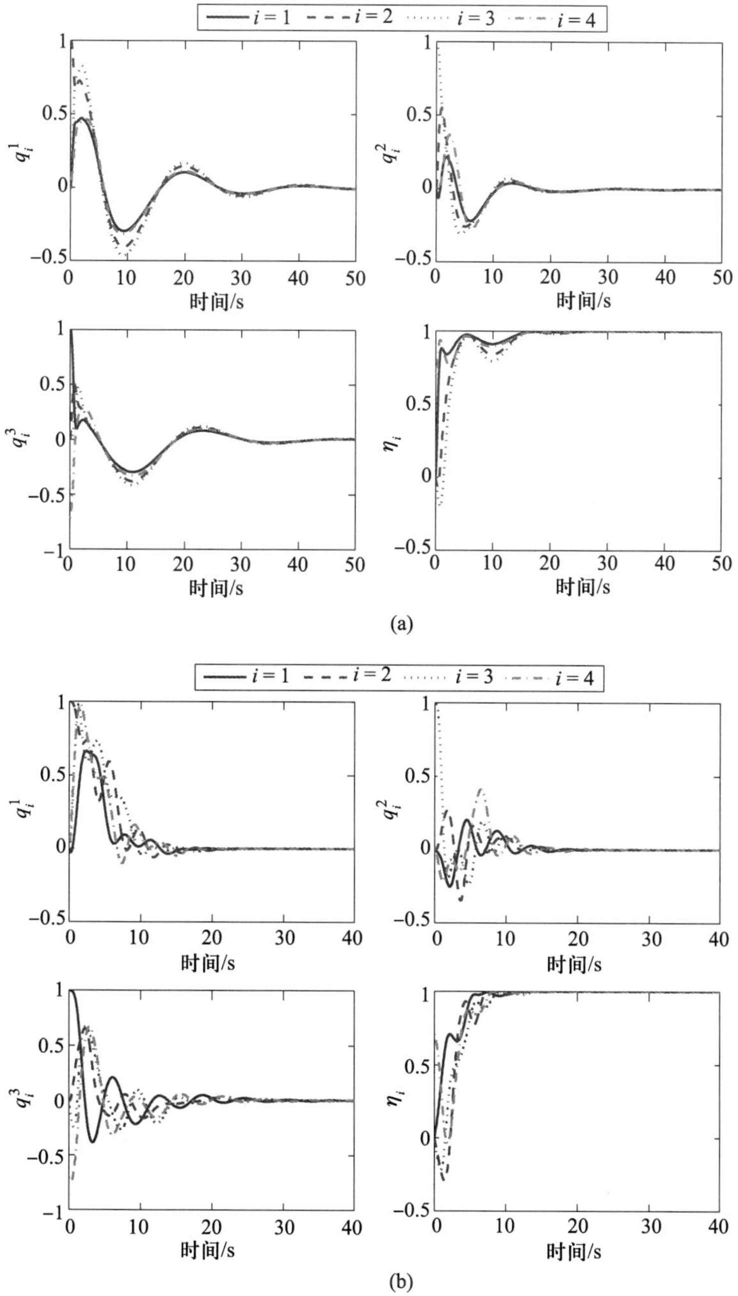

图 3.9 系统姿态 (彩色版本见彩图)

(a) 定理 3.1 ($\alpha = 1$); (b) 定理 3.4 ($\alpha = 1$)。

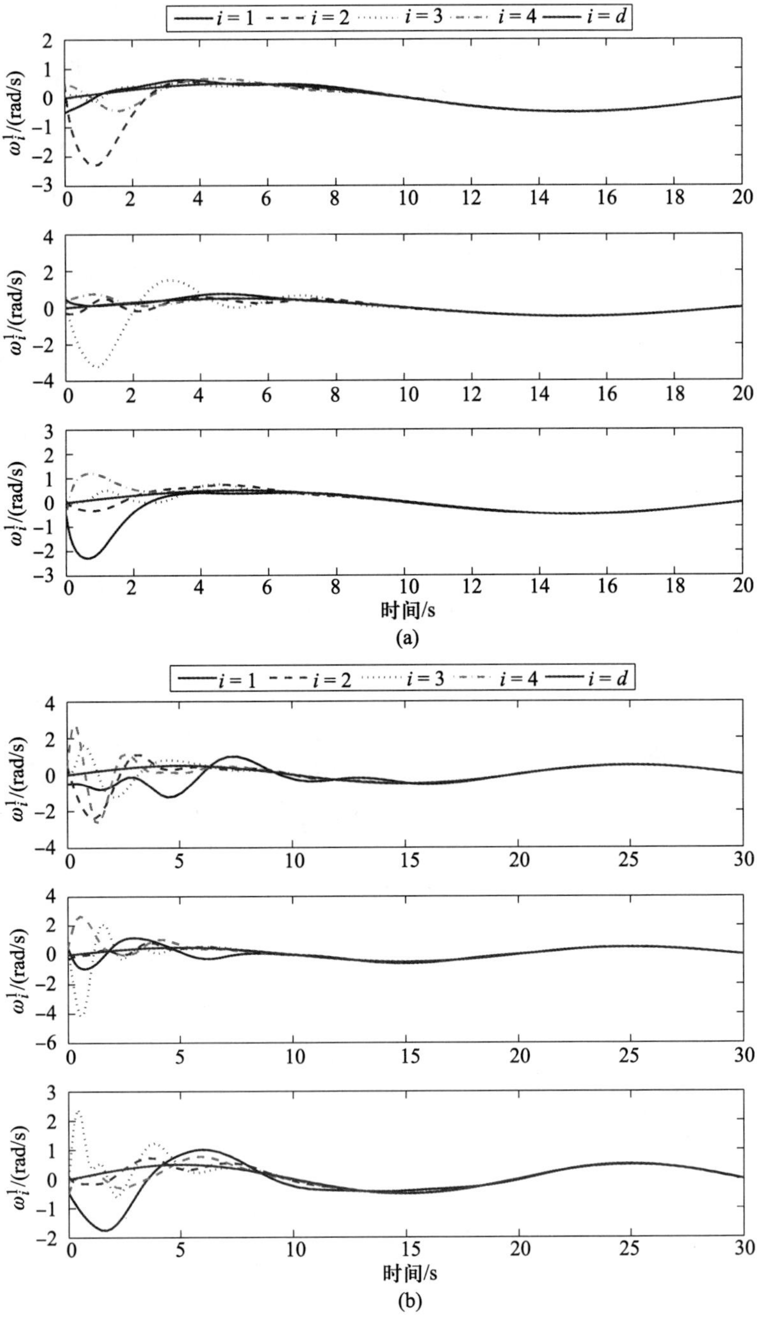

图 3.10 系统角速度 (彩色版本见彩图)

(a) 定理 3.3; (b) 定理 3.6。

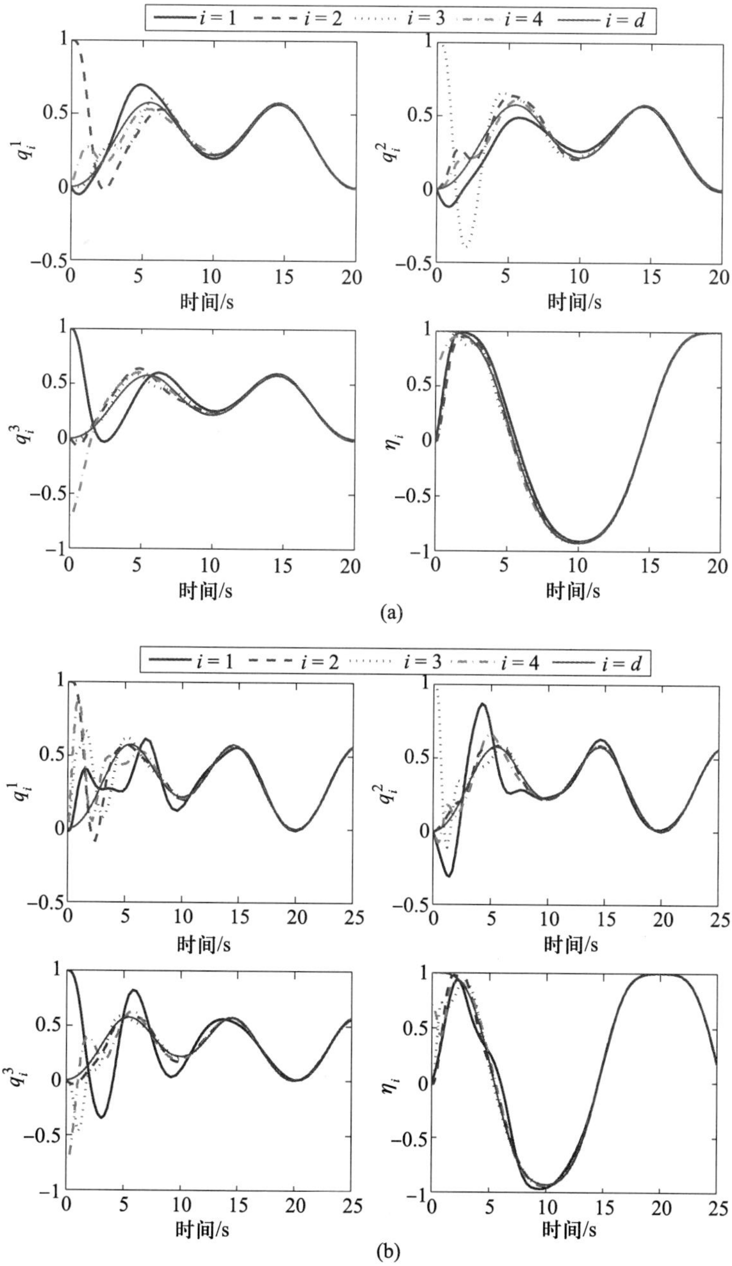

图 3.11 系统姿态 (彩色版本见彩图)

(a) 定理 3.3; (b) 定理 3.6。

出：通过利用这两种控制方案可使四刚体系统收敛到相同的指定轨迹。同样，图 3.12 显示了每种情况下的输入力矩作用情况。

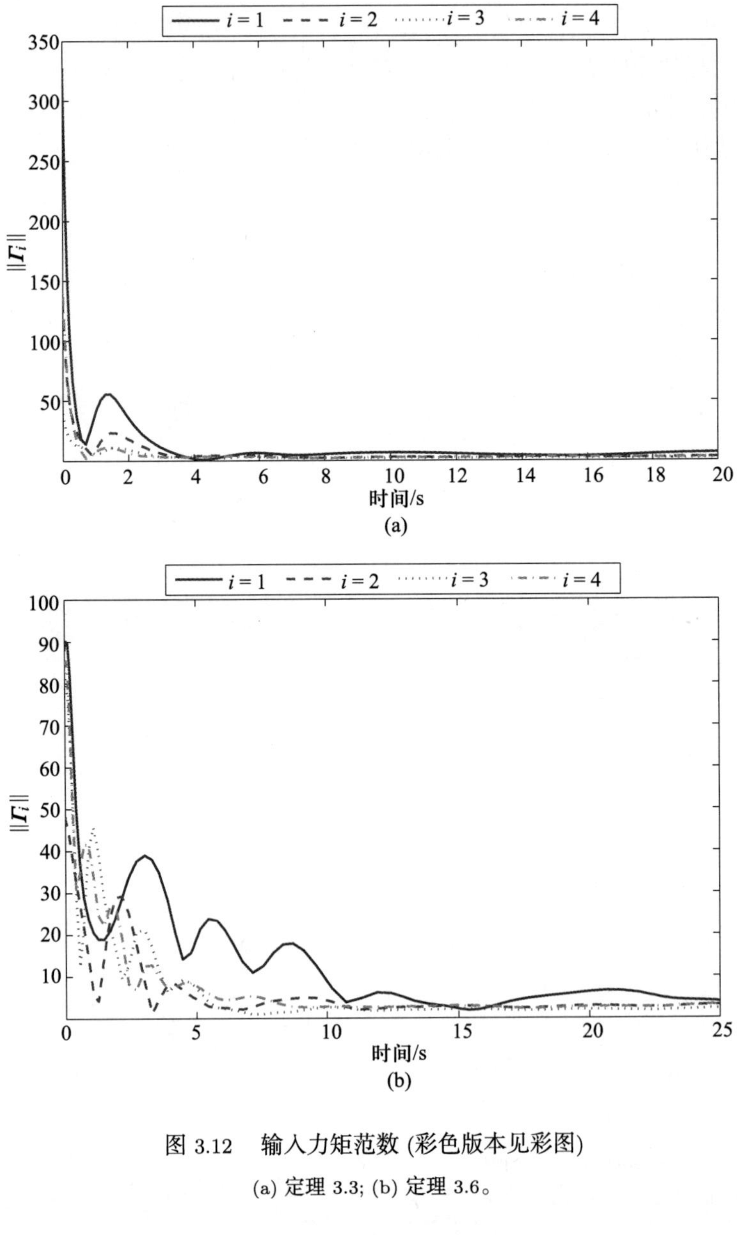

图 3.12 输入力矩范数 (彩色版本见彩图)

(a) 定理 3.3; (b) 定理 3.6。

3.7 讨论与结束语

本章针对一群刚体系统 (航天飞行器), 给出其在免角速度测量情况下的姿态同步方案。在所提出的方案中, 引入了所谓的 “辅助系统”(在一定程度上起到速度观测器的作用), 该手段允许在没有角速度和相对角速度时产生必要的衰减。基于不同结构的辅助系统, 提出了两种设计方法。正如本章所述, 这两种设计方法提供非常相似的解决办法, 每种方法有一些优点和缺点。第一种方法 (利用具有动态输入的辅助系统) 的主要优点在于降低了对于通信流的要求。第二种方法 (利用具有静态输入的辅助系统) 可以处理输入饱和约束, 其不足是在某些情况下需要更多的通信流。值得一提的是, 具有静态输入的辅助系统已经在文献 [1-3] 中使用, 用来设计不带角速度测量的姿态同步方案。这些文献中的方法在概念上类似 3.5 节所讨论的第二种方法。然而, 这种方法需要使用许多辅助系统来实现, 这些辅助系统依赖于各系统相邻系统的数量, 这就增加了控制系统的实现复杂性。

这两种设计方法已经用于解决三种姿态同步问题。定理 3.1 和定理 3.5 中的控制方案能够用于实现无主姿态同步。这些控制方案的多个变异体也已提出, 以实现最终角速度为零的无主姿态同步 (定理 3.2 和定理 3.4) 和主从式姿态同步 (定理 3.1 和定理 3.4)。需要指出的是, 上述结果中通信图仅限于一棵树。从引理 3.1 的证明中可以清楚的看到, 通信图的这个限制是由于相对姿态的非线性将使收敛性分析变得很难。事实上, 在全状态信息的情况下, 用基于单位四元数的方法求解上述姿态同步问题时往往要考虑一个连通且无环的通信图, 这在文献 [22, 111] 中可以看出。如果存在一个时刻, 在该时刻之后, 表示绝对姿态的单位四元数的所有标量部分都具有相同的符号, 那么就不需要这个条件了。但在现有的分析中, 还没有对该时刻的存在性进行研究, 这仍是一个急待研究的课题。文献 [114] 为最终速度为零的无主同步问题提出了一个免速度测量的解决方案。本书作者采用 MRP 方法表示姿态, 并且提出了一种基于无源的控制律, 保证了在任意连通无向图下群姿态的校准。然而, 除 MRP 表示法的奇异性之外, 这种基于无源的方案扩展用于处理时变轨迹时, 其效果并不明显。

本章研究的最后一个问题是协同姿态跟踪, 针对这一问题已经提出了两种无速度测量的控制方案。在这些同步方案中, 一个重要的要求是目标时变姿态必须对群中所有系统可用。这可以通过两种方式来实现, 即假设参考轨迹为一全局信息, 对所有系统都可用, 或者假设参考轨迹对某一个刚体可用, 然后通过信道传递到群中所有其他成员。上述控制方案不能直接扩展到下面的情况: 目标角速度仅对某一个或某些系统可用, 并且不能在群成员间传递。即便是有角速度测量, 这一问题仍旧存在一些技术挑战。在全状态信息的情况下, 文献 [22] 提出了该问题的一个解决方案, 文献中目标角速度对一个单独航天飞行器 (主导者) 可用, 并且假定目标角速度按照所有航天飞行器已知的一些标量时间函数和未知常系数进行线性参数化。在文献 [22] 的方法中, 仍然要求参考速度的一些信息对所有航天器都可用。另一方面, 文献 [112] 和文献 [114] 已经表明: 在控制律中除了需要角速度之外, 还需要角加速度来使姿态同步到一个时变的参考姿态, 该参考姿态仅对群中部分系统可用。一个解决该问题的不同方法是使用来自单个系统一跳和两跳的相邻信息。文献 [93] 已经应用了这种方法, 使用全状态测量解决了欧拉 — 拉格朗日系统的协同跟踪问题。概略地说, 群中每个成员将收到其相邻成员的信息, 而且后者正在接收来自它们对应相邻成员的信息。这就避免了角加速度的测量, 然而却带来了实时实现问题。一种替代的解决方案就是采用非线性观察器 (详见文献 [155])。使用姿态动力学的拉格朗日公式实现一种滑模观测器, 用来估算对群中部分系统有用的目标角速度和加速度信号。然后, 利用估算出的状态作为参考输入, 为各系统设计一种跟踪控制律。然而, "控制器 — 观测器" 联合系统的稳定性在文献 [155] 中并没有被研究, 而且姿态动力学的拉格朗日公式是基于 MRP 表示法的, 该表示法存在几何奇异性。

第 4 章

带通信时延的刚体姿态同步

为了实现姿态同步, 需要使用信道在群成员间传递一些状态变量。本章旨在为一群带通信时延 (通信系统所固有的) 的刚体系统 (或航天飞行器) 提出姿态同步方案。考虑 n 个刚体系统群, 像式 (3.2) 一样, 建立如下模型:

$$\dot{\boldsymbol{Q}}_i = \frac{1}{2}\boldsymbol{T}(\boldsymbol{Q}_i)\boldsymbol{\omega}_i \tag{4.1}$$

$$\boldsymbol{J}_i\dot{\boldsymbol{\omega}}_i = \boldsymbol{\Gamma}_i - \boldsymbol{S}(\boldsymbol{\omega}_i)\boldsymbol{J}_i\boldsymbol{\omega}_i \tag{4.2}$$

式中: $i \in \mathcal{N} := \{1, \cdots, n\}$。

本章中都用通信图 $\mathcal{G} = (\mathcal{N}, \mathcal{E}, \boldsymbol{\mathcal{K}})$ 来表示信息流。假设每个刚体能够无时延地感知自身状态, 第 i 个和第 j 个刚体系统间的通信时延为 τ_{ij}, $(i, j) \in \varepsilon$, 这个时延是不对称的, 即 τ_{ij} 不一定等于 τ_{ji}。

(1) 在全状态信息和存在有界时变通信时延的情况下得到了无主/主从姿态同步和协同姿态跟踪问题的解决方法。利用姿态动力学和单位四元数的性质, 运用 Lyapunov-Krasovskii 泛函推导出通信时延与控制器增益的充分条件, 以便在一个固定且无向的通信拓扑下实现控制目标。

(2) 考虑角速度不可用于反馈的情况, 并提出一种新的基于虚拟系统的方法来处理通信时延。主要思想在于把各个刚体和一个具有相似动力学方程的虚拟系统相关联。设计控制输入, 使得每个刚体系统跟踪其相对应的虚拟系统的姿态, 同时所有虚拟系统同步它们的姿态。这种方法借助 Lyapunov-Krasovskii 泛函, 在一个固定且无向的通信拓扑下, 允许存在时变通信时延, 实现免角速度测量的姿态同步方案设计。此外, 虚拟系统方法还可用于有向通信拓扑条件下的姿态同步方案设计。

4.1 状态反馈姿态同步

本节中, 在系统姿态和角速度可用于反馈的情况下考虑姿态同步问题。特别是在一个固定且无向的通信拓扑条件下, 得到了 3.1 节中姿态同步问题在存在时变通信时延时的解决途径。

4.1.1 无主和主从式姿态同步

类似于 3.4.1 小节和 3.5.1 小节, 在本小节中考虑多刚体系统的无主和主从式姿态同步问题。目标是设计控制方案, 在存在通信时延的情况下实现最终角速度为零的姿态同步。在这种情况下, 用单位四元数 $\bar{\boldsymbol{Q}}_{ij} := (\bar{\boldsymbol{q}}_{ij}^{\mathrm{T}}, \bar{\boldsymbol{\eta}}_{ij})^{\mathrm{T}}$ 表示任意对通信系统间的相对姿态, $\bar{\boldsymbol{Q}}_{ij}$ 定义如下:

$$\bar{\boldsymbol{Q}}_{ij} = \boldsymbol{Q}_j^{-1}(t - \tau_{ij}) \odot \boldsymbol{Q}_i \tag{4.3}$$

式中: $\boldsymbol{Q}_i$ 为第 i 个刚体方向的单位四元数; $\boldsymbol{Q}_j(t - \tau_{ij})$ 为第 j 个刚体接收到的绝对姿态; τ_{ij} 为时变通信时延。

在无通信时延情况下, 定义式 (3.3) 中的 $\bar{\boldsymbol{Q}}_{ij}$ 和 $\boldsymbol{Q}_{ij}$ 表示不同的相对姿态误差。然而, 当回忆单位四元数乘法定义和姿态动力学方程式 (4.2) 时, 可以给出下面引理中的不等式, 证明详见附录 A.7 节。

引理 4.1 考虑式 (3.3) 和式 (4.3) 中定义的相对姿态, 那么下面不等式对任意严格正常数 ε 都成立:

$$(\bar{\boldsymbol{q}}_{ij} - \boldsymbol{q}_{ij})^{\mathrm{T}}\boldsymbol{\omega}_i \leqslant \varepsilon \dot{\boldsymbol{Q}}_i^{\mathrm{T}}\dot{\boldsymbol{Q}}_i + \frac{\tau_{ij}}{\varepsilon}\int_{t-\tau_{ij}}^{t} \dot{\boldsymbol{Q}}_j^{\mathrm{T}}\dot{\boldsymbol{Q}}_j \mathrm{d}s \tag{4.4}$$

式中: $\boldsymbol{\omega}_i$ 为第 i 个刚体的角速度; τ_{ij} 为时变通信时延。

此外, 既然这里也考虑了主从问题, 用式 (3.38) 定义的单位四元数 $\tilde{\boldsymbol{Q}}_l := (\tilde{\boldsymbol{q}}_l^{\mathrm{T}}, \tilde{\eta}_l)^{\mathrm{T}}$ 表示主刚体方向与恒定目标姿态 $\boldsymbol{Q}_d$ (仅对主刚体可用) 之间的偏差。$\tilde{\boldsymbol{Q}}_l$ 满足动力学方程式 (3.39), 即

$$\tilde{\boldsymbol{Q}}_l = \boldsymbol{Q}_d^{-1} \odot \boldsymbol{Q}_l \tag{4.5}$$

$$\dot{\tilde{\boldsymbol{Q}}}_l = \frac{1}{2}\boldsymbol{T}(\tilde{\boldsymbol{Q}}_l)\boldsymbol{\omega}_l \tag{4.6}$$

式中: $\boldsymbol{T}(\tilde{\boldsymbol{Q}}_l)$ 在式 (3.12) 中定义, 下标 “l” 用于表示主刚体。

考虑控制输入

$$\boldsymbol{\Gamma}_i = -\alpha\bar{\boldsymbol{u}}_i - k_i^{\omega}\boldsymbol{\omega}_i - \sum_{j=1}^{n} k_{ij}\bar{\boldsymbol{q}}_{ij} \tag{4.7}$$

式中: $i \in \mathcal{N}$, $\boldsymbol{\omega}_i$ 为第 i 个刚体的角速度; $\bar{\boldsymbol{q}}_{ij}$ 为式 (4.3) 定义的单位四元数 $\bar{\boldsymbol{Q}}_{ij}$ 的向量部分, 并且

$$\bar{\boldsymbol{u}}_i = \begin{cases} k_l^q\tilde{\boldsymbol{q}}_l, & i = l \\ 0, & i \neq l \end{cases} \tag{4.8}$$

式中: $\tilde{\boldsymbol{q}}_l$ 为单位四元数 $\tilde{\boldsymbol{Q}}_l$ 的向量部分。标量增益 k_l^q、k_i^{ω} 是严格正的, $i \in \mathcal{N}$, $k_{ij} \geqslant 0$ 是无向图 $\mathcal{G}$ 邻接矩阵的第 (i,j) 个元素。对于无主问题, 标量 $\alpha = 0$, 对于主从问题, 标量 $\alpha = 1$。

式 (4.7) 的控制方案是对式 (3.73) 控制律的一个修改, 在修改方案中, 角速度被明确地用到控制律中, 并且接收到的绝对姿态是有时延的。

定理 4.1 考虑系统式 (4.1)、式 (4.2) 及控制律式 (4.7)。假设时变通信时延 τ_{ij} 有界, 即对于所有 $(i,j) \in \mathcal{E}$ 有 $\tau_{ij} \leqslant \tau$, 其中 τ 是正常数, 对于某 $\varepsilon > 0$, 令控制器增益满足

$$k_i^z = k_i^{\omega} - \sum_{j=1}^{n} \frac{k_{ij}}{4}\left(\varepsilon + \frac{\tau^2}{\varepsilon}\right) > 0 \tag{4.9}$$

如果无向通信图 $\mathcal{G}$ 是一棵树, 那么所有信号全局有界, $\boldsymbol{\omega}_i \to 0$, 且可通过分别设置 $\alpha = 0$ 和 $\alpha = 1$ 来解决无主和主从同步问题。此外, 如果存在一个时刻 $t_0 > 0$, 使得对于所有 $t \geqslant t_0$, $i \in \mathcal{N}$, 都有 $\eta_i(t) > 0$ (或者 $\eta_i(t) < 0$), 那么上述结果对任意连通无向通信图都成立。

证明 利用式 (4.2) 和式 (4.7), 闭环动力学方程可以写为

$$\boldsymbol{J}_i\dot{\boldsymbol{\omega}}_i = -\boldsymbol{S}(\boldsymbol{\omega}_i)\boldsymbol{J}_i\boldsymbol{\omega}_i - \alpha\bar{\boldsymbol{u}}_i - k_i^{\omega}\boldsymbol{\omega}_i - \sum_{j=1}^{n} k_{ij}\bar{\boldsymbol{q}}_{ij} \tag{4.10}$$

考虑下面的类 Lyapunov-Krasovskii 泛函:

$$\begin{aligned} V = {} & 2\alpha k_l^q(1 - \tilde{\eta}_l) + \sum_{i=1}^{n}\left(\frac{1}{2}\boldsymbol{\omega}_i^{\mathrm{T}}\boldsymbol{J}_i\boldsymbol{\omega}_i + \sum_{j=1}^{n} k_{ij}(1 - \eta_{ij})\right) + \\ & \sum_{i=1}^{n}\sum_{j=1}^{n}\frac{k_{ij}\tau}{\varepsilon}\int_{-\tau}^{0}\int_{t+s}^{t}\dot{\boldsymbol{Q}}_j^{\mathrm{T}}(\varrho)\dot{\boldsymbol{Q}}_j(\varrho)\mathrm{d}\varrho\mathrm{d}s \end{aligned} \tag{4.11}$$

式中: $\varepsilon > 0$, $\tau_{ij} \leqslant \tau$, τ 为正常数; $\tilde{\eta}_l$ 为式 (4.5) 定义的单位四元数 $\tilde{\boldsymbol{Q}}_l$ 的标量部分; η_{ij} 为单位四元数 $\boldsymbol{Q}_{ij} := (\boldsymbol{q}_{ij}^{\mathrm{T}}, \eta_{ij})^{\mathrm{T}}$ 的标量部分, $\boldsymbol{Q}_{ij}$ 在式 (3.3) 中定义, 表示无通信时延情况下两相邻刚体之间的相对姿态。根据式 (2.16) 的归一化约束, 可得到

$$2(1-\eta_{ij}) = (\boldsymbol{q}_{ij}^{\mathrm{T}}\boldsymbol{q}_{ij} + (1-\eta_{ij})^2)$$

对于 $\tilde{\boldsymbol{Q}}_l$ 的元素还可得到一个类似的关系式。

利用式 (4.6) 和式 (3.4), 根据动力学方程式 (4.10) 可计算并得到式 (4.11) 中 V 的时间导数如下:

$$\begin{aligned}\dot{V} = {} & \alpha k_l^q \tilde{\boldsymbol{q}}_l^{\mathrm{T}} \boldsymbol{\omega}_l + \sum_{i=1}^{n} \boldsymbol{\omega}_i^{\mathrm{T}} (-\alpha \bar{\boldsymbol{u}}_i - k_i^{\omega} \boldsymbol{\omega}_i - \sum_{j=1}^{n} k_{ij} \bar{\boldsymbol{q}}_{ij}) + \\ & \sum_{i=1}^{n}\sum_{j=1}^{n} k_{ij} \left(\frac{1}{2} \boldsymbol{q}_{ij}^{\mathrm{T}} \boldsymbol{\omega}_{ij} + \frac{\tau}{\varepsilon} (\tau \dot{\boldsymbol{Q}}_j^{\mathrm{T}} \dot{\boldsymbol{Q}}_j - \int_{t-\tau}^{t} \dot{\boldsymbol{Q}}_j^{\mathrm{T}} \dot{\boldsymbol{Q}}_j \mathrm{d}s) \right)\end{aligned} \tag{4.12}$$

利用式 (3.47) 及

$$\sum_{i=1}^{n} \boldsymbol{\omega}_i^{\mathrm{T}} (-\alpha \bar{\boldsymbol{u}}_i) = -\alpha k_l^q \boldsymbol{\omega}_l^{\mathrm{T}} \tilde{\boldsymbol{q}}_l$$

和引理 4.1 的结果, 可得到

$$\begin{aligned}\dot{V} \leqslant {} & -\sum_{i=1}^{n} \boldsymbol{\omega}_i^{\mathrm{T}} k_i^{\omega} \boldsymbol{\omega}_i + \sum_{i=1}^{n}\sum_{j=1}^{n} k_{ij} \left(\varepsilon \dot{\boldsymbol{Q}}_i^{\mathrm{T}} \dot{\boldsymbol{Q}}_i + \frac{\tau_{ij}}{\varepsilon} \int_{t-\tau_{ij}}^{t} \dot{\boldsymbol{Q}}_j^{\mathrm{T}} \dot{\boldsymbol{Q}}_j \mathrm{d}s \right) + \\ & \sum_{i=1}^{n}\sum_{j=1}^{n} \frac{k_{ij}\tau}{\varepsilon} (\tau \dot{\boldsymbol{Q}}_j^{\mathrm{T}} \dot{\boldsymbol{Q}}_j - \int_{t-\tau}^{t} \dot{\boldsymbol{Q}}_j^{\mathrm{T}} \dot{\boldsymbol{Q}}_j \mathrm{d}s)\end{aligned} \tag{4.13}$$

同样, 可以证明

$$\dot{\boldsymbol{Q}}_i^{\mathrm{T}} \dot{\boldsymbol{Q}}_i = \frac{1}{4} \boldsymbol{\omega}_i^{\mathrm{T}} \boldsymbol{T}(\boldsymbol{Q}_i)^{\mathrm{T}} \boldsymbol{T}(\boldsymbol{Q}_i) \boldsymbol{\omega}_i = \frac{1}{4} \boldsymbol{\omega}_i^{\mathrm{T}} \boldsymbol{\omega}_i \tag{4.14}$$

且

$$\tau_{ij} \int_{t-\tau_{ij}}^{t} \dot{\boldsymbol{Q}}_j^{\mathrm{T}} \dot{\boldsymbol{Q}}_j \mathrm{d}s \leqslant \tau \int_{t-\tau}^{t} \dot{\boldsymbol{Q}}_j^{\mathrm{T}} \dot{\boldsymbol{Q}}_j \mathrm{d}s \tag{4.15}$$

利用无向通信图的对称性, 即 $k_{ij} = k_{ji}$, 可以得出

$$\dot{V} \leqslant -\sum_{i=1}^{n} k_i^z \boldsymbol{\omega}_i^{\mathrm{T}} \boldsymbol{\omega}_i \tag{4.16}$$

式中: k_i^z 在式 (4.9) 中定义。因此, $\dot{V}$ 是负半定的, 进而有 $\boldsymbol{\omega}_i \in L_2 \cap L_\infty$, $i \in \mathcal{N}$。注意到 $\bar{\boldsymbol{Q}}_{ij}$ 和 $\tilde{\boldsymbol{Q}}_l$ 自然有界。同样, 可以从式 (4.10) 证明 $\dot{\boldsymbol{\omega}}_i \in L_\infty$。借助引理 2.3 中给出的 Barbalat 引理的特殊情况, 可知 $\boldsymbol{\omega}_i \to 0,\ i \in \mathcal{N}$。

利用引理 4.1 证明过程中的式 (A.47), 显然有

$$\bar{\boldsymbol{q}}_{ij} = \boldsymbol{q}_{ij} - \boldsymbol{T}^{\mathrm{T}}(\boldsymbol{Q}_i)(\boldsymbol{Q}_j(t-\tau_{ij}) - \boldsymbol{Q}_j)$$

因此, 式 (4.10) 可以重写为

$$\begin{aligned}\boldsymbol{J}_i\dot{\boldsymbol{\omega}}_i = &-\boldsymbol{S}(\boldsymbol{\omega}_i)\boldsymbol{J}_i\boldsymbol{\omega}_i - \alpha\bar{\boldsymbol{u}}_i - k_i^{\omega}\boldsymbol{\omega}_i - \\ &\sum_{j=1}^{n} k_{ij}\boldsymbol{q}_{ij} - \sum_{j=1}^{n} k_{ij}\boldsymbol{T}^{\mathrm{T}}(\boldsymbol{Q}_i)\int_{t-\tau_{ij}}^{t}\dot{\boldsymbol{Q}}_j \mathrm{d}s\end{aligned} \tag{4.17}$$

既然 $\boldsymbol{\omega}_i \to 0$, 显然从式 (4.1) 可以得到 $\dot{\boldsymbol{Q}}_i \to 0,\ i \in \mathcal{N}$。结合 τ_{ij} 有界这一事实, 可以推出

$$\int_{t-\tau_{ij}}^{t}\dot{\boldsymbol{Q}}_j \mathrm{d}s \to 0$$

此外, 既然已经说明 $\boldsymbol{\omega}_i \in L_\infty$ $(i \in \mathcal{N})$, 因而可知 $\boldsymbol{q}_{ij}$ 和 $\bar{\boldsymbol{u}}_i$ (在 $\alpha = 1$ 情况下) 一致连续。因此, 借助扩展 Barbalat 引理, 即引理 2.4, 可以推出 $\dot{\boldsymbol{\omega}}_i \to 0$。再结合式 (4.10) 及上述结论, 可以推出

$$\alpha\bar{\boldsymbol{u}}_i + \sum_{j=1}^{n} k_{ij}\boldsymbol{q}_{ij} \to 0, i \in \mathcal{N} \tag{4.18}$$

通过设置 $\alpha = 0$ 或 $\alpha = 1$, 并根据定理 3.1 证明过程中自式 (3.49) 之后的论点, 可以推出: 在信息图为一棵树的条件下, 无主和主从姿态同步问题获解。证明的余下部分采取类似于定理 3.1 和引理 3.1 的证明过程。

4.1.2 协同姿态跟踪

下面将说明: 对定理 4.1 中的姿态同步方案进行修改可用于解决协同姿态跟踪问题。在这种情况下, 用 $\boldsymbol{Q}_d$ 给出的时变参考姿态, 对群中所有成员可用, 并且要求所有系统将它们的姿态同步到目标姿态, 即 $\boldsymbol{Q}_i \to \boldsymbol{Q}_d$, 且 $\boldsymbol{\omega}_i \to \boldsymbol{\omega}_d$, 其中假设目标角速度 $\boldsymbol{\omega}_d$ 有界且具有一阶时间导数。为了解决这一问题, 考虑式 (3.11) 中定义的姿态跟踪误差, 即

$$\tilde{\boldsymbol{Q}}_i := (\tilde{\boldsymbol{q}}_i^{\mathrm{T}}, \tilde{\boldsymbol{\eta}}_i)^{\mathrm{T}} = \boldsymbol{Q}_d^{-1} \odot \boldsymbol{Q}_i$$

由式 (3.12)、式 (3.13) 决定。此外, 重新定义任意两个相邻刚体之间的相对姿态如下:

$$\bar{\boldsymbol{Q}}_{ij} = \tilde{\boldsymbol{Q}}_j^{-1}(t-\tau_{ij}) \odot \tilde{\boldsymbol{Q}}_i \tag{4.19}$$

只要相邻系统传递它们的姿态跟踪误差 $\tilde{\boldsymbol{Q}}_i$, 就可计算出 $\bar{\boldsymbol{Q}}_{ij}$。考虑下面的力矩输入:

$$\begin{aligned}\boldsymbol{\Gamma}_i = &\boldsymbol{S}(\boldsymbol{\omega}_i)\boldsymbol{J}_i\boldsymbol{\omega}_i - \boldsymbol{J}_i\boldsymbol{S}(\tilde{\boldsymbol{\omega}}_i)\boldsymbol{R}(\tilde{\boldsymbol{Q}}_i)\boldsymbol{\omega}_d + \boldsymbol{J}_i\boldsymbol{R}(\tilde{\boldsymbol{Q}}_i)\dot{\boldsymbol{\omega}}_d \\ &-k_i^q\tilde{\boldsymbol{q}}_i - k_i^\omega\tilde{\boldsymbol{\omega}}_i - \sum_{j=1}^{n} k_{ij}\bar{\boldsymbol{q}}_{ij}\end{aligned} \tag{4.20}$$

式中: 控制增益在定理 4.1 中定义, k_i^q 为一个严格正标量增益; $\tilde{\boldsymbol{q}}_i$ 为单位四元数 $\tilde{\boldsymbol{Q}}_i$ 的向量部分; $\bar{\boldsymbol{q}}_{ij}$ 为式 (4.19) 定义的单位四元数 $\bar{\boldsymbol{Q}}_{ij}$ 的向量部分; $\tilde{\boldsymbol{\omega}}_i$ 为式 (3.13) 定义的角速度跟踪误差。

定理 4.2 考虑系统式 (4.1)、式 (4.2) 及其控制律式 (4.20)。假设时变通信时延是有界的, 即对于 $(i,j) \in \varepsilon$ 有 $\tau_{ij} \leqslant \tau$, 其中 τ 是正常数。如果控制器增益是根据式 (4.9) 及引理 3.2 中的式 (3.16) 选择的, 那么所有信号全局有界, 协同姿态跟踪问题获解, 即 $\tilde{\boldsymbol{Q}}_i \to \pm\boldsymbol{Q}_I$, 且 $\tilde{\boldsymbol{\omega}}_i \to 0, i \in \mathcal{N}$。另外, 如果存在一个时刻 $t_0 > 0$, 使得对于所有 $t \geqslant t_0, i \in \mathcal{N}$ 都有 $\tilde{\boldsymbol{\eta}}_i(t) > 0$, 那么上述结论仅在条件式 (4.9) 下成立。

证明 证明在附录 A.8 节给出。

本节的结果可以认为是 3.3 节提出的状态反馈姿态同步方案扩展到时变通信时延的情况。利用 Lyapunov-Krasovskii 泛函, 可以推出式 (4.9) 中给出的同步方案的充分条件。这个条件与控制器增益以及时变通信时延的上边界有关。此外, 针对定理 4.1 的情况, 可在无向通信图是一棵树的条件下实现姿态同步, 同时, 对于任意无向图, 只要控制增益满足条件式 (3.16), 就可实现定理 4.2 中的协同姿态跟踪。这些限制如同第 3 章结果中所获得的, 主要是由于相对姿态的非线性表示, 而这些相对姿态是通过单位四元数的乘法来定义的。

另外, 从上述分析可以看出 Lyapunov-Krasovskii 泛函的使用依赖于角速度的可用性。因此, 在通信时延对第 3 章提出的免角速度姿态同步方案的影响研究中, 难以使用这种分析工具。

4.2 无角速度测量的姿态同步

本节中，在存在通信时延的情况下，为免角速度测量的姿态同步方案设计提出了一个基于虚拟系统的方法。将各个刚体与下面的虚拟系统相关联:

$$\dot{\boldsymbol{Q}}_{v_i} = \frac{1}{2}\boldsymbol{T}(\boldsymbol{Q}_{v_i})\boldsymbol{\omega}_{v_i} \tag{4.21}$$

式中: $\boldsymbol{Q}_{v_i} = (\boldsymbol{q}_{v_i}^{\mathrm{T}}, \boldsymbol{\eta}_{v_i})^{\mathrm{T}}$ 为表示式 (4.21) 虚拟系统姿态的单位四元数，其初始条件满足 $|\boldsymbol{Q}_{v_i}(0)| = 1$; $\boldsymbol{\omega}_{v_i}$ 为虚拟系统的虚拟角速度输入，它将在后文中进行设计; 矩阵 $\boldsymbol{T}(\boldsymbol{Q}_{v_i})$ 利用 $\boldsymbol{Q}_{v_i}$ 的元素给出，类似于式 (2.30)。

引入上述虚拟系统的目的是为群中各个刚体生成一个中间姿态参考轨迹，用 $\boldsymbol{Q}_{v_i}$ 表示。如果各个刚体跟踪它相应的中间参考轨迹，姿态同步将会得到实现，并且所有虚拟系统同步它们的姿态。因此，相邻刚体系统需要传递它们相应虚拟系统的姿态而不是它们的绝对姿态。这种方法的主要优势是虚拟系统的状态可用于反馈。利用上述基于虚拟系统方法的控制系统示意图如图 4.1 所示。

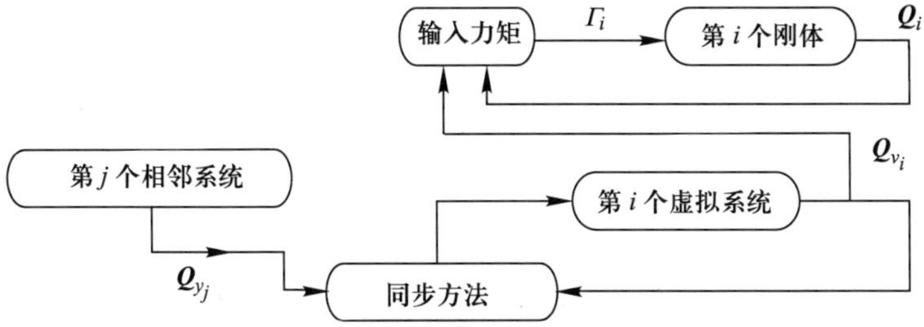

图 4.1 利用虚拟系统的同步

基于这一思想，用单位四元数 $\boldsymbol{Q}_i^e = (\boldsymbol{q}_i^{e\mathrm{T}}, \boldsymbol{\eta}_i^e)^{\mathrm{T}}$ 表示第 i 个刚体姿态和其相应虚拟系统之间的偏差，$\boldsymbol{Q}_i^e$ 定义为

$$\boldsymbol{Q}_i^e = \boldsymbol{Q}_{v_i}^{-1} \odot \boldsymbol{Q}_i \tag{4.22}$$

且满足单位四元数动力学方程:

$$\dot{\boldsymbol{Q}}_i^e = \frac{1}{2}\boldsymbol{T}(\boldsymbol{Q}_i^e)\boldsymbol{\omega}_i^e \tag{4.23}$$

$$\boldsymbol{\omega}_i^e = \boldsymbol{\omega}_i - \boldsymbol{R}(\boldsymbol{Q}_i^e)\boldsymbol{\omega}_{v_i} \tag{4.24}$$

式中: $\boldsymbol{T}(\boldsymbol{Q}_i^e)$ 同式 (3.34); $\boldsymbol{R}(\boldsymbol{Q}_i^e)$ 是与 $\boldsymbol{Q}_i^e$ 相关的旋转矩阵, 并给出为 $\boldsymbol{R}(\boldsymbol{Q}_i^e)=\boldsymbol{R}(\boldsymbol{Q}_i)\boldsymbol{R}(\boldsymbol{Q}_{v_i})^{\mathrm{T}}$。

受文献 [140] 的启发, 考虑式 (4.2) 中的控制输入:

$$\boldsymbol{\Gamma}_i=\boldsymbol{J}_i\boldsymbol{R}(\boldsymbol{Q}_i^e)\dot{\boldsymbol{\omega}}_{v_i}+\boldsymbol{S}(\boldsymbol{R}(\boldsymbol{Q}_i^e)\boldsymbol{\omega}_{v_i})\boldsymbol{J}_i\boldsymbol{R}(\boldsymbol{Q}_i^e)\boldsymbol{\omega}_{v_i}-k_i^p\boldsymbol{q}_i^e-k_i^d\tilde{\boldsymbol{q}}_i^e \tag{4.25}$$

式中: $i\in\mathcal{N}$, 标量增益 k_i^p 和 k_i^d 为严格正的; $\boldsymbol{q}_i^e$ 为式 (4.22) 中定义的单位四元数 $\boldsymbol{Q}_i^e$ 的向量部分; $\tilde{\boldsymbol{q}}_i^e$ 为单位四元数 $\tilde{\boldsymbol{Q}}_i^e:=(\tilde{\boldsymbol{q}}_i^{e\mathrm{T}},\tilde{\boldsymbol{\eta}}_i^e)^{\mathrm{T}}$ 的向量部分, 定义为

$$\tilde{\boldsymbol{Q}}_i^e=\boldsymbol{Q}_{pi}^{-1}\odot\boldsymbol{Q}_i^e \tag{4.26}$$

$$\dot{\boldsymbol{Q}}_{pi}=\frac{\lambda_i}{2}\boldsymbol{T}(\boldsymbol{Q}_{pi})\tilde{\boldsymbol{q}}_i^e \tag{4.27}$$

式中: $|\boldsymbol{Q}_{pi}(0)=1|$, $\boldsymbol{Q}_{pi}:=(\boldsymbol{q}_{pi}^{\mathrm{T}},\boldsymbol{\eta}_{pi})^{\mathrm{T}}\in\mathbb{Q}$; $\boldsymbol{T}(\boldsymbol{Q}_{pi})$ 同式 (3.29); 标量 $\lambda_i>0$; $\tilde{\boldsymbol{q}}_i^e$ 为式 (4.26) 中单位四元数 $\tilde{\boldsymbol{Q}}_i^e$ 的向量部分。可以证明 $\tilde{\boldsymbol{Q}}_i^e$ 满足下面的单位四元数动力学方程:

$$\dot{\tilde{\boldsymbol{Q}}}_i^e=\frac{1}{2}\boldsymbol{T}(\tilde{\boldsymbol{Q}}_i^e)\tilde{\boldsymbol{\omega}}_i^e \tag{4.28}$$

$$\tilde{\boldsymbol{\omega}}_i^e=\boldsymbol{\omega}_i^e-\lambda_i\tilde{\boldsymbol{q}}_i^e \tag{4.29}$$

设计上述的力矩输入使得每个刚体在无角速度测量的情况下跟踪其相应虚拟系统的状态, 即 $\boldsymbol{Q}_i^e\to\pm\boldsymbol{Q}_I$ 且 $(\boldsymbol{\omega}_i-\boldsymbol{\omega}_{v_i})\to 0$。

设计的余下部分是确定一个合适的虚拟角速度 $\boldsymbol{\omega}_{v_i}$, 使得所有虚拟系统在存在通信时延的情况下同步它们的姿态。这将在下面的 4.2.1 节中给出。

4.2.1 无向网络和时变通信时延的情况

考虑这样的一个情况, 即相邻刚体 (系统) 之间的信息交换是双向的, 用无向通信图 $\mathcal{G}=(\mathcal{N},\mathcal{E},\boldsymbol{\mathcal{K}})$ 表示, 且存在时变通信时延。

4.2.1.1 无主和主从式姿态同步

为了实现基于上述虚拟系统的姿态同步, 通信刚体系统必须传递它们相应虚拟系统的姿态。第 i 个和第 j 个虚拟系统之间的相对姿态用单位四元数 $\bar{\boldsymbol{Q}}_{v_{ij}}=(\bar{\boldsymbol{q}}_{v_{ij}}^{\mathrm{T}},\bar{\boldsymbol{\eta}}_{v_{ij}})^{\mathrm{T}}$ 表示, $\bar{\boldsymbol{Q}}_{v_{ij}}$ 定义如下:

$$\bar{\boldsymbol{Q}}_{v_{ij}}=\boldsymbol{Q}_{v_j}^{-1}(t-\tau_{ij})\odot\boldsymbol{Q}_{v_i} \tag{4.30}$$

式中: $\boldsymbol{Q}_{v_i}$ 为表示第 i 个虚拟系统姿态的单位四元数; $\boldsymbol{Q}_{v_j}(t-\tau_{ij})$ 为第 j 个虚拟系统的接收姿态, τ_{ij} 为时变通信时延。在主从情况中 (即恒定目标姿态 $\boldsymbol{Q}_d$ 可用于群中扮演主导者的单个刚体), 主刚体相关虚拟系统姿态与目标姿态之间的偏差可用单位四元数 $\tilde{\boldsymbol{Q}}_{v_l} := (\tilde{\boldsymbol{q}}_{v_l}^{\mathrm{T}}, \tilde{\boldsymbol{\eta}}_{v_l})^{\mathrm{T}}$ 表示并定义为

$$\tilde{\boldsymbol{Q}}_{v_l} = \boldsymbol{Q}_d^{-1} \odot \boldsymbol{Q}_{v_l} \tag{4.31}$$

满足单位四元数动力学方程

$$\dot{\tilde{\boldsymbol{Q}}}_{v_l} = \frac{1}{2}\boldsymbol{T}(\tilde{\boldsymbol{Q}}_{v_l})\boldsymbol{\omega}_{v_l} \tag{4.32}$$

$\boldsymbol{T}(\tilde{\boldsymbol{Q}}_{v_l})$ 类似于式 (3.12), 下标 "l" 用于标识主导刚体。

考虑下面虚拟角速度的设计

$$\dot{\boldsymbol{\omega}}_{v_i} = -k_i^{\boldsymbol{\omega}}\boldsymbol{\omega}_{v_l} - \alpha\bar{\boldsymbol{u}}_i - \sum_{j=1}^{n} k_{ij}\bar{\boldsymbol{q}}_{v_{ij}} \tag{4.33}$$

式中: $i \in \mathcal{N}$, $\boldsymbol{\omega}_{v_i}(0)$ 可以任意选择; $\bar{\boldsymbol{q}}_{v_{ij}}$ 为式 (4.30) 中定义的单位四元数 $\bar{\boldsymbol{Q}}_{v_{ij}}$ 的向量部分, 且

$$\bar{\boldsymbol{u}}_i = \begin{cases} k_l^q \tilde{\boldsymbol{q}}_{v_l}, & i = l \\ 0, & i \neq l \end{cases} \tag{4.34}$$

式中: $\tilde{\boldsymbol{q}}_{v_l}$ 为式 (4.31) 中定义的单位四元数 $\tilde{\boldsymbol{Q}}_{v_l}$ 的向量部分。控制增益的定义同定理 4.1。

定理 4.3 考虑系统式 (4.1)、式 (4.2) 及其力矩输入式 (4.25) 和式 (4.21) 与式 (4.33)。假设时变通信时延有界, 即对于 $(i,j) \in \mathcal{E}$ 有 $\tau_{ij} \leqslant \tau$, 其中 τ 是一个正的常数, 对于某 $\varepsilon > 0$, 令控制器增益满足条件式 (4.9)。如果无向通信图 $\mathcal{G}$ 是一棵树, 那么所有信号全局有界, $\boldsymbol{\omega}_i \to 0$, 并且可通过分别设置 $\alpha = 0$ 或 $\alpha = 1$ 来解决无主和主从姿态同步问题。而且, 如果存在一个时刻 $t_0 > 0$, 使得对于所有 $t \geqslant t_0$ 都有 $\eta_{v_i}(t) > 0$ (或者 $\eta_{v_i}(t) < 0$), 那么上述结果对于任意连通无向通信图都成立。

证明 根据式 (4.24), 角速度误差 $\boldsymbol{\omega}_i^e$ 的时间导数可写成如下形式:

$$\dot{\boldsymbol{\omega}}_i^e = \dot{\boldsymbol{\omega}}_i - \boldsymbol{R}(\boldsymbol{Q}_i^e)\dot{\boldsymbol{\omega}}_{v_i} + \boldsymbol{S}(\boldsymbol{\omega}_i^e)\boldsymbol{R}(\boldsymbol{Q}_i^e)\boldsymbol{\omega}_{v_i} \tag{4.35}$$

利用姿态动力学方程式 (4.2) 和式 (4.24), 经过一些代数运算后, 可以得到

$$\begin{aligned}\boldsymbol{J}_i\dot{\boldsymbol{\omega}}_i^e = {} & \boldsymbol{\Gamma}_i - \boldsymbol{S}(\boldsymbol{\omega}_i^e)\boldsymbol{J}_i(\boldsymbol{\omega}_i^e + \boldsymbol{R}(\boldsymbol{Q}_i^e)\boldsymbol{\omega}_{v_i}) - \boldsymbol{J}_i\boldsymbol{R}(\boldsymbol{Q}_i^e)\dot{\boldsymbol{\omega}}_{v_i} - \\ & (\boldsymbol{J}_i\boldsymbol{S}(\boldsymbol{R}(\boldsymbol{Q}_i^e)\boldsymbol{\omega}_{v_i}) + \boldsymbol{S}(\boldsymbol{R}(\boldsymbol{Q}_i^e)\boldsymbol{\omega}_{v_i})\boldsymbol{J}_i)\boldsymbol{\omega}_i^e - \\ & \boldsymbol{S}(\boldsymbol{R}(\boldsymbol{Q}_i^e)\boldsymbol{\omega}_{v_i})\boldsymbol{J}_i\boldsymbol{R}(\boldsymbol{Q}_i^e)\boldsymbol{\omega}_{v_i}\end{aligned} \tag{4.36}$$

由于 $\boldsymbol{J}_i = \boldsymbol{J}_i^{\mathrm{T}} > 0$, 考虑到式 (4.25), 可得到

$$\boldsymbol{\omega}_i^{e^{\mathrm{T}}} \boldsymbol{J}_i \dot{\boldsymbol{\omega}}_i^e = \boldsymbol{\omega}_i^{e^{\mathrm{T}}} (-k_i^p \boldsymbol{q}_i^e - k_i^d \tilde{\boldsymbol{q}}_i^e) \tag{4.37}$$

在无通信时延情况下, 令第 i 个和第 j 个虚拟系统姿态之间的偏差用下述单元四元数表示, 即

$$\boldsymbol{Q}_{v_{ij}} := (\boldsymbol{q}_{v_{ij}}^{\mathrm{T}}, \boldsymbol{\eta}_{v_{ij}})^{\mathrm{T}} = \boldsymbol{Q}_{v_j}^{-1} \odot \boldsymbol{Q}_{v_i} \tag{4.38}$$

其满足如下单位四元数动力学方程：

$$\dot{\boldsymbol{Q}}_{v_{ij}} = \frac{1}{2} \boldsymbol{T}(\boldsymbol{Q}_{v_{ij}}) \boldsymbol{\omega}_{v_{ij}} \tag{4.39}$$

$$\boldsymbol{\omega}_{v_{ij}} = \boldsymbol{\omega}_{v_i} - \boldsymbol{R}(\boldsymbol{Q}_{v_{ij}}) \boldsymbol{\omega}_{v_j} \tag{4.40}$$

式中: $\boldsymbol{T}(\boldsymbol{Q}_{v_{ij}})$ 类似于式 (3.4); $\boldsymbol{R}(\boldsymbol{Q}_{v_{ij}})$ 为与 $\boldsymbol{Q}_{v_{ij}}$ 相关的旋转矩阵。

采用证明引理 4.1 的类似步骤, 可以证明下面的不等式对于任意严格正常数 ε 都成立:

$$(\bar{\boldsymbol{q}}_{v_{ij}} - \boldsymbol{q}_{v_{ij}})^{\mathrm{T}} \boldsymbol{\omega}_{v_i} \leqslant \boldsymbol{\varepsilon} \dot{\boldsymbol{Q}}_{v_i}^{\mathrm{T}} \dot{\boldsymbol{Q}}_{v_i} + \frac{\tau_{ij}}{\boldsymbol{\varepsilon}} \int_{t-\tau_{ij}}^{t} \dot{\boldsymbol{Q}}_{v_j}^{\mathrm{T}} \dot{\boldsymbol{Q}}_{v_j} \mathrm{d}s \tag{4.41}$$

现在, 考虑类 Lyapunov-Krasovskii 候选泛函 $V = V_1 + V_2$, 其中

$$V_1 = \sum_{i=1}^{n} \left(\frac{1}{2} \boldsymbol{\omega}_i^{e\mathrm{T}} \boldsymbol{J}_i \boldsymbol{\omega}_i^e + 2k_i^p (1 - \boldsymbol{\eta}_i^e) + 2k_i^d (1 - \tilde{\eta}_i^e) \right) \tag{4.42}$$

$$V_2 = 2\alpha k_l^q (1 - \tilde{\eta}_{v_l}) + \sum_{i=1}^{n} \left(\frac{1}{2} \boldsymbol{\omega}_{v_i}^{\mathrm{T}} \boldsymbol{\omega}_{v_i} + \sum_{j=1}^{n} k_{ij} (1 - \eta_{v_{ij}}) \right) + \sum_{i=1}^{n} \sum_{j=1}^{n} \frac{k_{ij} \tau}{\boldsymbol{\varepsilon}} \int_{-\tau}^{0} \int_{t+s}^{t} \dot{\boldsymbol{Q}}_{v_j}^{\mathrm{T}} (\varrho) \dot{\boldsymbol{Q}}_{v_j} (\varrho) \mathrm{d}\varrho \mathrm{d}s \tag{4.43}$$

式中: $\boldsymbol{\varepsilon} > 0$, $\tau_{ij} \leqslant \tau$, τ 为一个正的常数; η_i^e 为式 (4.22) 中定义的 $\boldsymbol{Q}_i^e$ 的标量部分; $\tilde{\eta}_i^e$ 为式 (4.26) 中定义的 $\tilde{\boldsymbol{Q}}_i^e$ 的标量部分; $\tilde{\eta}_{v_l}$ 为式 (4.31) 中定义的 $\tilde{\boldsymbol{Q}}_{v_l}$ 的标量部分; $\eta_{v_{ij}}$ 为式 (4.38) 中定义的 $\boldsymbol{Q}_{v_{ij}}$ 的标量部分。应当注意, 既然 $\boldsymbol{Q}_{v_{ij}}$ 是一个满足归一化约束条件 $\boldsymbol{\eta}_{v_{ij}}^2 + \boldsymbol{q}_{v_{ij}}^{\mathrm{T}} \boldsymbol{q}_{v_{ij}} = 1$ 的单位四元数, 那么就有如下关系:

$$2(1 - \eta_{v_{ij}}) = \boldsymbol{q}_{v_{ij}}^{\mathrm{T}} \boldsymbol{q}_{v_{ij}} + (1 - \eta_{v_{ij}})^2$$

类似的关系对于 $\tilde{\boldsymbol{Q}}_{v_l}$、$\boldsymbol{Q}_i^e$ 和 $\tilde{\boldsymbol{Q}}_i^e$ 的元素都成立。

利用式 (4.23) 和式 (4.28), 再根据动力学方程式 (4.37) 可计算并得到 V_1 的时间导数如下:

$$\begin{aligned}\dot{V}_1 &= \sum_{i=1}^{n}(\boldsymbol{\omega}_i^{e^{\mathrm{T}}}\boldsymbol{J}_i\dot{\boldsymbol{\omega}}_i^e + k_i^p\boldsymbol{q}_i^{e^{\mathrm{T}}}\boldsymbol{\omega}_i^e + k_i^d\tilde{\boldsymbol{q}}_i^{e^{\mathrm{T}}}\tilde{\boldsymbol{\omega}}_i^e) \\ &= -\sum_{i=1}^{n}k_i^d\lambda_i\tilde{\boldsymbol{q}}_i^{e^{\mathrm{T}}}\tilde{\boldsymbol{q}}_i^e\end{aligned} \tag{4.44}$$

根据式 (4.33)、式 (4.32) 及式 (4.39) 可计算并得到 V_2 的时间导数如下:

$$\begin{aligned}\dot{V}_2 = \alpha k_l^q\tilde{\boldsymbol{q}}_{v_l}^{\mathrm{T}}\boldsymbol{\omega}_{v_l} + \sum_{i=1}^{n}\boldsymbol{\omega}_{v_i}^{\mathrm{T}}\left(-\alpha\bar{\boldsymbol{u}}_i - k_i^{\omega}\boldsymbol{\omega}_{v_i} - \sum_{j=1}^{n}k_{ij}\bar{\boldsymbol{q}}_{v_{ij}}\right) + \\ \sum_{i=1}^{n}\sum_{j=1}^{n}k_{ij}\left(\frac{1}{2}\boldsymbol{q}_{v_{ij}}^{\mathrm{T}}\boldsymbol{\omega}_{v_{ij}} + \frac{\tau}{\boldsymbol{\varepsilon}}(\tau\dot{\boldsymbol{Q}}_{v_j}^{\mathrm{T}}\dot{\boldsymbol{Q}}_{v_j} - \int_{t-\tau}^{t}\dot{\boldsymbol{Q}}_{v_j}^{\mathrm{T}}\dot{\boldsymbol{Q}}_{v_j}\mathrm{d}s)\right)\end{aligned} \tag{4.45}$$

利用通信图的对称性, 可知

$$\frac{1}{2}\sum_{i=1}^{n}\sum_{j}k_{ij}\boldsymbol{\omega}_{v_{ij}}^{\mathrm{T}}\boldsymbol{q}_{v_{ij}} = \sum_{i=1}^{n}\sum_{j=1}^{n}k_{ij}\boldsymbol{\omega}_{v_i}^{\mathrm{T}}\boldsymbol{q}_{v_{ij}} \tag{4.46}$$

那么, 采用与定理 4.1 类似的证明步骤, 利用关系式 (4.41) 和类似关系式 (4.14) 和式 (4.15), 可得到

$$\dot{V}_2 \leqslant -\sum_{i=1}^{n}k_i^z\boldsymbol{\omega}_{v_i}^{\mathrm{T}}\boldsymbol{\omega}_{v_i} \tag{4.47}$$

式中: k_i^z 在定理 4.1 中给出。因此, $\dot{V}$ 负半定, 从而 $\boldsymbol{\omega}_{v_i}$, $\tilde{\boldsymbol{q}}_i^e \in \mathcal{L}_2 \cap L_\infty$ 及 $\boldsymbol{\omega}_i^e \in L_\infty$。注意到 $\tilde{\boldsymbol{Q}}_{v_l}$、$\bar{\boldsymbol{Q}}_{v_{ij}}$、$\boldsymbol{Q}_i^e$ 和 $\tilde{\boldsymbol{Q}}_i^e$ 自然有界。同样, 从式 (4.24) 和式 (4.33) 可知 $\boldsymbol{\omega}_i$、$\boldsymbol{\omega}_{v_i} \in \mathcal{L}_\infty$。进一步, 从式 (4.29) 显然有 $\tilde{\boldsymbol{\omega}}_i^e \in \mathcal{L}_\infty$, 这隐含了 $\dot{\tilde{\boldsymbol{q}}}_i^e \in \mathcal{L}_\infty$。借助引理 2.3, 可以得出 $\boldsymbol{\omega}_{v_i} \to 0$, $\tilde{\boldsymbol{q}}_i^e \to 0$, $i \in \mathcal{N}$, 从而 $\tilde{\boldsymbol{Q}}_i^e \to \pm\boldsymbol{Q}_I$, $i \in \mathcal{N}$。

利用上述结论, 根据式 (4.36) 可以证明 $\dot{\boldsymbol{\omega}}_i^e \in \mathcal{L}_\infty$, 从而 $\dot{\tilde{\boldsymbol{\omega}}}_i^e \in \mathcal{L}_\infty$。这意味着 $\ddot{\tilde{\boldsymbol{Q}}}_i^e \in \mathcal{L}_\infty$, 借助 Barbalat 引理和引理 2.3, 可得出结论 $\dot{\tilde{\boldsymbol{Q}}}_i^e \to 0$。结果, 从式 (4.28) 可推出 $\tilde{\boldsymbol{\omega}}_i^e \to 0$, 因此 $\boldsymbol{\omega}_i^e \to 0$ 且 $\boldsymbol{\omega}_i \to 0$, $i \in \mathcal{N}$。

此外, 从式 (4.36) 的一阶时间导数及式 (4.25) 可以看出:既然 $\dot{\boldsymbol{\omega}}_{v_i}$、$\boldsymbol{\omega}_i^e \in \mathcal{L}_\infty$ 那么就有 $\ddot{\boldsymbol{\omega}}_i^e \in \mathcal{L}_\infty$。借助 Barbalat 引理, 可知 $\dot{\boldsymbol{\omega}}_i^e \to 0$, 并且闭环方程式 (4.36) 及式 (4.25) 可简化为 $k_i^e\boldsymbol{q}_i^e \to 0$, $i \in \mathcal{N}$, 这表明 $\boldsymbol{Q}_i^e \to \pm\boldsymbol{Q}_I$, $i \in \mathcal{N}$。

利用引理 4.1 证明中的类似关系式, 可以得出

$$\bar{\boldsymbol{q}}_{v_{ij}} = q_{v_{ij}} - \boldsymbol{T}^{\mathrm{T}}(\boldsymbol{Q}_{v_i})(\boldsymbol{Q}_{v_j}(t-\tau_{ij}) - \boldsymbol{Q}_{v_j}) \tag{4.48}$$

于是, 式 (4.33) 可以重写为

$$\dot{\boldsymbol{\omega}}_{v_i} = -\alpha\bar{\boldsymbol{u}}_i - k_i^{\boldsymbol{\omega}}\boldsymbol{\omega}_{v_i} - \sum_{j=1}^{n} k_{ij}\boldsymbol{q}_{v_{ij}} - \sum_{j=1}^{n} k_{ij}\boldsymbol{T}^{\mathrm{T}}(\boldsymbol{Q}_{v_i})\int_{t-\tau_{ij}}^{t}\dot{\boldsymbol{Q}}_{v_j}\mathrm{d}s \tag{4.49}$$

采用定理 4.1 证明中的类似推理, 可以证明 $\int_{t-\tau_{ij}}^{t}\dot{\boldsymbol{Q}}_{v_j}\mathrm{d}s \to 0$。借助扩展 Barbalat 引理 (引理 2.4), 可以得出 $\dot{\boldsymbol{\omega}}_{v_i} \to 0$。因此, 虚拟角速度式 (4.33) 的动力学方程可简化为

$$\alpha\bar{\boldsymbol{u}}_i + \sum_{j=1}^{n} k_{ij}\boldsymbol{q}_{v_{ij}} \to 0, i \in \mathcal{N} \tag{4.50}$$

式 (4.50) 类似于式 (4.18) 和式 (3.49)。然后, 采用与定理 3.1 类似的证明步骤, 可以证明: 如果通信图是一棵树, 那么对于 $\alpha = 0$, 有 $\boldsymbol{q}_{v_{ij}} \to 0$, $i,j \in \mathcal{N}$。既然每个刚体的姿态渐近收敛到其相对应虚拟系统的姿态, 即 $\boldsymbol{Q}_i^e \to \pm\boldsymbol{Q}_I$, 那么, 显然无主姿态同步问题获解。

类似地, 在 $\alpha = 1$ 的情况下, 只要通信图是一棵树, 就可采取证明定理 3.1 的论点得出：对于所有 $i,j \in \mathcal{N}$, 有 $\tilde{\boldsymbol{Q}}_{v_l} \to \pm\boldsymbol{Q}_I$ 且 $\boldsymbol{Q}_{v_{ij}} \to \pm\boldsymbol{Q}_I$。结果, 所有虚拟系统都将它们的姿态同步到目标姿态 $\boldsymbol{Q}_d$。因此, 既然每个刚体都将它的姿态同步到其相对应虚拟系统的姿态, 那么, 就可断定主从式姿态同步问题获解。

证明的余下部分可以借鉴定理 3.1 证明的最后部分和引理 3.1 来完成。

4.2.1.2 协同姿态跟踪

在协同姿态跟踪的情况下, 用单位四元数 $\bar{\boldsymbol{Q}}_{v_{ij}} = (\bar{\boldsymbol{q}}_{v_{ij}}^{\mathrm{T}}, \bar{\boldsymbol{\eta}}_{v_{ij}})^{\mathrm{T}}$ 表示与任意两个相邻刚体系统相关联的虚拟系统之间相对姿态, $\bar{\boldsymbol{Q}}_{v_{ij}}$ 定义如下:

$$\bar{\boldsymbol{Q}}_{v_{ij}} = \tilde{\boldsymbol{Q}}_{v_j}^{-1}(t-\tau_{ij}) \odot \tilde{\boldsymbol{Q}}_{v_i} \tag{4.51}$$

式中

$$\tilde{\boldsymbol{Q}}_{v_i} := (\tilde{\boldsymbol{q}}_{v_i}^{\mathrm{T}}, \tilde{\boldsymbol{\eta}}_{v_i})^{\mathrm{T}} = \boldsymbol{Q}_d^{-1} \odot \boldsymbol{Q}_{v_i} \tag{4.52}$$

表示第 i 个虚拟系统的姿态跟踪误差, 即

$$\dot{\tilde{\boldsymbol{Q}}}_{v_i}=\frac{1}{2}\boldsymbol{T}(\tilde{\boldsymbol{Q}}_{v_i})\tilde{\boldsymbol{\omega}}_{v_i} \tag{4.53}$$

$$\tilde{\boldsymbol{\omega}}_{v_i}=\boldsymbol{\omega}_{v_i}-\boldsymbol{R}(\tilde{\boldsymbol{Q}}_{v_i})\boldsymbol{\omega}_d \tag{4.54}$$

假设式 (4.54) 中的目标角速度 $\boldsymbol{\omega}_d$ 及其一阶时间导数有界。如果相邻系统传递它们的变量 $\tilde{\boldsymbol{Q}}_{v_i}$, 那么式 (4.51) 中的 $\bar{\boldsymbol{Q}}_{v_{ij}}$ 就能被计算出来。

令虚拟系统式 (4.21) 的输入是下面动力学方程的解:

$$\dot{\boldsymbol{\omega}}_{v_i}=-k_i^q\tilde{\boldsymbol{q}}_{v_i}-k_i^{\omega}\tilde{\boldsymbol{\omega}}_{v_i}-\sum_{j=1}^{n}k_{ij}\bar{\boldsymbol{q}}_{v_{ij}}+\boldsymbol{R}(\tilde{\boldsymbol{Q}}_{v_i})\dot{\boldsymbol{\omega}}_d-\boldsymbol{S}(\tilde{\boldsymbol{\omega}}_{v_i})\boldsymbol{R}(\tilde{\boldsymbol{Q}}_{v_i})\boldsymbol{\omega}_d \tag{4.55}$$

式中: 控制增益的定义同定理 4.2, $\boldsymbol{\omega}_{v_i}(0)$ 可以任意选择; $\tilde{\boldsymbol{q}}_{v_i}$ 为式 (4.52) 中单位四元数 $\tilde{\boldsymbol{Q}}_{v_i}$ 的向量部分; $\bar{\boldsymbol{q}}_{v_{ij}}$ 为式 (4.51) 中单位四元数 $\bar{\boldsymbol{Q}}_{v_{ij}}$ 的向量部分。

定理 4.4 考虑系统式 (4.1)、式 (4.2)、控制律式 (4.25) 以及式 (4.21) 与式 (4.55)。假设时变通信时延有界, 即对于 $(i,j)\in\mathcal{E}$ 有 $\tau_{ij}\leqslant\tau$, 其中 τ 为一个正的常数。如果根据式 (4.9) 及式 (3.16) 选择控制器增益, 那么所有信号全局有界, 并且协同姿态跟踪问题获解, 即 $\tilde{\boldsymbol{Q}}\rightarrow\pm\boldsymbol{Q}_I$ 且 $\tilde{\boldsymbol{\omega}}_i\rightarrow 0$, $i\in\mathcal{N}$。此外, 如果存在一个时刻 $t_0>0$, 使得对于所有 $t\geqslant t_0$, $i\in\mathcal{N}$, 都有 $\tilde{\eta}_i(t)>0$, 那么上述结论仅在满足式 (4.9) 的条件下才成立。

证明 可采取与定理 4.2 和定理 4.3 相类似的证明步骤进行证明, 在此略去其证明过程。

4.2.2 有向网络和恒定通信时延的情况

在本小节中, 在有向通信图 $\mathcal{G}$ 的情况下, 为带来姿态同步的虚拟系统输入提供了一个可供选择的设计方法。为了达到这一目的, 假设通信时延恒定。

4.2.2.1 无主姿态同步

为解决最终速度为零的无主姿态同步问题, 考虑式 (4.21) 和式 (4.25) 中的虚拟角速度为

$$\boldsymbol{\omega}_{v_i}=-\sum_{j=1}^{n}k_{ij}(\boldsymbol{q}_{v_i}-\boldsymbol{q}_{v_j}(t-\tau_{ij})) \tag{4.56}$$

式中: $i \in \mathcal{N}$; $k_{ij} \geqslant 0$ 为有向通信图 $\mathcal{G}$ 邻接矩阵的第 (i,j) 项系数; $\boldsymbol{q}_{v_i}$ 为单位四元数 $\boldsymbol{Q}_{v_i}$ 的向量部分; $\boldsymbol{q}_{v_j}(t-\tau_{ij})$ 为来自第 j 个邻近刚体的接收信息, 具有恒定的通信时延 $\boldsymbol{\tau}_{ij}$。$\boldsymbol{\omega}_{v_i}$ 的时间导数如下:

$$\dot{\boldsymbol{\omega}}_{v_i} = -\sum_{j=1}^{n} k_{ij}(\dot{\boldsymbol{q}}_{v_i} - \dot{\boldsymbol{q}}_{v_j}(t-\tau_{ij})) \tag{4.57}$$

式中: $\dot{\boldsymbol{q}}_{v_i} = \dfrac{1}{2}(\eta_{v_i}\boldsymbol{I}_3 + \boldsymbol{S}(\boldsymbol{q}_{v_i}))\boldsymbol{\omega}_{v_i}$。

定理 4.5 考虑系统式 (4.1)、式 (4.2)、控制律式 (4.25) 以及式 (4.21) 和式 (4.56)、式 (4.57)。如果有向通信图是强连通的, 那么所有信号全局有界, $\boldsymbol{\omega}_i \to 0$, $i \in \mathcal{N}$, 并且在有任意恒定通信时延的情况下, 无主姿态同步问题获解。

证明 考虑类 Lyapunov-Krasovskii 泛函

$$W = V_1 + V_3$$

V_1 在式 (4.42) 中给出且

$$V_3 = \sum_{i=1}^{n} 2\gamma_i(1-\eta_{v_i}) + \frac{1}{2}\sum_{i=1}^{n}\sum_{j=1}^{n}\gamma_i k_{ij}\int_{t-\tau_{ij}}^{t} \boldsymbol{q}_{v_j}^{\mathrm{T}}\boldsymbol{q}_{v_j}\,\mathrm{d}s$$

式中: η_{v_i} 为单位四元数 $\boldsymbol{Q}_{v_i}$ 的标量部分; $\gamma_i > 0$ $(i \in \mathcal{N})$ 为引理 2.10 中定义的向量 $\boldsymbol{\gamma}$ 的第 i 个分量。根据式 (4.21) 和式 (4.56) 可计算出 V_3 的时间导数, 具体如下:

$$\begin{aligned}\dot{V}_3 = &-\sum_{i=1}^{n}\sum_{j=1}^{n}\gamma_i k_{ij}\boldsymbol{q}_{v_i}^{\mathrm{T}}(\boldsymbol{q}_{v_i} - \boldsymbol{q}_{v_j}(t-\tau_{ij})) \\ &+\frac{1}{2}\sum_{i=1}^{n}\sum_{j=1}^{n}\gamma_i k_{ij}(\boldsymbol{q}_{v_j}^{\mathrm{T}}\boldsymbol{q}_{v_j} - \boldsymbol{q}_{v_j}^{\mathrm{T}}(t-\tau_{ij})\boldsymbol{q}_{v_j}(t-\tau_{ij}))\end{aligned} \tag{4.58}$$

既然假设有向通信图 $\mathcal{G}$ 是强连通的, 利用引理 2.10 可以得出

$$\sum_{i=1}^{n}\sum_{j=1}^{n}\gamma_i\frac{k_{ij}}{2}(\boldsymbol{q}_{v_i}^{\mathrm{T}}\boldsymbol{q}_{v_i} - \boldsymbol{q}_{v_j}^{\mathrm{T}}\boldsymbol{q}_{v_j}) = \frac{1}{2}\boldsymbol{\gamma}^{\mathrm{T}}\boldsymbol{L}\boldsymbol{x} = 0 \tag{4.59}$$

式中: $\boldsymbol{x} := (\boldsymbol{q}_{v_1}^{\mathrm{T}}\boldsymbol{q}_{v_1}, \cdots, \boldsymbol{q}_{v_n}^{\mathrm{T}}\boldsymbol{q}_{v_n})^{\mathrm{T}}$; $\boldsymbol{L}$ 为与 $\mathcal{G}$ 相关的拉普拉斯矩阵且被定义于式 (2.9)。从而, 可以得出

$$\dot{V}_3 = -\frac{1}{2}\sum_{i=1}^{n}\sum_{j=1}^{n}\gamma_i k_{ij}(\boldsymbol{q}_{v_i} - \boldsymbol{q}_{v_j}(t-\tau_{ij}))^{\mathrm{T}}(\boldsymbol{q}_{v_i} - \boldsymbol{q}_{v_j}(t-\tau_{ij})) \tag{4.60}$$

因此, 考虑到式 (4.44) 和式 (4.60), 根据动力学方程式 (4.37) 计算得到的 W 的时间导数是负半定的, 因此 $\boldsymbol{\omega}_i^e \in \mathcal{L}_\infty$ 且 $\tilde{\boldsymbol{q}}_i^e$、$(\boldsymbol{q}_{v_i} - \boldsymbol{q}_{v_j}(t-\tau_{ij})) \in L_2 \cap \mathcal{L}_\infty$。根据定义, $\boldsymbol{Q}_{v_i}$ 和 $\tilde{\boldsymbol{Q}}_i^e$ 自然有界。另外, 既然 $\tilde{\omega}_i^e \in L_\infty$, 根据式 (4.28) 可以证明 $\dot{\tilde{\boldsymbol{q}}}_i^e \in \mathcal{L}_\infty$。同样, 从式 (4.56) 应当注意到 $\boldsymbol{\omega}_{v_i} \in \mathcal{L}_\infty$, 根据式 (4.21) 可推出 $\dot{\boldsymbol{q}}_{v_i} \in \mathcal{L}_\infty$。结果得到 $\tilde{\boldsymbol{q}}_i^e \to 0, i \in \mathcal{N}$, 并且对于 $(i,j) \in \mathcal{E}$ 有 $(\boldsymbol{q}_{v_i} - \boldsymbol{q}_{v_j}(t-\tau_{ij})) \to 0$。从而 $\tilde{\boldsymbol{Q}}_i^e \to \pm\boldsymbol{Q}_I$ 且 $\boldsymbol{\omega}_{vi} \to 0, i \in \mathcal{N}$。

此外, 利用如下事实

$$\boldsymbol{q}_{v_i} - \boldsymbol{q}_{v_j}(t-\tau_{ij}) = \boldsymbol{q}_{v_i} - \boldsymbol{q}_{v_j} + \int_{t-\tau_{ij}}^{t} \dot{\boldsymbol{q}}_{v_j} \mathrm{d}s$$

式中: $\dot{\boldsymbol{q}}_{v_i} \to 0$, τ_{ij} 恒定。既然通信图是强连通的, 可以推出

$$(\boldsymbol{q}_{v_i} - \boldsymbol{q}_{v_j}) \to 0, \quad i,j \in \mathcal{N}$$

此外, 既然 $\boldsymbol{\omega}_{v_i}, \dot{\boldsymbol{\omega}}_{v_i} \in \mathcal{L}_\infty$, 可以得出 $\dot{\boldsymbol{\omega}}_i^e, \dot{\tilde{\boldsymbol{\omega}}}_i^e \in \mathcal{L}_\infty$, 借助 Barbalat 引理可得出结论: $\tilde{\omega}_i^e \to 0$, $\boldsymbol{\omega}_i^e \to 0$ 且 $\dot{\boldsymbol{\omega}}_i^e \to 0$, $i \in \mathcal{N}$。因此, 分别从式 (4.24) 和式 (4.36) 可推出 $\boldsymbol{\omega}_i \to 0$ 且 $\boldsymbol{Q}_i^e \to \pm\boldsymbol{Q}_I$。最后, 由于 $\boldsymbol{q}_i^e \to 0$ 并且 $(\boldsymbol{q}_{v_i} - \boldsymbol{q}_{v_j}) \to 0, i,j \in \mathcal{N}$, 实现了无主姿态同步。

备注 4.1 输入力矩式 (4.25)、式 (4.56) 和式 (4.57) 构成了刚体的纯单位四元数项和惯性矩阵。结果, 对于如下的控制力可达到一个自然的饱和:

$$\|\boldsymbol{\Gamma}_i\|_\infty \leqslant \|\boldsymbol{J}_i\| (v_i + \rho_i^2) + k_i^p + k_i^d$$

式中: $\rho_i = 2\sum_{j=1}^{n} k_{ij}$; $v_i = \dfrac{1}{2}\rho_i^2$。

4.2.2.2 协同姿态跟踪

在恒定通信时延的情况下, 考虑式 (4.21) 和式 (4.25) 中的虚拟角速度:

$$\boldsymbol{\omega}_{v_i} = \boldsymbol{R}(\tilde{\boldsymbol{Q}}_{v_i})\boldsymbol{\omega}_d - k_i^q \tilde{\boldsymbol{q}}_{v_i} - \sum_{j=1}^{n} k_{ij}(\tilde{\boldsymbol{q}}_{v_i} - \tilde{\boldsymbol{q}}_{v_j}(t-\tau_{ij})) \tag{4.61}$$

式中: 控制参数定义同定理 4.5, $\tilde{\boldsymbol{q}}_{v_i}$ 为式 (4.52) 中表示姿态跟踪误差的单位四元数 $\tilde{\boldsymbol{Q}}_{v_i}$ 的向量部分; $\tilde{\boldsymbol{q}}_{v_j}(t-\tau_{ij})$ 为来自第 j 个系统的接收信息; $\boldsymbol{\omega}_d$ 为目标角速度。式 (4.61) 中 $\boldsymbol{\omega}_{v_i}$ 的时间导数可以被明确地计算出来, 即

$$\dot{\boldsymbol{\omega}}_{v_i} = \frac{\mathrm{d}}{\mathrm{d}t}(\boldsymbol{R}(\tilde{\boldsymbol{Q}}_{v_i})\boldsymbol{\omega}_d) - k_i^q \dot{\tilde{\boldsymbol{q}}}_{v_i} - \sum_{j=1}^{n} k_{ij}(\dot{\tilde{\boldsymbol{q}}}_{v_i} - \dot{\tilde{\boldsymbol{q}}}_{v_j}(t-\tau_{ij})) \tag{4.62}$$

式中: $\dot{\boldsymbol{R}}(\tilde{\boldsymbol{Q}}_{v_i})=-\boldsymbol{S}(\tilde{\boldsymbol{\omega}}_{v_i})\boldsymbol{R}(\tilde{\boldsymbol{Q}}_{v_i})$, $\dot{\tilde{\boldsymbol{Q}}}_{v_i}$、$\tilde{\boldsymbol{\omega}}_{v_i}$ 分别在式 (4.53) 和式 (4.54) 中给出。

定理 4.6 考虑系统式 (4.1)、式 (4.2) 及其控制律式 (4.25), 以及式 (4.21) 和式 (4.61)、式 (4.62)。如果有向通信图是强连通的, 那么所有信号全局有界, 并且在有任意恒定通信时延的情况下, 协同姿态跟踪问题获解。

证明 证明在附录 A.9 节中给出。

备注 4.2 定理 4.6 中的控制方案可以是先验有界的, 即

$$\|\boldsymbol{\Gamma}_i\|_\infty \leqslant \|\boldsymbol{J}_i\|\left(\bar{v}_i+\bar{\rho}_i^2\right)+k_i^p+k_i^d$$

式中: $\bar{\rho}_i=\|\boldsymbol{\omega}_d\|+\kappa_i$, $\bar{v}_i=\|\dot{\boldsymbol{\omega}}_d\|_\infty+\|\boldsymbol{\omega}_d\|_\infty\kappa_i+\frac{1}{2}\kappa_i^2$, 其中: $\kappa_i=k_i^q+2\sum\limits_{j=1}^n k_{ij}$。

4.3 仿真结果

考虑四刚体系统组成的群, 即 $\mathcal{N}=\{1,2,3,4\}$, 惯性矩阵在式 (3.92) 中给出, 系统初始条件如下:

$$\begin{cases}\boldsymbol{Q}_1(0)=(0,0,\sin(-\pi/4),\cos(-\pi/4))^{\mathrm{T}}\\ \boldsymbol{Q}_2(0)=(1,0,0,0)^{\mathrm{T}}\\ \boldsymbol{Q}_3(0)=(0,1,0,0)^{\mathrm{T}}\\ \boldsymbol{Q}_4(0)=(0,0,1,0)^{\mathrm{T}}\end{cases}$$

$$\begin{cases}\boldsymbol{\omega}_1(0)=(-0.1,0.09,0.1)^{\mathrm{T}}\mathrm{rad/s}\\ \boldsymbol{\omega}_2(0)=(0.2,-0.05,0.1)^{\mathrm{T}}\mathrm{rad/s}\\ \boldsymbol{\omega}_3(0)=(-0.2,0.1,-0.05)^{\mathrm{T}}\mathrm{rad/s}\\ \boldsymbol{\omega}_4(0)=(0.1,0.1,-0.25)^{\mathrm{T}}\mathrm{rad/s}\end{cases}$$

(1) 选取表 4.1 中的控制增益实现定理 4.1 中的控制方案。系统间的信息流用图 4.2(a) 中的固定无向图 $\mathcal{G}=(\mathcal{N},\mathcal{E},\boldsymbol{\mathcal{K}})$ 表示。显然, $\mathcal{G}$ 是一棵树。

群中成员间的通信时延选取为 $\tau_{ij}=\bar{\tau}_{ij}\left|\sin(0.2t)\right|$ s, $i,j\in\boldsymbol{\varepsilon}$, 其中 $\bar{\tau}_{1i}=0.1$, $\bar{\tau}_{2i}=0.15$, $\bar{\tau}_{3i}=\bar{\tau}_{4i}=0.2$, $i\in\mathcal{N}$。同样, 在主从姿态同步问题的情况

表 4.1 控制增益

	k_{ij}	k_i^{ω}	k_l^q	k_i^p	k_i^d	λ_i
定理 4.1	15	15	20			
定理 4.3	15	15	25	5	30	3
定理 4.5	1			8	35	3

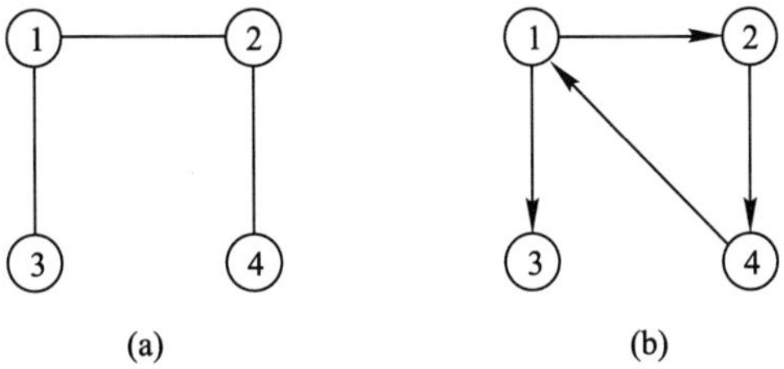

图 4.2 信息流图

(a) $\mathcal{G}$; (b) $\tilde{\mathcal{G}}$。

下, 恒定目标姿态用单位四元数 $\boldsymbol{Q}_d = (0,0,0,1)^{\mathrm{T}}$ 表示, 且可用于第一个刚体 (标为 1)。注意控制增益满足条件式 (4.9), 其中 $\tau = 0.3$ 和 $\varepsilon = 1$。

在 $\alpha = 0$ 和 $\alpha = 1$ 的情况下, 所有系统的姿态分别如图 4.3 和图 4.4 所示, 其中符号 q_i^k 用于表示向量 $\boldsymbol{q}_i$ 的第 k 个元素。从图 4.3 和图 4.4 中可以清楚地看到, 在存在时变通信时延的两种情况下姿态同步都得以实现。

(2) 考虑在角速度不可用于反馈的情况下, 实现定理 4.3 中的控制方案。网络中信息流用图 4.2(a) 中无向图 $\mathcal{G}$ 描述, 类似于前面的例子, 考虑到时变通信时延, 控制增益在表 4.1 中给出, 且满足条件式 (4.9)。虚拟系统式 (4.21) 和式 (4.33) 以及辅助系统式 (4.27) 的初始状态被选为: $\boldsymbol{Q}_{v_i}(0) = \boldsymbol{Q}_i(0)$, $\boldsymbol{\omega}_{v_i}(0) = 0$, $\boldsymbol{Q}_{pi}(0) = (0,0,1,0)^{\mathrm{T}}$, $i \in \mathcal{N}$。在这种情况下得到的结果如图 4.5 和图 4.6 所示, 在无角速度测量且存在时变通信时延的情况下实现了姿态同步。

(3) 在图 4.2(b) 给出的强连通有向图 $\tilde{\mathcal{G}} = (\mathcal{N}, \tilde{\mathcal{E}}, \boldsymbol{\mathcal{K}})$ 的情况下, 实现了定理 4.5 中的姿态同步方案。假设通信时延是恒定的且 $\tau_{1i} = 0.1\mathrm{s}$, $\tau_{2i} = 0.15\mathrm{s}$, $\tau_{3i} = \tau_{4i} = 0.2\mathrm{s}$, $i \in \mathcal{N}$, 控制增益按表 4.1 选取。同样, 虚拟系统式 (4.21) 和辅助系统式 (4.27) 的初始条件设置同前面的例子类似。图 4.7 说明在这种情况下刚体系统的姿态。可以看出, 在任意恒定通信时延且无角速度测量的情况下, 实现了无主姿态同步。

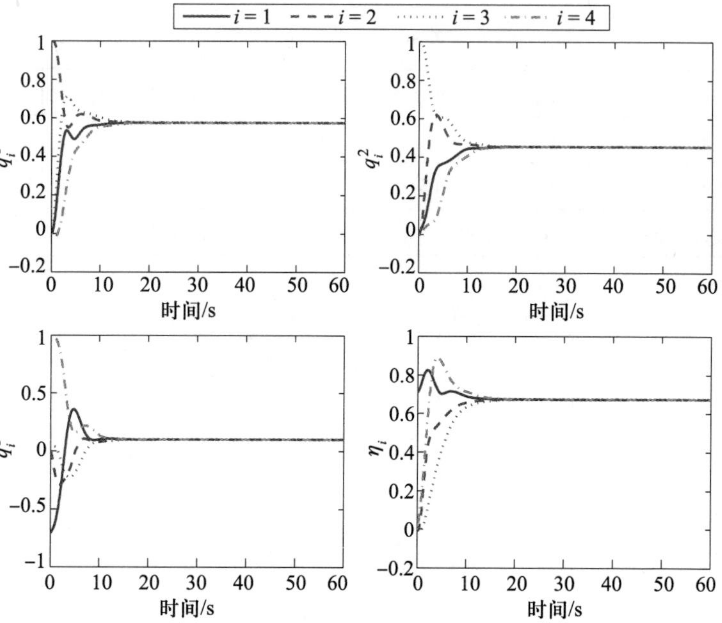

图 4.3 定理 4.1 在 $\alpha = 0$ 情况下的系统姿态 (彩色版本见彩图)

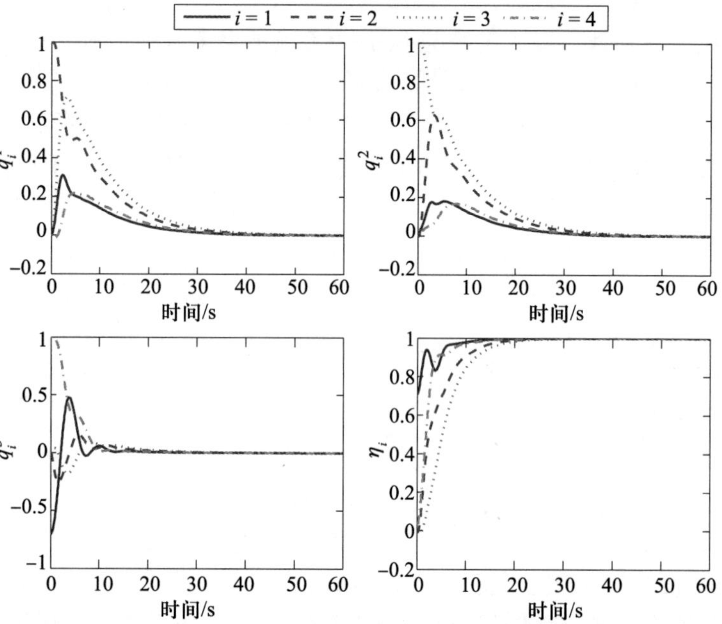

图 4.4 定理 4.1 在 $\alpha = 1$ 情况下的系统姿态 (彩色版本见彩图)

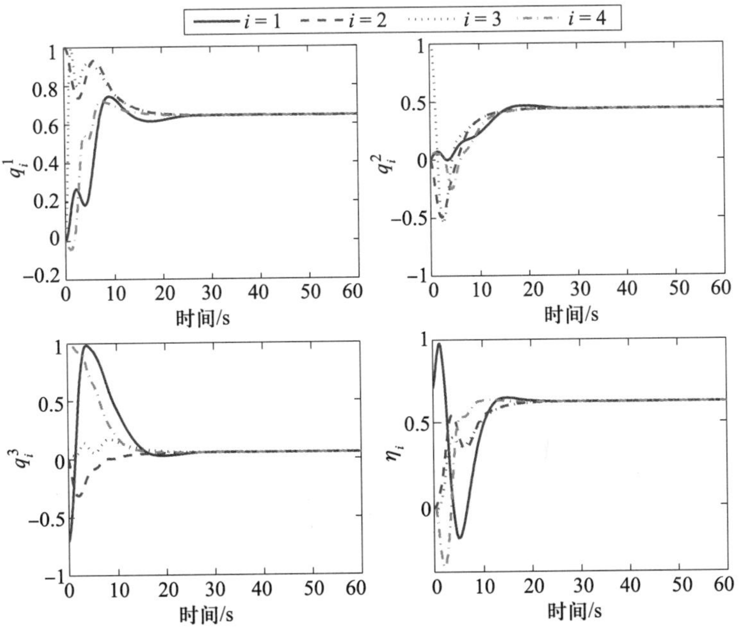

图 4.5 定理 4.3 在 $\alpha=0$ 情况下的系统姿态 (彩色版本见彩图)

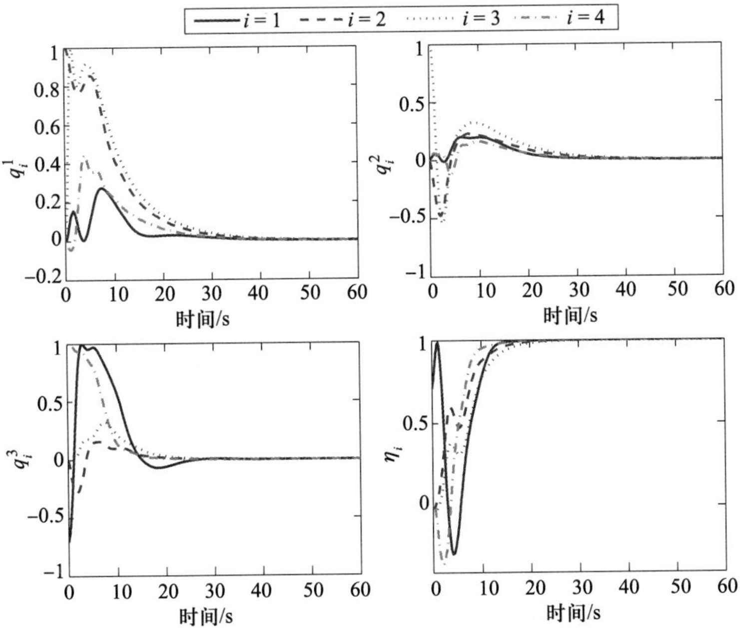

图 4.6 定理 4.3 在 $\alpha=1$ 情况下的系统姿态 (彩色版本见彩图)

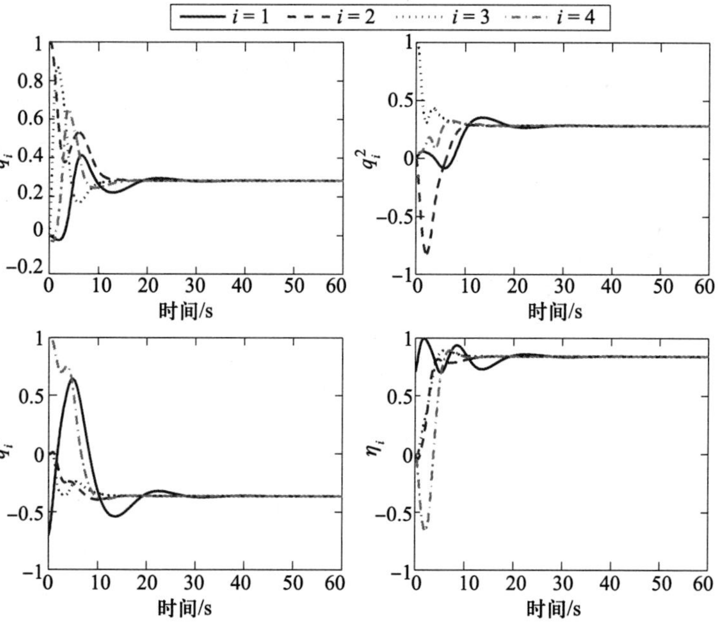

图 4.7 定理 4.5 情况下的系统姿态 (彩色版本见彩图)

4.4 讨论和结束语

本章解决了刚体系统群在存在通信时延情况下的姿态同步问题。首先, 考虑了全状态信息情况, 在定理 4.1 和定理 4.2 中提出了无主、主从和协同姿态跟踪等问题的解决方法。然后, 在存在通信时延的情况下, 提出了一种基于虚拟系统的方法, 用来设计免角速度测量的姿态同步方案。这种方法把问题简化为跟踪控制律的分离设计和存在通信时延的同步算法, 其中跟踪控制律的设计不需角速度测量, 同步算法利用内部合成虚拟状态。基于这种方法, 在定理 4.3 和定理 4.4 中给出了上述姿态同步问题的解决办法。在无向通信拓扑且存在时变通信时延的条件下, 上述结果得到了实现姿态同步的充分条件。

利用虚拟系统可以将上述结论扩展到更一般的通信拓扑中。在假设恒定通信时延和强连通有向图拓扑的条件下, 无角速度测量的无主姿态同步和协同姿态跟踪问题的解决方法在定理 4.5 和定理 4.6 中提出。此外, 确保每种情况下的控制力先验有界, 这就表明这些控制方案可以用于解决输入饱和约束。而且, 显然后者的结果易于扩展到全状态信息的情况, 但不能直接扩展到时变通信时延的情况。

值得一提的是, 很少有文章考虑存在通信时延时的姿态同步问题, 且文章仅局限于全状态信息的情况。文献 [38] 的作者将 MRP 表示法和拉格朗日公式用于姿态动力学方程, 为存在恒定通信时延的航天器姿态同步问题提出了一种解决方案。为了避免 MRP 表示法的固有奇异性, 文献 [47] 的作者针对存在时变通信时延的航天飞行器群, 提出了一种基于单位四元数的变结构姿态同步方案。文献 [46] 使用连续控制律解决了类似的控制问题。上述文献中提出的控制方案依赖于某些根据姿态和角速度跟踪误差定义的同步变量。最近, 文献 [94] 提出了一种不同的分析方法, 其中相对姿态是根据单位四元数给出的个体姿态之间的线性差来定义的。文献 [38,46,47,94] 中, 在无向通信拓扑条件下, 仅考虑了协同姿态跟踪问题。

文献 [61] 研究了无主姿态同步问题。在该研究中, 为了在强连通有向图条件下实现姿态同步, 在设计目标角速度时只考虑了姿态运动学。然而, 没有考虑姿态动力学方程, 也没有设计驱动该类系统的输入力矩。另外, 文章的结果依赖于这样的一个假设, 即各刚体的旋转矩阵总是正定的。文献 [147] 研究了同样的问题, 通过姿态动力方程来设计控制方案, 在无向树状通信图条件下, 实现无主姿态同步。文献 [147] 已经表明在对旋转矩阵做相似假设的条件下, 可以在任意连通的无向通信拓扑情况下实现无主姿态同步。

第 5 章

垂直起降无人机的位置跟踪

垂直起降无人机适用于要求平稳飞行的各种应用场合, 构成了一类重要的推力推进型无人机。这些飞行器普遍是欠驱动的。显然, 有效的姿态控制和稳定方案已成为可靠自主飞行的一个最为重要的要素。事实上, 许多研究人员一直在研究这个问题, 并成功研究出形形色色的姿态控制器 (文献 [141,149] 以及其中的参考文献)。然而, 三维刚体运动群中欠驱动垂直起降无人机的位置控制比姿态控制问题更具挑战性, 文献 [50,68,72,88,107] 中全局结果的缺乏就证实了这一点。

由于这类系统欠驱动的本质, 一个共同的经验就是利用系统姿态作为一个调节推力的手段, 以控制系统的位置和速度。文献 [56] 和文献 [107] 为垂直起降无人机的位置控制提出了一种分层设计方法。其思想在于使用飞行器的方向和推力作为控制变量来稳定飞行器的位置, 然后应用反推方法来决定输入转矩, 驱动飞行器向目标方向飞行。在文献 [60] 中, 应用一个相似的控制结构解决轨迹跟踪问题, 其中角速度代替了方向作为一个中间变量。文献 [16] 应用反推方法得到了一个全局的实用稳定结果, 解决了包括垂直起降无人机在内的一类欠驱动系统的跟踪问题。

本章针对单个垂直起降无人机的轨迹跟踪问题提出了新的解决办法。即围绕一种提取算法, 通过中间平移力 (虚拟输入) 为飞行器提供必要的推力和目标方向。使用提取的推力驱动飞行器的平移动力学模型, 把目标方向作为旋转动力学模型的一个时变参考姿态。这个提取算法为这类系统提供了非奇异解决方案, 并给出了一个多级控制设计方法。在全状态信息且线速度向量不能用于反馈的情况下, 采用这种方法设计了全局轨迹跟踪控制律。

5.1 位置控制设计方法

为了控制垂直起降无人机的位置, 根据系统的方向 (姿态) 来调节飞行器的推力。事实上, 把飞行器从一个位置移动到另一个位置, 首先必须确定应用于平移动力学模型的推力大小和方向。垂直起降无人机的平移与旋转动力学模型在式 (2.39) 和式 (2.40) 中给出, 即

$$(\Sigma_1):\begin{cases}\dot{\boldsymbol{p}}=\boldsymbol{v}\\ \dot{\boldsymbol{v}}=g\hat{e}_3-\dfrac{\mathcal{T}}{m}\boldsymbol{R}(\boldsymbol{Q})^{\mathrm{T}}\hat{e}_3\end{cases} \tag{5.1}$$

$$(\Sigma_2):\begin{cases}\dot{\boldsymbol{Q}}=\dfrac{1}{2}\boldsymbol{T}(\boldsymbol{Q})\boldsymbol{\omega},\\ \boldsymbol{J}\dot{\boldsymbol{\omega}}=\boldsymbol{\Gamma}-\boldsymbol{S}(\boldsymbol{\omega})\boldsymbol{J}\boldsymbol{\omega}\end{cases} \tag{5.2}$$

5.1.1 推力和目标姿态提取

式 (5.1) 给出的飞行器平移加速度可以重写如下:

$$\dot{\boldsymbol{v}}=\boldsymbol{F}-\frac{\mathcal{T}}{m}(\boldsymbol{R}(\boldsymbol{Q})^{\mathrm{T}}-\boldsymbol{R}(\boldsymbol{Q}_d)^{\mathrm{T}})\hat{e}_3 \tag{5.3}$$

式中

$$\boldsymbol{F}:=g\hat{e}_3-\frac{\mathcal{T}}{m}\boldsymbol{R}(\boldsymbol{Q}_d)^{\mathrm{T}}\hat{e}_3 \tag{5.4}$$

式中: 变量 $\boldsymbol{F}$ 为平移动力学模型的一个 “中间” 控制输入; $\boldsymbol{Q}_d=(\boldsymbol{q}_d,\eta_d)^{\mathrm{T}}$ 为飞行器目标姿态的单位四元数, 将由控制设计来确定。

值得注意的是, 式 (5.4) 中的中间控制输入 $\boldsymbol{F}$ 可以写成飞行器输入推力和目标姿态的函数。根据下面的引理可知, 后一个变量能从定义的中间输入表达式中提取。

引理 5.1[6,122] 考虑式 (5.4), 如果向量 $\boldsymbol{F}:=(\mu_1,\mu_2,\mu_3)^{\mathrm{T}}$ 满足

$$\boldsymbol{F}\neq(0,0,x) \text{ 对于 } x\geqslant g \tag{5.5}$$

那么总可以从式 (5.4) 中提取出推力大小和系统目标姿态, 具体如下:

$$\mathcal{T}=m\,|g\hat{e}_3-\boldsymbol{F}| \tag{5.6}$$

$$\eta_d=\sqrt{\frac{1}{2}+\frac{m(g-\mu_3)}{2\mathcal{T}}},\quad \boldsymbol{q}_d=\frac{m}{2\mathcal{T}\eta_d}\begin{pmatrix}\mu_2\\-\mu_1\\0\end{pmatrix} \tag{5.7}$$

此外, 如果 $\boldsymbol{F}$ 是可微的, 可以明确地得到飞行器的目标角速度如下:

$$\boldsymbol{\omega}_d = \Xi(\boldsymbol{F})\dot{\boldsymbol{F}} \tag{5.8}$$

$$\Xi(\boldsymbol{F}) = \frac{1}{\gamma_1^2\gamma_2}\begin{pmatrix} -\mu_1\mu_2 & -\mu_2^2+\gamma_1\gamma_2 & \mu_2\gamma_2 \\ \mu_1^2-\gamma_1\gamma_2 & \mu_1\mu_2 & -\mu_1\gamma_2 \\ \mu_2\gamma_1 & -\mu_1\gamma_1 & 0 \end{pmatrix} \tag{5.9}$$

式中: $\gamma_1 = (\mathcal{T}/m)$; $\gamma_2 = \gamma_1 + (g-\mu_3)$。

证明 从式 (5.4) 可得到

$$\boldsymbol{R}(\boldsymbol{Q}_d)^{\mathrm{T}}\hat{e}_3 = \frac{m}{\mathcal{T}}(g\hat{e}_3 - \boldsymbol{F}) \tag{5.10}$$

既然式 (5.10) 的左边是一个单位向量, 那么根据旋转矩阵的定义, 如式 (5.6) 那样选择推力输入 $\mathcal{T}$ 就显得很自然了, 并得到

$$\boldsymbol{R}(\boldsymbol{Q}_d)^{\mathrm{T}}\hat{e}_3 = \frac{g\hat{e}_3 - \boldsymbol{F}}{|g\hat{e}_3 - \boldsymbol{F}|} \tag{5.11}$$

令 $\boldsymbol{Q}_d = (q_{d1}, q_{d2}, q_{d3}, \eta_d)^{\mathrm{T}}$, 根据式 (2.14) 和式 (2.18), 式 (5.10) 等价于:

$$\begin{pmatrix} 2q_{d1}q_{d3} + 2\eta_d q_{d2} \\ 2q_{d2}q_{d3} - 2\eta_d q_{d1} \\ 1-2(q_{d1}^2 + q_{d2}^2) \end{pmatrix} = \frac{m}{\mathcal{T}}\begin{pmatrix} -\mu_1 \\ -\mu_2 \\ g-\mu_3 \end{pmatrix} \tag{5.12}$$

从式 (5.12) 可明显看出目标姿态 $\boldsymbol{Q}_d$ 有多个解, 通过固定其中的一个变量可得到一个可行解。一个简单的选择就是让 $q_{d3} = 0$。考虑到归一化约束式 (2.16), 可将式 (5.12) 重写为

$$\begin{pmatrix} \eta_d q_{d2} \\ -\eta_d q_{d1} \\ \eta_d^2 - \dfrac{1}{2} \end{pmatrix} = \frac{m}{2\mathcal{T}}\begin{pmatrix} -\mu_1 \\ -\mu_2 \\ g-\mu_3 \end{pmatrix} \tag{5.13}$$

在 $\eta_d \neq 0$ 和 $\mathcal{T} \neq 0$ 的条件下, 总能得到 η_d、q_{d1} 和 q_{d2} 的一个解, 正如式 (5.7) 中所给出的。可以看出, 仅当 $\boldsymbol{F} = (0,0,g)$ 时, 才有 $\mathcal{T} = 0$。仅当

$$(g-\mu_3) = -\frac{\mathcal{T}}{m} = -|g\hat{e}_3 - \boldsymbol{F}| \tag{5.14}$$

时, 才有 $\eta_d = 0$。式 (5.14) 仅当 $\boldsymbol{F} = (0,0,x)$ $(x \geqslant g)$ 时才成立, 这样就可得到条件式 (5.5)。

目标角速度向量 $\boldsymbol{\omega}_d$ 可以通过式 (2.31) 得到

$$\boldsymbol{\omega}_d = 2\boldsymbol{T}(\boldsymbol{Q}_d)^{\mathrm{T}}\dot{\boldsymbol{Q}}_d \tag{5.15}$$

式中: $\boldsymbol{T}(\boldsymbol{Q}_d)$ 可以写为

$$\boldsymbol{T}(\boldsymbol{Q}_d) = \begin{pmatrix} \eta_d \boldsymbol{I}_3 + \boldsymbol{S}(\boldsymbol{q}_d) \\ -\boldsymbol{q}_d^{\mathrm{T}} \end{pmatrix} \tag{5.16}$$

因此, 求式 (5.7) 的时间导数, 可得到

$$\dot{\eta}_d = \frac{(g-\mu_3)}{4\eta_d\gamma_1^3}\begin{pmatrix} -\mu_1 & -\mu_2 & \dfrac{-(\mu_1^2+\mu_2^2)}{(g-\mu_3)} \end{pmatrix}\dot{\boldsymbol{F}} \tag{5.17}$$

$$\dot{\boldsymbol{q}}_d = \frac{1}{\eta_d^3\gamma_1^4}\begin{pmatrix} -\mu_1\mu_2\gamma_3 & -\mu_2^2\gamma_3 + 4\eta_d^2\gamma_3^3 & \mu_2\gamma_2^2 \\ \mu_1^2\gamma_3 - 4\eta_d^2\gamma_3^3 & \mu_1\mu_2\gamma_3 & -\mu_1\gamma_2^2 \\ 0 & 0 & 0 \end{pmatrix}\dot{\boldsymbol{F}} \tag{5.18}$$

式中: $\gamma_1 = \sqrt{(g-\mu_3)^2+\mu_1^2+\mu_2^2}$, $\gamma_2 = \gamma_1 + (g-\mu_3)$, 且 $\gamma_3 = 2\gamma_1 + (g-\mu_3)$。据此, 利用式 (5.15), 再根据式 (5.8) 和式 (5.9) 中给出的中间控制输入的元素, 可得到 $\boldsymbol{\omega}_d$ 的表达式。

5.1.2 控制设计过程

引理 5.1 中的提取算法提出了一个简单的设计过程, 该过程为研究中的欠驱动系统的平移动力学模型和旋转动力学模型提供了一个几乎独立的控制设计。事实上, 如果可以设计出一个满足条件式 (5.5) 的合适的中间控制输入 $\boldsymbol{F}$, 必需的输入推力和目标姿态可以分别从非奇异的式 (5.6) 和式 (5.7) 中提取。提取的推力值用作飞行器平移动力学模型的输入, 目标姿态被看作旋转动力学模型的参考输入。那么可通过设计力矩输入, 使飞行器的姿态趋向目标姿态。垂直起降无人机的控制系统示意图如图 5.1 所示。本章在垂直起降无人机控制中所采取的设计过程可总结如下:

(1) 考虑式 (5.3) 中的平移动力学模型, 设计满足式 (5.5) 的中间控制输入 $\boldsymbol{F}$。

(2) 根据引理 5.1 的结果, 提取必要的推力 T 和目标姿态 $\boldsymbol{Q}_d$, 推力的大小将作为平移子系统的输入。

(3) 把 $\boldsymbol{Q}_d$ 看作一个时变的目标姿态, 设计一个力矩输入, 实现目标姿态的跟踪。

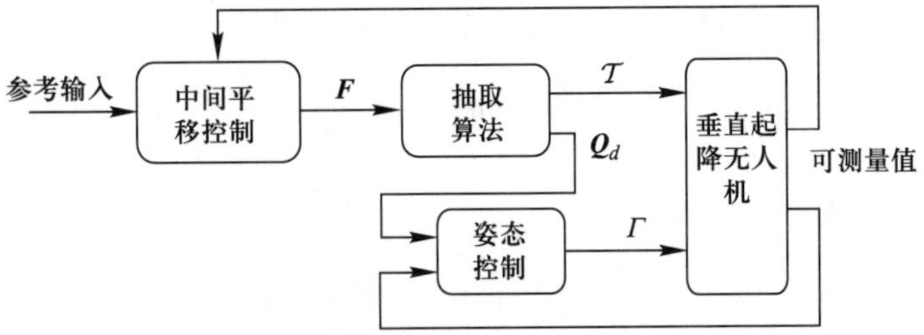

图 5.1 单个垂直起降无人机的控制结构

值得一提的是, 考虑到式 (5.3), 飞行器的平移动力学模型被看作一个线性系统, 该系统将中间控制量 $\boldsymbol{F}$ 作为输入且满足约束条件式 (5.5)。为了满足式 (5.5), 必须保证 $\boldsymbol{F}$ 的第三个分量被一个小于重力的适当已知值所限制。另外, 向量 $\left(\dfrac{\mathcal{T}}{m}(\boldsymbol{R}(\boldsymbol{Q})^{\mathrm{T}}-\boldsymbol{R}(\boldsymbol{Q}_d)^{\mathrm{T}})\hat{e}_3\right)$ 可被看作平移动力学模型的摄动项。从式 (5.3) 和式 (5.6) 中提取的推力值可以看出: 先验有界中间控制量的设计足以保证这个摄动项有界。

而且, 从引理 5.1 可看出提取的目标姿态是时变的。因此, 目标角速度 $\boldsymbol{\omega}_d$ 及其时间导数 $\dot{\boldsymbol{\omega}}_d$ 不一定为零, 而且在设计姿态跟踪控制律之前的第一步将是推导出这些信号的显式表达式。根据式 (5.8), 显然可以利用 $\dot{\boldsymbol{F}}$ 与 $\ddot{\boldsymbol{F}}$ 的表达式得到 $\boldsymbol{\omega}_d$ 和 $\dot{\boldsymbol{\omega}}_d$。所以, 中间控制输入至少是二次可微的, $\boldsymbol{F}$ 的一阶和二阶导数表达式必须是可用信号的函数。

5.2 垂直起降无人机的位置跟踪控制

欠驱动垂直起降无人机的轨迹跟踪问题包括输入推力的设计和输入力矩的设计, 使飞行器的位置收敛到一个时变的目标轨迹。为此, 首先定义下面的位置与线速度跟踪误差:

$$\tilde{\boldsymbol{p}}=\boldsymbol{p}-\boldsymbol{p}_d,\quad \tilde{\boldsymbol{v}}:=\dot{\tilde{\boldsymbol{p}}}=\boldsymbol{v}-\boldsymbol{v}_d \tag{5.19}$$

式中: $\boldsymbol{p}_d$ 和 $\boldsymbol{v}_d$ 分别为目标位置和目标线速度, 其中 $\boldsymbol{v}_d=\dot{\boldsymbol{p}}_d$。

5.2.1 全状态信息情况下的设计

本节在全状态信息情况下介绍了单个垂直起降无人机轨迹跟踪问题的解决办法。假设飞行器位置、线速度、姿态和角速度都可用于反馈。

5.2.1.1 中间位置控制设计 —— 第一步

第一步是为平移动力学模型确定一个合适的中间输入, 该输入满足 5.1.2 节描述的约束条件。从式 (5.19) 和式 (5.3) 可得到如下的速度跟踪误差动力学模型:

$$\dot{\tilde{\boldsymbol{v}}} = \boldsymbol{F} - \dot{\boldsymbol{v}}_d - \frac{\mathcal{T}}{m}(\boldsymbol{R}(\boldsymbol{Q})^{\mathrm{T}} - \boldsymbol{R}(\boldsymbol{Q}_d)^{\mathrm{T}})\hat{e}_3 \tag{5.20}$$

考虑下面的有界中间输入:

$$\boldsymbol{F} = \dot{\boldsymbol{v}}_d - k_p\chi(\tilde{\boldsymbol{p}}) - k_d\chi(\tilde{\boldsymbol{v}}) \tag{5.21}$$

式中: k_p 和 k_d 为严格正标量增益; 非线性函数 χ 已在式 (2.6) 中定义。中间输入量 $\boldsymbol{F}$ 要确保先验有界, 即

$$|\boldsymbol{F}| \leqslant \delta_d + \sigma_b\sqrt{3}(k_p + k_d) \tag{5.22}$$

式中: $\delta_d := \|\dot{\boldsymbol{v}}_d\|_\infty$, σ_b 在 2.1.3 小节中的性质 P2 中定义。

下面是关于控制增益和目标轨迹的假定, 这个假定是后续分析所必须的。

假定 5.1 目标线速度 $\boldsymbol{v}_d(t)$ 的三个一阶时间导数有界。目标加速度向量 $\dot{\boldsymbol{v}}_d(t) := (\dot{v}_{d1}, \dot{v}_{d2}, \dot{v}_{d3})^{\mathrm{T}}$ 中的元素和正的控制增益 k_p 与 k_d 满足下述条件之一:

(1) $\sigma_b(k_p + k_d) < |\dot{v}_{d_1}(t)| \neq 0, t \geqslant 0$;

(2) $\sigma_b(k_p + k_d) < |\dot{v}_{d_2}(t)| \neq 0, t \geqslant 0$;

(3) $|\dot{v}_{d_3}(t)| \leqslant \delta < g, t \geqslant 0$, 且 $\sigma_b(k_p + k_d) < g - \delta$;

(4) $\delta_d \leqslant \bar{\delta} < g$ 且 $\sigma_b\sqrt{3}(k_p + k_d) < g - \bar{\delta}$;

其中: $\delta \geqslant 0, \bar{\delta} \geqslant 0$。

可以直接证明: 如果假定 5.1 中的任一个条件成立, 那么条件式 (5.5) 就可得到满足, 而且式 (5.21) 给出的中间控制 $\boldsymbol{F}$ 就可以在引理 5.1 中的提取算法中使用。事实上, 条件 (1) 和 (2) 分别确保对于所有的 $t \geqslant 0$ 有 $\mu_1 \neq 0$ 且 $\mu_2 \neq 0$, 条件 (3) 确保对于所有的 $t \geqslant 0$ 有 $\mu_3 < g$, 最后, 更强的约束条件 (4) 确保对于所有的 $t \geqslant 0$ 有 $|\boldsymbol{F}| < g$。

可以证明: 如果条件式 (5.5) 总是满足的, 那么可以确保式 (5.6) 中提取的推力值 $\mathcal{T}$ 是严格正的而且先验有界, 即

$$\mathcal{T} \leqslant m(g + \delta_d + \sigma_b\sqrt{3}(k_p + k_d)) := \mathcal{T}_b > 0 \tag{5.23}$$

同样, 提取的飞行器目标姿态 $\boldsymbol{Q}_d$ 要确保可实现。

5.2.1.2 姿态控制设计 —— 第二步

其次, 考虑定向动力学, 为飞行器设计一个力矩输入, 保证跟踪式 (5.7) 给出的目标姿态 $\boldsymbol{Q}_d$。为此, 用单位四元数 $\tilde{\boldsymbol{Q}}$ 表示姿态跟踪误差, 其定义类似于式 (3.11), 即

$$\tilde{\boldsymbol{Q}} := (\tilde{\boldsymbol{q}}^{\mathrm{T}}, \tilde{\eta})^{\mathrm{T}} = \boldsymbol{Q}_d^{-1} \odot \boldsymbol{Q} \tag{5.24}$$

由如下的动力学方程决定

$$\dot{\tilde{\boldsymbol{Q}}} = \frac{1}{2}\boldsymbol{T}(\tilde{\boldsymbol{Q}})\tilde{\boldsymbol{\omega}}, \quad \boldsymbol{T}(\tilde{\boldsymbol{Q}}) = \begin{pmatrix} \tilde{\eta}\boldsymbol{I}_3 + \boldsymbol{S}(\tilde{\boldsymbol{q}}) \\ -\tilde{\boldsymbol{q}}^{\mathrm{T}} \end{pmatrix} \tag{5.25}$$

其中

$$\tilde{\boldsymbol{\omega}} = \boldsymbol{\omega} - \boldsymbol{R}(\tilde{\boldsymbol{Q}})\boldsymbol{\omega}_d, \quad \boldsymbol{R}(\tilde{\boldsymbol{Q}}) = \boldsymbol{R}(\boldsymbol{Q})\boldsymbol{R}(\boldsymbol{Q}_d)^{\mathrm{T}} \tag{5.26}$$

式中: $\boldsymbol{\omega}_d$ 为飞行器的目标角速度。

利用这些定义以及式 (2.18), 可得到下述关系:

$$\begin{aligned}(\boldsymbol{R}(\boldsymbol{Q})^{\mathrm{T}} - \boldsymbol{R}(\boldsymbol{Q}_d)^{\mathrm{T}})\hat{e}_3 &= \boldsymbol{R}(\boldsymbol{Q})^{\mathrm{T}}(\boldsymbol{I}_3 - \boldsymbol{R}(\tilde{\boldsymbol{Q}}))\hat{e}_3 \\ &= \boldsymbol{\Pi}\tilde{\boldsymbol{q}}\end{aligned} \tag{5.27}$$

式中: $\tilde{\boldsymbol{q}} := (\tilde{\boldsymbol{q}}_1, \tilde{\boldsymbol{q}}_2, \tilde{\boldsymbol{q}}_3)^{\mathrm{T}}$ 为式 (5.24) 中 $\tilde{\boldsymbol{Q}}$ 的向量部分, 且

$$\boldsymbol{\Pi} = 2\boldsymbol{R}(\boldsymbol{Q})^{\mathrm{T}} \begin{pmatrix} 0 & \tilde{\eta} & -\tilde{q}_1 \\ -\tilde{\eta} & 0 & -\tilde{q}_2 \\ \tilde{q}_1 & \tilde{q}_2 & 0 \end{pmatrix} \tag{5.28}$$

另外, 可得到式 (5.21) 中间控制输入的一阶时间导数和二阶时间导数分别为

$$\dot{\boldsymbol{F}} = \ddot{\boldsymbol{v}}_d - k_p h(\tilde{\boldsymbol{p}})\tilde{\boldsymbol{v}} - k_d h(\tilde{\boldsymbol{v}})\dot{\tilde{\boldsymbol{v}}} \tag{5.29}$$

$$\ddot{\boldsymbol{F}} = \boldsymbol{v}_d^{(3)} - k_p \dot{h}(\tilde{\boldsymbol{p}})\tilde{\boldsymbol{v}} - (k_p h(\tilde{\boldsymbol{p}}) + k_d \dot{h}(\tilde{\boldsymbol{v}}))\dot{\tilde{\boldsymbol{v}}} - k_d h(\tilde{\boldsymbol{v}})\ddot{\tilde{\boldsymbol{v}}} \tag{5.30}$$

式中: 对任意向量 $\boldsymbol{x} = (x_1, x_2, x_3)^{\mathrm{T}} \in \mathbb{R}^3$, 有

$$h(\boldsymbol{x}) = \begin{pmatrix} \dfrac{\mathrm{d}\sigma(x_1)}{\mathrm{d}x_1} & 0 & 0 \\ 0 & \dfrac{\mathrm{d}\sigma(x_2)}{\mathrm{d}x_2} & 0 \\ 0 & 0 & \dfrac{\mathrm{d}\sigma(x_3)}{\mathrm{d}x_3} \end{pmatrix} \tag{5.31}$$

式中: σ 为 2.1.3 小节中定义的标量饱和型函数, $\dot{h}(\cdot)$ 是 $h(\cdot)$ 的时间导数。

利用上述表达式, 再根据式 (5.8) 和式 (5.29) 可明确地求出飞行器的目标角速度。另外, 根据式 (5.20) 的一阶时间导数可以得到 $\ddot{\tilde{\boldsymbol{v}}}$, 因此目标角速度的时间导数是完全已知的, 且可根据式 (5.8) 推导得出, 具体如下:

$$\dot{\boldsymbol{\omega}}_d = \dot{\Xi}(\boldsymbol{F}, \dot{\boldsymbol{F}})\dot{\boldsymbol{F}} + \Xi(\boldsymbol{F})\ddot{\boldsymbol{F}} \tag{5.32}$$

式中: $\dot{\Xi}(\boldsymbol{F}, \dot{\boldsymbol{F}})$ 为式 (5.9) 中 $\Xi(\boldsymbol{F})$ 的时间导数

既然可推导出目标姿态及其时间导数, 考虑下面的飞行器输入力矩:

$$\boldsymbol{\Gamma} = \boldsymbol{H}(\boldsymbol{\omega}, \boldsymbol{\omega}_d, \dot{\boldsymbol{\omega}}_d) + \boldsymbol{J}\dot{\boldsymbol{\beta}} - k_q\tilde{\boldsymbol{q}} - k_\Omega(\tilde{\boldsymbol{\omega}} - \boldsymbol{\beta}) \tag{5.33}$$

式中

$$\boldsymbol{H}(\cdot) = \boldsymbol{S}(\boldsymbol{\omega})\boldsymbol{J}\boldsymbol{\omega} - \boldsymbol{J}\boldsymbol{S}(\tilde{\boldsymbol{\omega}})\boldsymbol{R}(\tilde{\boldsymbol{Q}})\boldsymbol{\omega}_d + \boldsymbol{J}\boldsymbol{R}(\tilde{\boldsymbol{Q}})\dot{\boldsymbol{\omega}}_d \tag{5.34}$$

$$\boldsymbol{\beta} = -k_\beta\tilde{\boldsymbol{q}} + \frac{\mathcal{T}}{k_q m}\boldsymbol{\Pi}^{\mathrm{T}}\tilde{\boldsymbol{v}} \tag{5.35}$$

式中: 标量增益 k_q、k_Ω 和 k_β 都为严格正的; $\tilde{\boldsymbol{q}}$ 为 $\tilde{\boldsymbol{Q}}$ 的向量部分; $\tilde{\boldsymbol{\omega}}$ 为式 (5.26) 定义的角速度跟踪误差; 矩阵 $\boldsymbol{\Pi}$ 在式 (5.28) 中定义。

5.2.1.3 全系统稳定性

上述控制方案可以概括为下述定理。

定理 5.1 按照式 (5.1) 和式 (5.2) 建立垂直起降无人机模型, 假设目标速度 $\boldsymbol{v}_d$、控制器增益 k_p 和 k_d 满足假定 5.1。式 (5.6) 和式 (5.7) 分别给出推力输入 $\mathcal{T}$ 和目标姿态 $\boldsymbol{Q}_d$, 其中 $\boldsymbol{F}$ 在式 (5.21) 中给出。式 (5.33) 给出飞行器的输入力矩, 其中 $\boldsymbol{H}(\cdot)$ 和 $\boldsymbol{\beta}$ 分别在式 (5.34) 和式 (5.35) 中给出。那么, 从任意初始条件开始, 所有信号有界, 且 $\tilde{\boldsymbol{p}} \to 0$, $\tilde{\boldsymbol{v}} \to 0$, $\tilde{\boldsymbol{q}} \to 0$ 和 $\tilde{\boldsymbol{\omega}} \to 0$。

证明 首先, 从式 (5.22) 给出的中间输入 $\boldsymbol{F}$ 的上界可以看出, 鉴于假定 5.1, 条件式 (5.5) 得到满足。因此, 引理 5.1 可被用于提取飞行器的必要推力输入和目标姿态。

考虑到式 (5.21) 和式 (5.27), 式 (5.20) 给出的平移误差动力学模型可以重写为

$$\dot{\tilde{\boldsymbol{v}}} = -k_p\chi(\tilde{\boldsymbol{p}}) - k_v\chi(\tilde{\boldsymbol{v}}) - \frac{\mathcal{T}}{m}\boldsymbol{\Pi}\tilde{\boldsymbol{q}} \tag{5.36}$$

另外, 根据式 (5.2) 和式 (5.26) 可以得到角速度跟踪误差动力学模型, 即

$$\boldsymbol{J}\dot{\tilde{\boldsymbol{\omega}}} = \boldsymbol{\Gamma} - \boldsymbol{S}(\boldsymbol{\omega})\boldsymbol{J}\boldsymbol{\omega} + \boldsymbol{J}\boldsymbol{S}(\tilde{\boldsymbol{\omega}})\boldsymbol{R}(\tilde{\boldsymbol{Q}})\boldsymbol{\omega}_d - \boldsymbol{J}\boldsymbol{R}(\tilde{\boldsymbol{Q}})\dot{\boldsymbol{\omega}}_d \tag{5.37}$$

现在, 定义误差向量为

$$\boldsymbol{\Omega} = \tilde{\boldsymbol{\omega}} - \boldsymbol{\beta} \tag{5.38}$$

利用式 (5.37) 以及式 (5.33) 与式 (5.34), 可知式 (5.38) 由下式决定, 即

$$\boldsymbol{J}\dot{\boldsymbol{\Omega}} = -k_q\tilde{\boldsymbol{q}} - k_\Omega \boldsymbol{\Omega} \tag{5.39}$$

考虑下述 Lyapunov 型函数:

$$V = \frac{1}{2}\tilde{\boldsymbol{v}}^{\mathrm{T}}\tilde{\boldsymbol{v}} + k_p\sum_{j=1}^{3}\int_0^{\tilde{p}_j}\sigma(s)\mathrm{d}s + \frac{1}{2}\boldsymbol{\Omega}^{\mathrm{T}}\boldsymbol{J}\boldsymbol{\Omega} + 2k_q(1-\tilde{\eta}) \tag{5.40}$$

式中: $\tilde{\boldsymbol{p}} = (\tilde{p}_1, \tilde{p}_2, \tilde{p}_3)^{\mathrm{T}}$; $\tilde{\eta}$ 为 $\tilde{\boldsymbol{Q}}$ 的标量部分; σ 为式 (2.6) 中定义的饱和函数。利用式 (5.25), 根据式 (5.36) 和式 (5.39) 可求出并得到 V 的时间导数如下:

$$\begin{aligned}\dot{V} = {} & \tilde{\boldsymbol{v}}^{\mathrm{T}}\left(-k_p\chi(\tilde{\boldsymbol{p}}) - k_d\chi(\tilde{\boldsymbol{v}}) - \frac{\mathcal{T}}{m}\boldsymbol{\Pi}\tilde{\boldsymbol{q}}\right) + k_p\tilde{\boldsymbol{v}}^{\mathrm{T}}\chi(\tilde{\boldsymbol{p}}) + \\ & \boldsymbol{\Omega}^{\mathrm{T}}(-k_q\tilde{\boldsymbol{q}} - k_\Omega\boldsymbol{\Omega}) + k_q\tilde{\boldsymbol{q}}^{\mathrm{T}}\tilde{\boldsymbol{\omega}}\end{aligned} \tag{5.41}$$

考虑到式 (5.38), 式 (5.41) 可化简如下:

$$\dot{V} = -k_d\tilde{\boldsymbol{v}}^{\mathrm{T}}\chi(\tilde{\boldsymbol{v}}) - k_\Omega\boldsymbol{\Omega}^{\mathrm{T}}\boldsymbol{\Omega} + \left(k_q\boldsymbol{\beta} - \frac{\mathcal{T}}{m}\boldsymbol{\Pi}^{\mathrm{T}}\tilde{\boldsymbol{v}}\right)^{\mathrm{T}}\tilde{\boldsymbol{q}} \tag{5.42}$$

最后, 利用式 (5.35) 可得到

$$\dot{V} = -k_d\tilde{\boldsymbol{v}}^{\mathrm{T}}\chi(\tilde{\boldsymbol{v}}) - k_\Omega\boldsymbol{\Omega}^{\mathrm{T}}\boldsymbol{\Omega} - k_q k_\beta\tilde{\boldsymbol{q}}^{\mathrm{T}}\tilde{\boldsymbol{q}} \tag{5.43}$$

式 (5.43) 是负半定的, 因此 $\tilde{\boldsymbol{v}}$、$\tilde{\boldsymbol{p}}$ 和 $\boldsymbol{\Omega}$ 有界。既然 $\boldsymbol{\beta}$ 有界, 从而 $\tilde{\boldsymbol{\omega}}$ 和 $\dot{\tilde{\boldsymbol{q}}}_i$ 也有界。注意到 $\tilde{\boldsymbol{q}}$ 自然有界, $\mathcal{T}$ 满足式 (5.23)。另外, 分别根据式 (5.36) 和式 (5.39), 显然有 $\dot{\tilde{\boldsymbol{v}}}$ 和 $\dot{\boldsymbol{\Omega}}$ 有界。因此, $\ddot{V}$ 有界。借助 Barbalat 引理, 可得到 $\tilde{\boldsymbol{q}} \to 0$、$\tilde{\boldsymbol{v}} \to 0$ 和 $\boldsymbol{\Omega} \to 0$, 根据式 (5.35) 和式 (5.38), 这将意味着 $\tilde{\boldsymbol{\omega}} \to 0$。

此外, 可以证明 $\chi(\tilde{\boldsymbol{p}})$ 是一致连续的, 即 $\dfrac{\mathrm{d}}{\mathrm{d}t}\chi(\tilde{\boldsymbol{p}}) = h(\tilde{\boldsymbol{p}})\tilde{\boldsymbol{v}}$ 有界, 其中对角矩阵 $h(\cdot)$ 由式 (5.31) 给出, 这从 2.1.3 节中的性质 P3 可以看出。因此

借助扩展 Barbalat 引理 (引理 2.4) 可推出 $\dot{\tilde{\boldsymbol{v}}} \to 0$。结果, 根据式 (5.36) 中平移跟踪误差动力学模型, 显然有 $\tilde{\boldsymbol{p}} \to 0$。

为了完成证明, 必须验证式 (5.33) ~ 式 (5.35) 中的输入力矩有界。利用上述有界性结论, 显然如果 $\boldsymbol{\omega}_d$、$\dot{\boldsymbol{\omega}}_d$ 和 $\dot{\boldsymbol{\beta}}$ 有界, 则 $\boldsymbol{\Gamma}$ 也有界。根据式 (5.35) 的时间导数和式 (5.28) 可知, 如果 $\boldsymbol{\omega}$ 和 $\tilde{\boldsymbol{\omega}}$ 有界, 则 $\dfrac{\mathrm{d}}{\mathrm{d}t}(\boldsymbol{\Pi})$ 也有界。同样, 如果 $\dot{\mathcal{T}}$ 和 $\boldsymbol{\omega}_d$ 有界, 则 $\dot{\boldsymbol{\beta}}$ 也有界。如果 $\dot{\mathcal{T}}$、$\boldsymbol{\omega}_d$ 和 $\dot{\boldsymbol{\omega}}_d$ 有界, 则 $\boldsymbol{\Gamma}$ 也有界。根据上述结果, 显然有 $\dot{\boldsymbol{F}}$ 和 $\ddot{\boldsymbol{F}}$ 有界, 且 $\boldsymbol{F} \to \dot{\boldsymbol{v}}_d$, $\dot{\boldsymbol{F}} \to \ddot{\boldsymbol{v}}_d$ 和 $\ddot{\boldsymbol{F}} \to \boldsymbol{v}_d^{(3)}$, 其中 $\ddot{\boldsymbol{v}}_d$ 和 $\boldsymbol{v}_d^{(3)}$ 分别是目标轨迹的三阶和四阶导数。因此, 利用式 (5.6)、式 (5.8)、式 (5.9)、式 (5.29) ~ 式 (5.32) 和假定 5.1, 就可得到 $\dot{\mathcal{T}}$、$\boldsymbol{\omega}_d$ 和 $\dot{\boldsymbol{\omega}}_d$ 的边界。

备注 5.1 假定式 (5.1) 中的条件是对垂直起降无人机目标轨迹的自然限制。根据定理 5.1 的证明可知, 式 (5.21) 中的输入 $\boldsymbol{F}$ 渐近收敛于 $\dot{\boldsymbol{v}}_d$。如果满足假定式 (5.1), 那么对于所有 $x \geqslant g$ 有 $\dot{\boldsymbol{v}}_d \neq (0,0,x)^{\mathrm{T}}$, 而且将满足提取条件式 (5.5)。既然在正常操作下, 不允许飞行器的降落加速度大于或等于重力加速度, 因此对于这种类型的无人机来说, 这是一个合理的条件。

值得一提的是, 在垂直起降无人机的全局轨迹跟踪中, 姿态的单位四元数表示和非奇异的提取算法非常重要。事实上, 上述方法利用基于非线性光滑饱和函数的标准控制技术, 设计先验有界的中间控制量。而且, 利用变量 $\boldsymbol{\beta}$ 设计中的线速度跟踪误差来补偿非线性摄动项, 该摄动项依赖于飞行器推力、方向及提取的目标姿态。注意到变量 $\boldsymbol{\beta}$ 的时间导数 $\dot{\boldsymbol{\beta}}$ 已被用于输入力矩式 (5.33) 中, 可推导出其如下的表达式

$$
\begin{aligned}
\dot{\boldsymbol{\beta}} = & \frac{-k_{\boldsymbol{\beta}}}{2}(\tilde{\boldsymbol{\eta}}\boldsymbol{I}_3 + \boldsymbol{S}(\tilde{\boldsymbol{q}}))\tilde{\boldsymbol{\omega}} + \frac{\mathcal{T}}{k_q m}\frac{\mathrm{d}}{\mathrm{d}t}(\boldsymbol{\Pi}^{\mathrm{T}}\tilde{\boldsymbol{v}}) + \\
& \frac{m}{k_q \mathcal{T}}(g\hat{e}_3 - \boldsymbol{F})^{\mathrm{T}}\dot{\boldsymbol{F}}\boldsymbol{\Pi}^{\mathrm{T}}\tilde{\boldsymbol{v}}
\end{aligned}
\tag{5.44}
$$

利用式 (2.28) 和式 (5.25), 很容易从式 (5.28) 得到 $\dot{\boldsymbol{\Pi}}$。$\boldsymbol{\beta}$ 和 $\dot{\boldsymbol{\beta}}$ 通过可用信号进行计算。

5.2.2 无线速度测量的设计

本小节给出了一个全局轨迹跟踪控制方案,该方案不需要线速度测量。类似于 5.2.1 小节, 控制设计的第一步是确定一个合适的中间平移输入, 该输入满足一些约束条件。显然, 任何 “经典的” 输出反馈方案的一阶和二

阶时间导数分别为飞行器线速度和线加速度的函数。由于线速度向量不能用于反馈, 这就引起了额外的困难。为了解决这个问题, 为中间平移输入提出了一种新的控制结构。主要思想是实现一个辅助系统, 该系统的输入由两项构成。第一项为飞行器的中间控制输入, 它利用辅助系统的状态通过光滑饱和函数构成。利用飞行器的状态设计第二项以实现轨迹跟踪的目的。这种控制结构引出了先验有界的中间控制输入, 该输入不明确依靠系统状态, 将大大简化输入力矩的设计。

5.2.2.1 中间位置控制设计

考虑如下辅助系统:

$$\ddot{\boldsymbol{\theta}} = \boldsymbol{F} - \boldsymbol{u} - \dot{\boldsymbol{v}}_d \tag{5.45}$$

式中: $\boldsymbol{\theta} \in \mathbb{R}^3$ 为一个辅助变量; $\boldsymbol{u}$ 为一个输入量, 将会在后文中确定。另外, 变量 $\boldsymbol{\theta}$ 和 $\dot{\boldsymbol{\theta}}$ 可以任意初始化。利用这些辅助信号, 中间控制输入设计如下:

$$\boldsymbol{F} = \dot{\boldsymbol{v}}_d - k_p\chi(\boldsymbol{\theta}) - k_d\chi(\dot{\boldsymbol{\theta}}) \tag{5.46}$$

式中: k_p 和 k_d 的定义同定理 5.1; χ 在式 (2.6) 中定义。可以看出, 输入 $\boldsymbol{F}$ 是确保有界的, 正如式 (5.22) 所给出的那样。同样, 如果满足提取条件式 (5.5), 那么可确保提取的必要推力输入 $\mathcal{T}$ 是严格正的且先验有界, 正如式 (5.23) 中所给出的, 而且提取的目标姿态 $\boldsymbol{Q}_d$ 是可实现的。

为了设计辅助输入 $\boldsymbol{u}$, 考虑下面的误差变量:

$$\boldsymbol{\xi} = \tilde{\boldsymbol{p}} - \boldsymbol{\theta}, \quad \boldsymbol{z} = \dot{\boldsymbol{\xi}} = \tilde{\boldsymbol{v}} - \dot{\boldsymbol{\theta}} \tag{5.47}$$

式中: $\tilde{\boldsymbol{p}}$ 和 $\tilde{\boldsymbol{v}}$ 在式 (5.19) 中定义; $\boldsymbol{\theta}$ 为辅助系统式 (5.45) 的输出。利用式 (5.3)、式 (5.19)、式 (5.27) 以及式 (5.47) 可知, 平移误差动力学模型满足如下关系:

$$\dot{\boldsymbol{z}} = \boldsymbol{u} - \frac{\mathcal{T}}{m}\boldsymbol{\Pi}\tilde{\boldsymbol{q}} \tag{5.48}$$

考虑下述局部状态反馈输入:

$$\boldsymbol{u} = -k_r\boldsymbol{\xi} - k_v(\boldsymbol{\xi} - \boldsymbol{\psi}) \tag{5.49}$$

$$\dot{\boldsymbol{\psi}} = k_\psi(\boldsymbol{\xi} - \boldsymbol{\psi}) \tag{5.50}$$

式中: k_r、k_v 和 k_ψ 为严格正标量增益; $\boldsymbol{\psi} \in \mathbb{R}^3$ 可以任意初始化。在没有线速度测量的情况下, 这个辅助输入的目的是使误差向量 $\boldsymbol{\xi}$ 和 $\boldsymbol{z}$ 渐近趋于零。

5.2.2.2 姿态控制设计

现在考虑系统的方向动力学模型和式 (5.7) 所提取的目标姿态 $\boldsymbol{Q}_d$, 可得到式 (5.46) 中 $\boldsymbol{F}$ 的一阶时间导数如下:

$$\dot{\boldsymbol{F}} = \ddot{\boldsymbol{v}}_d - k_p h(\boldsymbol{\theta})\dot{\boldsymbol{\theta}} - k_d h(\dot{\boldsymbol{\theta}})(\boldsymbol{F} - \dot{\boldsymbol{v}}_d - \boldsymbol{u}) \tag{5.51}$$

它是可用信号的函数。所以, 式 (5.8) 导出的目标角速度 $\boldsymbol{\omega}_d$ 不依赖于线速度向量。利用式 (5.32) 以及式 (5.51) 的时间导数, 可求出目标角速度的时间导数, 即

$$\dot{\boldsymbol{\omega}}_d = \boldsymbol{\Psi}_1 - \boldsymbol{\Psi}_2 \boldsymbol{z} \tag{5.52}$$

式中

$$\begin{aligned}\boldsymbol{\Psi}_1 = \bar{\Xi}(\boldsymbol{F}, \dot{\boldsymbol{F}})\dot{\boldsymbol{F}} + \Xi(\boldsymbol{F})\{\boldsymbol{v}_d^{(3)} - k_p \dot{h}(\boldsymbol{\theta})\dot{\boldsymbol{\theta}} - k_d h(\dot{\boldsymbol{\theta}})(-k_v \dot{\boldsymbol{\psi}} - k_p h(\boldsymbol{\theta})\dot{\boldsymbol{\theta}}) - \\ (k_p h(\boldsymbol{\theta}) + k_d \dot{h}(\dot{\boldsymbol{\theta}}) - (k_d h(\dot{\boldsymbol{\theta}}))^2)(\boldsymbol{F} - \dot{\boldsymbol{v}}_d - \boldsymbol{u})\}\end{aligned} \tag{5.53}$$

$$\boldsymbol{\Psi}_2 = k_d(k_r + k_v)\Xi(\boldsymbol{F})h(\dot{\boldsymbol{\theta}}) \tag{5.54}$$

利用式 (5.37) 中的角速度跟踪误差动力学模型以及式 (5.52), 可证明向量 $\boldsymbol{\Omega} = (\tilde{\boldsymbol{\omega}} - \boldsymbol{\beta})$ 的时间导数满足如下关系:

$$\boldsymbol{J}\dot{\boldsymbol{\Omega}} = \boldsymbol{\Gamma} - \bar{\boldsymbol{H}}(\boldsymbol{\omega}, \boldsymbol{\omega}_d, \boldsymbol{\Psi}_1) + \boldsymbol{\Upsilon}\boldsymbol{z} - \boldsymbol{J}\dot{\boldsymbol{\beta}} \tag{5.55}$$

式中

$$\bar{\boldsymbol{H}}(\cdot) = \boldsymbol{S}(\boldsymbol{\omega})\boldsymbol{J}\boldsymbol{\omega} - \boldsymbol{J}\boldsymbol{S}(\tilde{\boldsymbol{\omega}})\boldsymbol{R}(\tilde{\boldsymbol{Q}})\boldsymbol{\omega}_d + \boldsymbol{J}\boldsymbol{R}(\tilde{\boldsymbol{Q}})\boldsymbol{\Psi}_1 \tag{5.56}$$

$$\boldsymbol{\Upsilon} = \boldsymbol{J}\boldsymbol{R}(\tilde{\boldsymbol{Q}})\boldsymbol{\Psi}_2 \tag{5.57}$$

$\tilde{\boldsymbol{Q}}$ 在式 (5.24) 中给出, 结合式 (5.51) 和式 (5.8) 可给出 $\boldsymbol{\omega}_d$, 式 (5.53) 和式 (5.54) 分别给出了 $\boldsymbol{\Psi}_1$ 和 $\boldsymbol{\Psi}_2$。角速度误差动力学模型式 (5.55) 取决于向量 $\boldsymbol{z}$ 和飞行器的线速度, 其中线速度不能用于反馈。

在没有线速度测量的情况下, 为了设计式 (5.55) 中的输入力矩, 可考虑如下的非线性观测器, 它能产生一个估计值 $\hat{\boldsymbol{z}} := \dot{\hat{\boldsymbol{\xi}}}$, 即

$$\begin{cases}\dot{\hat{\boldsymbol{\xi}}} = \boldsymbol{v} - L_p \tilde{\boldsymbol{\xi}} \\ \dot{\boldsymbol{v}} = \boldsymbol{u} - L_v^2 \tilde{\boldsymbol{\xi}} + \boldsymbol{\Upsilon}^{\mathrm{T}}\boldsymbol{\Omega} - \dfrac{\mathcal{T}}{m}\boldsymbol{\Pi}\tilde{\boldsymbol{q}}\end{cases} \tag{5.58}$$

式中: $\tilde{\boldsymbol{\xi}} := (\hat{\boldsymbol{\xi}} - \boldsymbol{\xi})$, $\hat{\boldsymbol{\xi}}(0)$ 和 $\boldsymbol{v}(0)$ 可以任意选取; L_p 和 L_v 是严格正的标量增益。在此控制设计阶段中, 观测器要求所有信号 (即 $\boldsymbol{u}$、$\mathcal{T}$、$\boldsymbol{Q}_d$ 和 $\boldsymbol{\omega}_d$) 是确定的。

考虑旋转动力学模型的力矩输入如下:

$$\boldsymbol{\Gamma} = \bar{\boldsymbol{H}}(\boldsymbol{\omega}, \boldsymbol{\omega}_d, \boldsymbol{\Psi}_1) + \boldsymbol{J}\dot{\boldsymbol{\beta}} - k_q\tilde{\boldsymbol{q}} - k_\Omega\boldsymbol{\Omega} - \boldsymbol{\Upsilon}(\hat{\boldsymbol{z}} + L_v\tilde{\boldsymbol{\xi}}) \tag{5.59}$$

式中

$$\boldsymbol{\beta} = -k_\beta\tilde{\boldsymbol{q}} + \frac{\mathcal{T}}{k_q m}\boldsymbol{\Pi}^{\mathrm{T}}\boldsymbol{v} \tag{5.60}$$

式中: k_q、k_Ω 和 k_β 为严格正的标量增益; $\boldsymbol{\Pi}$ 在式 (5.28) 中定义; $\bar{\boldsymbol{H}}(\cdot)$ 在式 (5.56) 中给出。

5.2.2.3 全系统的稳定性

上面的控制方案可概括成如下的定理:

定理 5.2 按照式 (5.1) 和式 (5.2) 建立垂直起降无人机模型, 假设目标速度 $\boldsymbol{v}_d$ 和控制器增益 k_p、k_d 满足假定 5.1。式 (5.6) 和式 (5.7) 分别给出了推力输入 $\mathcal{T}$ 和目标姿态 $\boldsymbol{Q}_d$, 其中 $\boldsymbol{F}$ 由式 (5.46) 结合式 (5.45) 以及式 (5.49) 和式 (5.50) 而给出。式 (5.59) 和式 (5.60) 结合观测器式 (5.58), 给出了力矩输入。对于某个 $\sigma_1 > 0, \sigma_2 > 0$ 以及式 (5.23) 给出的 $\mathcal{T}_b$ 来说, 可按下述关系选择控制增益和观测器增益:

$$L_p - L_v > \sigma_1, \quad L_v^3 > \sigma_2, \quad k_q k_\beta > \frac{\mathcal{T}_b^2}{m^2}\left(\frac{1}{\sigma_1} + \frac{L_p^2}{\sigma_2}\right) \tag{5.61}$$

那么, 从任意初始条件开始, 所有信号都是有界的, 并且 $\tilde{\boldsymbol{p}} \to 0$, $\tilde{\boldsymbol{v}} \to 0$, $\tilde{\boldsymbol{\xi}} \to 0$, $\tilde{\boldsymbol{z}} \to 0$, $\tilde{\boldsymbol{q}} \to 0$ 和 $\tilde{\boldsymbol{\omega}} \to 0$。

证明 首先, 如果目标轨迹和控制器增益 k_p、k_d 满足假定 5.1, 那么很容易证明: 在式 (5.22) 的限制下, 条件式 (5.5) 总是满足的。因此, 总是可以分别从式 (5.6) 和式 (5.7) 提取垂直起降无人机的推力大小和目标姿态。

式 (5.48) 给出了平移误差动力学模型。观测误差用 $\tilde{\boldsymbol{z}} := \dot{\tilde{\boldsymbol{\xi}}} = (\hat{\boldsymbol{z}} - \boldsymbol{z})$ 表示。将力矩输入式 (5.59) 应用到式 (5.55) 中, 可得到如下的旋转误差动力学模型:

$$\boldsymbol{J}\dot{\boldsymbol{\Omega}} = -k_q\tilde{\boldsymbol{q}} - k_\Omega\boldsymbol{\Omega} - \boldsymbol{\Upsilon}(\tilde{\boldsymbol{z}} + L_v\tilde{\boldsymbol{\xi}}) \tag{5.62}$$

考虑到式 (5.48) 和式 (5.58), 可得到观测误差动力学模型:

$$\dot{\tilde{\boldsymbol{z}}} = -L_p\tilde{\boldsymbol{z}} - L_v^2\tilde{\boldsymbol{\xi}} + \boldsymbol{\Upsilon}^{\mathrm{T}}\boldsymbol{\Omega} \tag{5.63}$$

首先考虑类李雅普诺夫候选函数:

$$V = V_t + V_a \tag{5.64}$$

式中

$$V_t = \frac{1}{2}(\boldsymbol{z}^{\mathrm{T}}\boldsymbol{z} + k_p\boldsymbol{\xi}^{\mathrm{T}}\boldsymbol{\xi} + k_d(\boldsymbol{\xi} - \boldsymbol{\psi})^{\mathrm{T}}(\boldsymbol{\xi} - \boldsymbol{\psi})) \tag{5.65}$$

$$\begin{aligned} V_a = &\frac{1}{2}(\tilde{\boldsymbol{z}} + L_v\tilde{\boldsymbol{\xi}})^{\mathrm{T}}(\tilde{\boldsymbol{z}} + L_v\tilde{\boldsymbol{\xi}}) + \frac{1}{2}L_v L_p\tilde{\boldsymbol{\xi}}^{\mathrm{T}}\tilde{\boldsymbol{\xi}} \\ &+\frac{1}{2}\boldsymbol{\Omega}^{\mathrm{T}}\boldsymbol{I}_f\boldsymbol{\Omega} + 2k_q(1 - \tilde{\boldsymbol{\eta}}) \end{aligned} \tag{5.66}$$

利用式 (5.48) 以及式 (5.49) 和式 (5.50), 可得到 V_t 的时间导数, 即

$$\begin{aligned} \dot{V}_t = &\boldsymbol{z}^{\mathrm{T}}\left(-\frac{\mathcal{T}}{m}\boldsymbol{\Pi}\tilde{\boldsymbol{q}} - k_p\boldsymbol{\xi} - k_d(\boldsymbol{\xi} - \boldsymbol{\psi})\right) + \\ &\boldsymbol{z}^{\mathrm{T}}(k_p\boldsymbol{\xi} + k_d(\boldsymbol{\xi} - \boldsymbol{\psi})) - k_d\dot{\boldsymbol{\psi}}^{\mathrm{T}}(\boldsymbol{\xi} - \boldsymbol{\psi}) \\ = &-\frac{\mathcal{T}}{m}\boldsymbol{z}^{\mathrm{T}}\boldsymbol{\Pi}\tilde{\boldsymbol{q}} - k_d k_\psi(\boldsymbol{\xi} - \boldsymbol{\psi})^{\mathrm{T}}(\boldsymbol{\xi} - \boldsymbol{\psi}) \end{aligned} \tag{5.67}$$

另外, 考虑到式 (5.62) 和式 (5.63) 以及式 (5.25) 和式 (5.60), 可求出 V_a 的时间导数, 即

$$\begin{aligned} \dot{V}_a = &-(L_p - L_v)\tilde{\boldsymbol{z}}^{\mathrm{T}}\tilde{\boldsymbol{z}} - L_v^3\tilde{\boldsymbol{\xi}}^{\mathrm{T}}\tilde{\boldsymbol{\xi}} + (\tilde{\boldsymbol{z}} + L_v\tilde{\boldsymbol{\xi}})^{\mathrm{T}}\boldsymbol{\Upsilon}^{\mathrm{T}}\boldsymbol{\Omega} + \\ &\boldsymbol{\Omega}^{\mathrm{T}}(-k_q\tilde{\boldsymbol{q}} - k_\Omega\boldsymbol{\Omega} - \boldsymbol{\Upsilon}(\tilde{\boldsymbol{z}} + L_v\tilde{\boldsymbol{\xi}})) + k_q\tilde{\boldsymbol{q}}^{\mathrm{T}}(\boldsymbol{\Omega} + \boldsymbol{\beta}) \\ = &-(L_p - L_v)\tilde{\boldsymbol{z}}^{\mathrm{T}}\tilde{\boldsymbol{z}} - L_v^3\tilde{\boldsymbol{\xi}}^{\mathrm{T}}\tilde{\boldsymbol{\xi}} - \\ &k_\Omega\boldsymbol{\Omega}^{\mathrm{T}}\boldsymbol{\Omega} - k_q k_\beta\tilde{\boldsymbol{q}}^{\mathrm{T}}\tilde{\boldsymbol{q}} + \tfrac{\mathcal{T}}{m}\tilde{\boldsymbol{q}}^{\mathrm{T}}\boldsymbol{\Pi}^{\mathrm{T}}\boldsymbol{v} \end{aligned} \tag{5.68}$$

因此, 根据闭环动力学模型计算得到 V 的时间导数如下

$$\begin{aligned} \dot{V} = &-k_d k_\psi(\boldsymbol{\xi} - \boldsymbol{\psi})^{\mathrm{T}}(\boldsymbol{\xi} - \boldsymbol{\psi}) - (L_p - L_v)\tilde{\boldsymbol{z}}^{\mathrm{T}}\tilde{\boldsymbol{z}} - L_v^3\tilde{\boldsymbol{\xi}}^{\mathrm{T}}\tilde{\boldsymbol{\xi}} - \\ &k_\Omega\boldsymbol{\Omega}^{\mathrm{T}}\boldsymbol{\Omega} - k_q k_\beta\tilde{\boldsymbol{q}}^{\mathrm{T}}\tilde{\boldsymbol{q}} + \tfrac{\mathcal{T}}{m}\tilde{\boldsymbol{q}}^{\mathrm{T}}\boldsymbol{\Pi}^{\mathrm{T}}(\tilde{\boldsymbol{z}} + L_p\tilde{\boldsymbol{\xi}}) \end{aligned} \tag{5.69}$$

式 (5.69) 利用了关系式 $\boldsymbol{v} = (\hat{\boldsymbol{z}} + L_p\tilde{\boldsymbol{\xi}})$。利用杨氏不等式、引理 2.7 以及从式 (5.61) 得到的结论 $\|\boldsymbol{\Pi}\| \leqslant 2$ 与 $L_p > L_v$, 可得到 $\dot{V}$ 的上界如下:

$$\begin{aligned} \dot{V} \leqslant &-k_d k_\psi\left|\boldsymbol{\xi} - \boldsymbol{\psi}\right|^2 - (L_p - L_v - \sigma_1)\left|\tilde{\boldsymbol{z}}\right|^2 - k_\Omega\left|\boldsymbol{\Omega}\right|^2 - \\ &(L_v^3 - \sigma_2)\left|\tilde{\boldsymbol{\xi}}\right|^2 - \left(k_q k_\beta - \frac{\mathcal{T}_b^2}{m^2}\left(\frac{1}{\sigma_1} + \frac{L_p^2}{\sigma_2}\right)\right)\left|\tilde{\boldsymbol{q}}\right|^2 \end{aligned} \tag{5.70}$$

式中: $\mathcal{T}_b$ 在式 (5.23) 中给出。因此, 如果满足条件式 (5.61), 则 $\dot{V}$ 是负半负定的。因而, $\boldsymbol{z}$、$\boldsymbol{\xi}$、$\boldsymbol{\psi}$、$\boldsymbol{\Omega}$、$\tilde{\boldsymbol{z}}$ 和 $\tilde{\boldsymbol{\xi}}$ 有界。从而 $\ddot{\boldsymbol{\theta}}$、$\dot{\boldsymbol{\psi}}$、$\dot{\boldsymbol{z}}$、$\boldsymbol{v}$ 和 $\tilde{\boldsymbol{z}}$ 也有界。同样, 显然有 $(\dot{\boldsymbol{\xi}} - \dot{\boldsymbol{\psi}})$ 有界。

既然 $\tilde{\boldsymbol{q}}$ 和 $\mathcal{T}$ 有界, 那么根据式 (5.60) 可证明 $\boldsymbol{\beta}$ 有界, 因此 $\tilde{\boldsymbol{\omega}} = (\boldsymbol{\Omega}+\boldsymbol{\beta})$ 有界, 这将意味着 $\dot{\tilde{\boldsymbol{q}}}$ 也是有界的。另外, 从式 (5.62) 可知 $\dot{\boldsymbol{\Omega}}$ 有界。结果, $\ddot{V}$

有界。借助 Barbalat 引理, 可推出 $(\boldsymbol{\xi}-\boldsymbol{\psi})\to 0$, $\tilde{\boldsymbol{\xi}}\to 0$, $\tilde{\boldsymbol{z}}\to 0$、$\boldsymbol{\Omega}\to 0$ 和 $\tilde{\boldsymbol{q}}\to 0$, 因此 $\boldsymbol{R}(\tilde{\boldsymbol{Q}})\to \boldsymbol{I}_3$。

利用上述结果, 可直接得知 $(\ddot{\boldsymbol{\xi}}-\ddot{\boldsymbol{\psi}})=\dot{\boldsymbol{z}}-k_\psi(\dot{\boldsymbol{\xi}}-\dot{\boldsymbol{\psi}})$ 有界。借助 Barbalat 引理, 可知 $(\dot{\boldsymbol{\xi}}-\dot{\boldsymbol{\psi}})\to 0$。因此, 既然 $\dot{\boldsymbol{\psi}}=k_\psi(\boldsymbol{\xi}-\boldsymbol{\psi})\to 0$ 就有 $\dot{\boldsymbol{\xi}}=\boldsymbol{z}\to 0$。同样, 显然有 $\tilde{\boldsymbol{z}}\to 0$, 这就意味着 $\boldsymbol{v}\to 0$, 从而 $\boldsymbol{\beta}\to 0$ 且 $\tilde{\boldsymbol{\omega}}\to 0$。

利用上述有界性结果, 既然 $\tilde{\boldsymbol{q}}\to 0$ 且 $(\boldsymbol{\xi}-\boldsymbol{\psi})\to 0$, 根据平移误差动力学模型式 (5.48) 以及式 (5.49), 借助扩展 Barbalat 引理 (引理 2.4), 可推出 $\dot{\boldsymbol{z}}\to 0$。根据式 (5.48), 这意味着 $\boldsymbol{\xi}\to 0$, 从而 $\boldsymbol{\psi}\to 0$。

然后证明 $\tilde{\boldsymbol{p}}$ 和 $\tilde{\boldsymbol{v}}$ 的有界性和收敛性。利用式 (5.46), 式 (5.45) 中辅助变量 $\boldsymbol{\theta}$ 的动力学模型可以重写如下:

$$\ddot{\boldsymbol{\theta}}=-k_p\chi(\boldsymbol{\theta})-k_d\chi(\dot{\boldsymbol{\theta}})-\boldsymbol{u} \tag{5.71}$$

当 $\boldsymbol{\varepsilon}=-\boldsymbol{u}=(k_r\boldsymbol{\xi}+k_v(\boldsymbol{\xi}-\boldsymbol{\psi}))$ 时, 式 (5.71) 等价于式 (2.7)。利用上述结果, 可知 $\boldsymbol{u}$ 有界且渐近收敛于零。因此, 借助引理 2.9, 可推出 $\boldsymbol{\theta}$ 和 $\dot{\boldsymbol{\theta}}$ 有界且渐近收敛于零。结果, 可得出 $\tilde{\boldsymbol{p}}$ 和 $\tilde{\boldsymbol{v}}$ 有界且渐近收敛于零。最后证明输入力矩有界, 可采取与定理 5.1 证明的最后部分相似的步骤来加以证明。

备注 5.2 式 (5.60) 给出的变量 $\boldsymbol{\beta}$ 不能补偿平移动力学模型中的摄动项, 正如定理 5.1 所述, 但是它可以控制该项的影响, 这通过利用从式 (5.58) 得到的向量 $\boldsymbol{v}$ 就可知道。式 (5.59) 中所用的 $\boldsymbol{\beta}$ 时间导数不取决于线速度信息, 它由下式给出, 即

$$\begin{aligned}\dot{\boldsymbol{\beta}}=&-\frac{k_\beta}{2}(\tilde{\eta}\boldsymbol{I}_3+\boldsymbol{S}(\tilde{\boldsymbol{q}}))\tilde{\boldsymbol{\omega}}+\frac{\mathcal{T}}{k_q m}\frac{\mathrm{d}}{\mathrm{d}t}(\boldsymbol{\Pi}^{\mathrm{T}}\boldsymbol{v})\\&+\frac{m}{k_q\mathcal{T}}(g\hat{e}_3-\boldsymbol{F})^{\mathrm{T}}\dot{\boldsymbol{F}}\boldsymbol{\Pi}^{\mathrm{T}}\boldsymbol{v}\end{aligned} \tag{5.72}$$

式中: $\boldsymbol{v}$ 和 $\dot{\boldsymbol{v}}$ 可从式 (5.58) 得到。

本节的中间控制设计不同于全状态信息情况。事实上, 除了部分状态反馈设计, 引入辅助系统式 (5.45) (在瞬态期间) 修改系统轨迹。通过设计无需线速度测量的辅助输入 $\boldsymbol{u}$, 使 $\tilde{\boldsymbol{v}}$ 和 $\tilde{\boldsymbol{p}}$ 分别趋于 $\dot{\boldsymbol{\theta}}$ 和 $\boldsymbol{\theta}$, 而不是使跟踪误差向量直接趋于零。通过上述设计, 辅助变量 $\dot{\boldsymbol{\theta}}$ 和 $\boldsymbol{\theta}$ 就可渐近趋于零, 因此实现了控制目标。

该控制结构的主要特点是式 (5.46) 中的中间控制输入 $\boldsymbol{F}$ 不是明确地取决于位置跟踪误差。结果, 只有中间控制的二阶时间导数依赖线速度, 当

使用非线性观测器式 (5.58) 时线速度就可免除了。应该注意, 若不引入辅助系统式 (5.45) 的话, 位置跟踪误差明确用于表达式 $\boldsymbol{F}$ 中将导致 $\boldsymbol{\omega}_d$ 成为一个线速度函数, $\dot{\boldsymbol{\omega}}_d$ 成为一个线加速度函数, 这将使控制设计变得的更为困难。定理 5.2 中控制方案的实现如图 5.2 所示。

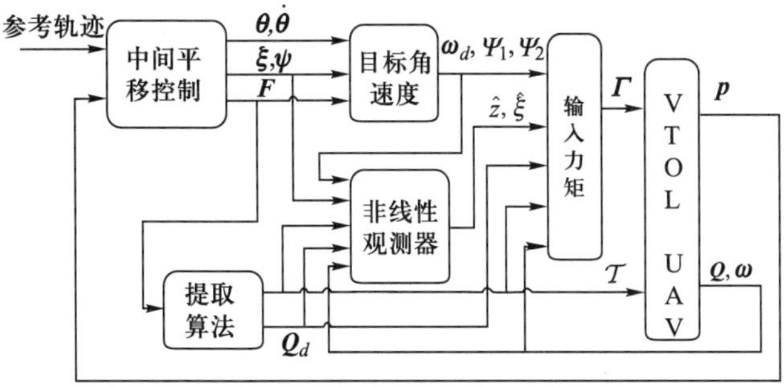

图 5.2 定理 5.2 中控制方案的实现

5.3 仿真结果

考虑式 (5.1) 和式 (5.2) 给出的垂直起降无人机模型, 其中质量 $m = 3\,\text{kg}$, 惯性矩阵 $\boldsymbol{J} = \text{diag}(0.13, 0.13, 0.04)\,\text{kg}\cdot\text{m}^2$, 重力加速度 $g = 9.8\,\text{m/s}^2$。假设飞行器的初始状态如下:

$$\boldsymbol{p}(0) = (-2, 5, -1)^{\mathrm{T}}\text{m}, \quad \boldsymbol{v}(0) = (0,0,0)^{\mathrm{T}}\text{m/s},$$
$$\boldsymbol{\omega}(0) = (0,0,0)^{\mathrm{T}}\text{rad/s}, \quad \boldsymbol{q}(0) = (0,0,0,1)^{\mathrm{T}}$$

控制目标是跟踪如下的目标轨迹, 即

$$\boldsymbol{P}_d(t)^{\mathrm{T}} = (10\cos(0.1t+2), 10\sin(0.1t+2.4), t)\,\text{m} \tag{5.73}$$

本章提出的两种控制方案都是用表 5.1 中的控制增益来加以实现。选择控制增益使其满足假定 5.1 中的条件 (3) 和定理 5.2 中的条件式 (5.61)。同样, 辅助变量式 (5.45) 初始化如下:

$$\boldsymbol{\theta}(0) = \dot{\boldsymbol{\theta}}(0) = \hat{\boldsymbol{\xi}}(0) = \boldsymbol{v}(0) = (0,0,0)^{\mathrm{T}}$$

表 5.1 控制增益

	k_p	k_d	k_q	k_Ω	k_β	k_r	k_v	L_p	L_v	k_ψ
定理 5.1	0.3	0.5	40	30	10					
定理 5.2	1.5	1.5	40	30	40	0.3	0.5	1.5	0.8	1

执行定理 5.1 中的控制方案所得到的结果如图 5.3 所示。所得到的位置和速度跟踪误差的三个分量分别如图 5.3(a) 和图 5.3(b) 所示, 引入上标来区分一个向量的三个分量, 如 $\tilde{\boldsymbol{p}} = (\tilde{p}^1, \tilde{p}^2, \tilde{p}^3)^{\mathrm{T}}$。图 5.3(c) 显示了

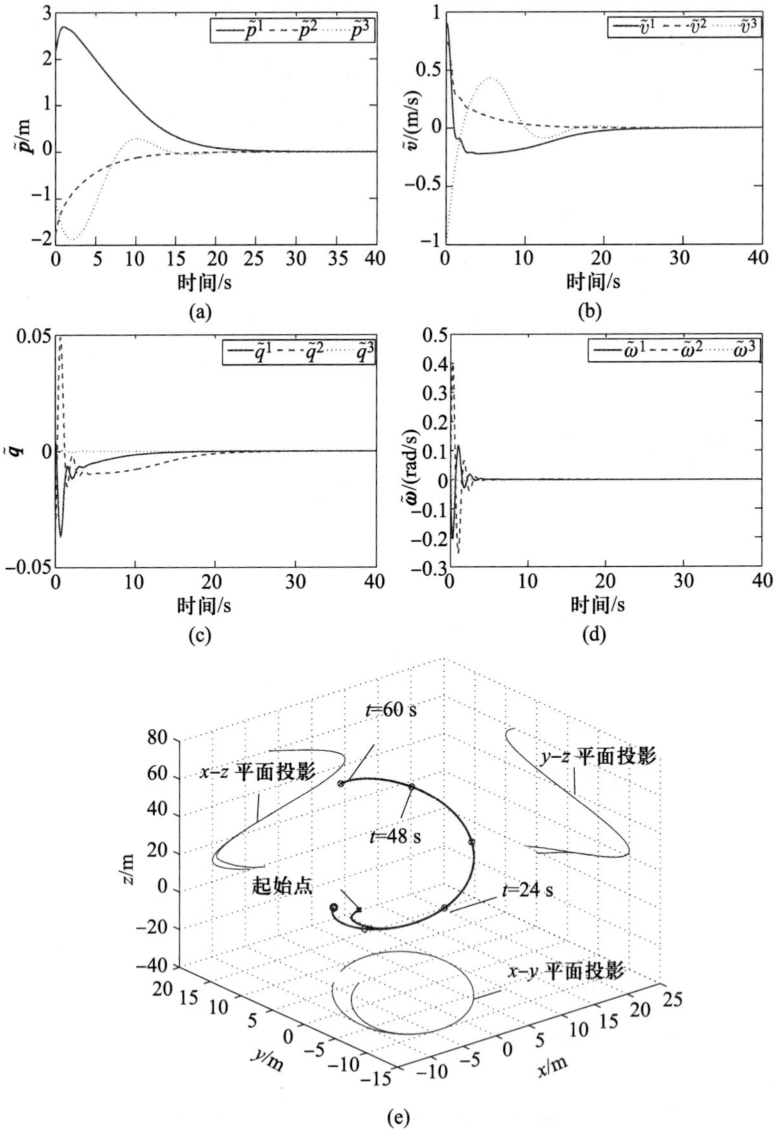

图 5.3 定理 5.1 情况下的仿真结果 (彩色版本见彩图)

(a) 位置跟踪误差 $\tilde{\boldsymbol{p}}$; (b) 线速度跟踪误差 $\tilde{\boldsymbol{v}}$; (c) 姿态跟踪误差 $\tilde{\boldsymbol{q}}$; (d) 角速度跟踪误差 $\tilde{\boldsymbol{\omega}}$; (e) 系统轨迹。

姿态跟踪误差, 图 5.3(d) 说明了飞行器的角速度跟踪误差。从图 5.3 中可以清晰地看出, 几秒钟就可渐近收敛于零。为了说明飞行器的位置跟踪, 图 5.3(e) 给出了飞行器位置以及目标轨迹的三维图, 以及曲线在不同平面内的投影。

采用定理 5.2 中的控制律, 得到了类似仿真结果, 从图 5.4 中可以看

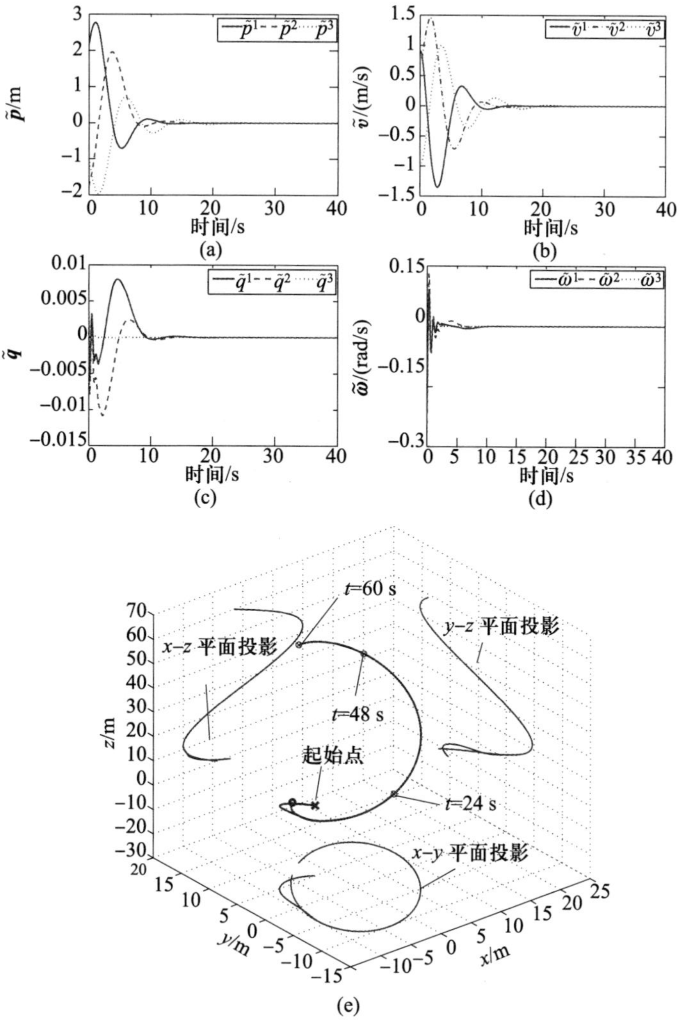

图 5.4 定理 5.2 情况下的仿真结果 (彩色版本见彩图)

(a) 位置误差 $\tilde{\boldsymbol{p}}$; (b) 线速度误差 $\tilde{\boldsymbol{v}}$; (c) 姿态误差 $\tilde{\boldsymbol{q}}$;
(d) 角速度误差 $\tilde{\boldsymbol{\omega}}$; (e) 系统轨迹。

出在没有线速度测量的情况下实现了控制目标。

5.4 结束语

本章分别在全状态信息和部分状态信息情况下, 对垂直起降无人机的轨迹跟踪问题进行了研究。控制设计依赖于一个非奇异的提取算法进行平移控制和旋转控制的分开设计。文献 [122] 采用类似的设计方法, 用一个更为普遍的提取算法公式解决了外部干扰下欠驱动系统的轨迹跟踪问题。

在全状态信息情况下, 所提出的跟踪控制律是对当前文献的一个很好的补充, 它为这类欠驱动系统提供了全局有界性和收敛性结果, 这对当前文献来说是难以得到的。文献 [50] 解决了全状态信息情况下的位置控制问题, 只要姿态误差的旋转角不同于 $\pi/2$, 就能保证控制是平稳的。同样, 推力输入被定义为一个二阶微分方程的解。文献 [56] 提出了一个概念上相似的方法来解决位置稳定问题。本章提出的设计方法和文献 [50]、[56] 中的设计方法的主要区别在于采用了非奇异的姿态提取方法 (根据单位四元数), 以及系统推力和中间平移控制输入的先验有界性。由于涉及姿态动力学模型, 本章得到的结果几乎都是全局的, 并且适用于任意位置和线速度初始条件。

而且, 本章所提出的免线速度测量控制方案, 可以认为是解决该问题的第一种途径。在控制设计的第一阶段, 通过引入新的控制变量改造瞬态期间的目标轨迹, 可以避免线速度的要求。在控制设计的第二个阶段, 使用一个非线性观测器, 设计一个免线速度测量的控制力矩, 用来跟踪来自第一阶段的目标姿态。垂直起降无人机的控制设计方法和采用辅助系统式 (5.45) 的设计思路, 构成了后两章设计编队控制方案的重要工具。

第 6 章

垂直起降无人机的编队控制

本章研究垂直起降无人机群的编队控制问题。这个问题涉及控制方案的设计，即从任意初始条件开始，操纵飞行器使其形成一个具有指定参考线速度的目标飞行编队。采用式 (2.39) 和式 (2.40)，可以建立 n 个垂直起降无人机的数学模型，即

$$(\Sigma_{1_i}):\begin{cases}\dot{\boldsymbol{p}}_i=\boldsymbol{v}_i\\ \dot{\boldsymbol{v}}_i=\boldsymbol{F}_i-\dfrac{\mathcal{T}_i}{m_i}\left(\boldsymbol{R}(\boldsymbol{Q}_i)^{\mathrm{T}}-\boldsymbol{R}(\boldsymbol{Q}_{d_i})^{\mathrm{T}}\right)\hat{e}_3\end{cases} \tag{6.1}$$

$$(\Sigma_{2_i}):\begin{cases}\dot{\boldsymbol{Q}}_i=\dfrac{1}{2}\boldsymbol{T}(\boldsymbol{Q}_i)\boldsymbol{\omega}_i\\ \boldsymbol{J}_i\dot{\boldsymbol{\omega}}_i=\boldsymbol{\Gamma}_i-\boldsymbol{S}(\boldsymbol{\omega}_i)\boldsymbol{J}_i\boldsymbol{\omega}_i\end{cases} \tag{6.2}$$

式中: $i\in\mathcal{N}:=\{1,\cdots,n\}$; $\boldsymbol{F}_i$ 为中间平移控制输入，其定义同式 (5.4)，即

$$\boldsymbol{F}_i:=g\hat{e}_3-\frac{\mathcal{T}_i}{m_i}\boldsymbol{R}(\boldsymbol{Q}_{d_i})^{\mathrm{T}}\hat{e}_3 \tag{6.3}$$

式中: $\boldsymbol{Q}_{d_i}$ 为第 i 架飞行器的目标姿态，将会通过控制设计来确定。飞行器之间的信息流用 2.1.4 小节定义的无向通信图 $\mathcal{G}=(\mathcal{N},\mathcal{E},\boldsymbol{\mathcal{K}})$ 来描述。控制目标是为每架飞行器设计推力 $\mathcal{T}_i$ 和力矩 $\boldsymbol{\Gamma}_i$，使得

$$\boldsymbol{v}_i\to\boldsymbol{v}_d \text{ 并且 } (\boldsymbol{p}_i-\boldsymbol{p}_j)\to\boldsymbol{\delta}_{ij},\quad i,j\in\mathcal{N} \tag{6.4}$$

式中: $\boldsymbol{v}_d$ 为一个参考线速度，假定 $\boldsymbol{v}_d$ 和它的一阶、二阶、三阶导数对编队中的每个飞行器都可用。向量 $\boldsymbol{\delta}_{ij}\in\mathbb{R}^3$ 满足 $\boldsymbol{\delta}_{ij}=-\boldsymbol{\delta}_{ji}$，它定义了第 i 架和第 j 架飞行器之间的目标恒定偏移量与编队模式。

根据 5.1 节提出的控制设计方法，在全状态信息和部分状态信息情况下，提出了编队控制方案，以实现式 (6.4) 的控制目标。首先，利用相邻飞

行器之间的局部信息交换, 为各个平移动力学模型设计中间控制输入。此后, 使用引理 5.1 中的提取算法提取飞行器必要的推力输入大小和目标方向 (根据单位四元数)。然后, 设计各个力矩输入, 使各个飞行器跟踪自己的目标姿态, 其中目标姿态由姿态提取算法提供。

6.1 全状态信息下的编队控制

本节假定全状态向量可用于反馈。设计一个编队控制方案可以采取 5.1 节提出的控制设计方法中的步骤。首先, 考虑式 (6.1) 中的中间输入如下：

$$\boldsymbol{F}_i = \dot{\boldsymbol{v}}_d - k_i^p \chi(\boldsymbol{\theta}_i) - k_i^d \chi(\dot{\boldsymbol{\theta}}_i) \tag{6.5}$$

$$\ddot{\boldsymbol{\theta}}_i = \boldsymbol{F}_i - \boldsymbol{u}_i - \dot{\boldsymbol{v}}_d \tag{6.6}$$

式中: k_i^p 和 k_i^d 皆为严格正标量增益; 函数 χ 在式 (2.6) 中定义; 变量 $\boldsymbol{\theta}_i$ 和 $\dot{\boldsymbol{\theta}}_i$ 可以任意初始化, $\boldsymbol{u}_i$ 为一个辅助输入, 将在后文中确定。同样, 考虑如下误差变量:

$$\boldsymbol{\xi}_i = \boldsymbol{p}_i - \boldsymbol{\theta}_i,\ \boldsymbol{z}_i = \boldsymbol{v}_i - \boldsymbol{v}_d - \dot{\boldsymbol{\theta}}_i = \dot{\boldsymbol{\xi}}_i - \boldsymbol{v}_d,\ i \in \mathcal{N} \tag{6.7}$$

从式 (6.5) 和式 (6.6) 显然可以看出：如果输入 $\boldsymbol{u}_i$ 全局有界且渐近收敛于零, 那么根据引理 2.9 可知, 变量 $\boldsymbol{\theta}_i$ 及其时间导数有界且渐近收敛于零。因此, 当设计辅助输入使得 $\boldsymbol{z}_i \to 0$ 且 $(\boldsymbol{\xi}_i - \boldsymbol{\xi}_j) \to \boldsymbol{\delta}_{ij}$ 时, 就可实现编队控制目标。为此, 考虑系统式 (6.6) 的输入如下:

$$\boldsymbol{u}_i = -k_i^v \boldsymbol{z}_i - \sum_{j=1}^{n} k_{ij} \boldsymbol{\xi}_{ij} \tag{6.8}$$

式中: $\boldsymbol{\xi}_{ij} = (\boldsymbol{\xi}_i - \boldsymbol{\xi}_j - \boldsymbol{\xi}_{ij})$; k_i^v 为一个严格正标量增益; k_{ij} 为通信图 $\mathcal{G}$ 加权邻接矩阵 $\boldsymbol{\mathcal{K}}$ 的第 (i,j) 项。

值得一提的是, 要确保式 (6.5) 中的中间控制输入 $\boldsymbol{F}_i$ 有界, 即

$$|\boldsymbol{F}_i| \leqslant \boldsymbol{\delta}_d + \boldsymbol{\sigma}_b \sqrt{3}(k_i^p + k_i^d) \tag{6.9}$$

式中: $\delta_d \geqslant \|\dot{\boldsymbol{v}}_d\|_\infty$; σ_b 在 2.1.3 小节的性质 P2 中定义。因此, 通过对目标线速度的自然限制和增益 k_i^p、k_i^d 的恰当选择, 就可使提取条件式 (5.5) 得以满足。从而, 根据引理 5.1 就可为每架飞行器提取必要的推力输入和目

标姿态。另外, 从式 (5.6) 和式 (6.5) 可得到每架飞行器的提取输入推力, 它是严格正的且先验有界, 即

$$\mathcal{T}_i \leqslant m_i(g + \boldsymbol{\delta}_d + \sqrt{3}\sigma_b(k_i^p + k_i^d)) := \mathcal{T}_i^b > 0 \tag{6.10}$$

然后, 考虑式 (5.7) 给出的目标姿态 $\boldsymbol{Q}_{d_i}$ 的提取值, 作为第 i 架飞行器的一个时变参考姿态。用单位四元数 $\tilde{\boldsymbol{Q}}_i$ 表示第 i 架飞行器的姿态跟踪误差, 其定义如下:

$$\tilde{\boldsymbol{Q}}_i := (\tilde{\boldsymbol{q}}_i^{\mathrm{T}}, \tilde{\boldsymbol{\eta}}_i)^{\mathrm{T}} = \boldsymbol{Q}_{d_i}^{-1} \odot \boldsymbol{Q}_i \tag{6.11}$$

它受下述动力学模型支配, 即

$$\dot{\tilde{\boldsymbol{Q}}}_i = \frac{1}{2}\boldsymbol{T}(\tilde{\boldsymbol{Q}}_i)\tilde{\boldsymbol{\omega}}_i, \quad \boldsymbol{T}(\tilde{\boldsymbol{Q}}_i) = \begin{pmatrix} \tilde{\boldsymbol{\eta}}_i \boldsymbol{I}_3 + \boldsymbol{S}(\tilde{\boldsymbol{q}}_i) \\ -\tilde{\boldsymbol{q}}_i^{\mathrm{T}} \end{pmatrix} \tag{6.12}$$

式中

$$\tilde{\boldsymbol{\omega}}_i = \boldsymbol{\omega}_i - \boldsymbol{R}(\tilde{\boldsymbol{Q}}_i)\boldsymbol{\omega}_{d_i}, \quad \boldsymbol{R}(\tilde{\boldsymbol{Q}}_i) = \boldsymbol{R}(\boldsymbol{Q}_i)\boldsymbol{R}(\boldsymbol{Q}_{d_i})^{\mathrm{T}} \tag{6.13}$$

式中: $\boldsymbol{\omega}_{d_i}$ 为第 i 架飞行器的目标角速度。利用式 (6.5), 可得到每架飞行器目标角速度及其时间导数的显式表达式

$$\boldsymbol{\omega}_{d_i} = \Xi(\boldsymbol{F}_i)\dot{\boldsymbol{F}}_i \tag{6.14}$$

$$\dot{\boldsymbol{\omega}}_{d_i} = \bar{\Xi}(\boldsymbol{F}_i, \dot{\boldsymbol{F}}_i)\dot{\boldsymbol{F}}_i + \Xi(\boldsymbol{F}_i)\ddot{\boldsymbol{F}}_i \tag{6.15}$$

式中: $\bar{\Xi}(\boldsymbol{F}_i, \dot{\boldsymbol{F}}_i)$ 为式 (5.9) 给出的 $\Xi(\boldsymbol{F}_i)$ 的时间导数, 且

$$\dot{\boldsymbol{F}}_i = \ddot{\boldsymbol{v}}_d - k_i^p h(\boldsymbol{\theta}_i)\dot{\boldsymbol{\theta}}_i - k_i^d h(\dot{\boldsymbol{\theta}}_i)\ddot{\boldsymbol{\theta}}_i \tag{6.16}$$

$$\begin{aligned}\ddot{\boldsymbol{F}}_i = &\boldsymbol{v}_d^{(3)} - k_i^p \dot{h}(\boldsymbol{\theta}_i)\dot{\boldsymbol{\theta}}_i - (k_i^p h(\boldsymbol{\theta}_i) + k_i^d \dot{h}(\dot{\boldsymbol{\theta}}_i))\ddot{\boldsymbol{\theta}}_i \\ &-k_i^d h(\dot{\boldsymbol{\theta}}_i)(\dot{\boldsymbol{F}}_i - \ddot{\boldsymbol{v}}_d - \dot{\boldsymbol{u}}_i)\end{aligned} \tag{6.17}$$

式中: 对角矩阵 $h(\cdot)$ 在式 (5.31) 中定义, $\dot{h}(\cdot)$ 为它的时间导数。

最后, 考虑各个飞行器的如下输入力矩:

$$\boldsymbol{\Gamma}_i = \boldsymbol{H}_i(\boldsymbol{\omega}_i, \boldsymbol{\omega}_{d_i}, \dot{\boldsymbol{\omega}}_{d_i}, \tilde{\boldsymbol{Q}}_i) + \boldsymbol{J}_i\dot{\boldsymbol{\beta}}_i - k_i^q \tilde{\boldsymbol{q}}_i - k_i^{\Omega}(\tilde{\boldsymbol{\omega}}_i - \boldsymbol{\beta}_i) \tag{6.18}$$

$$\boldsymbol{\beta}_i = -k_i^{\beta}\tilde{\boldsymbol{q}}_i + \frac{\mathcal{T}_i}{k_i^q m_i}\boldsymbol{\Pi}_i^{\mathrm{T}}\boldsymbol{z}_i \tag{6.19}$$

式中: k_i^q, k_i^{Ω} 和 k_i^{β} 皆为严格正标量增益; $\tilde{\boldsymbol{q}}_i$ 为式 (6.11) 中定义的单位四元数 $\tilde{\boldsymbol{Q}}_i$ 的向量部分; $\tilde{\boldsymbol{\omega}}_i$ 为式 (6.13) 中定义的角速度跟踪误差, 且矩阵 $\boldsymbol{\Pi}_i$ 满足

$$\left(\boldsymbol{R}(\boldsymbol{Q}_i)^{\mathrm{T}} - \boldsymbol{R}(\boldsymbol{Q}_{d_i})^{\mathrm{T}}\right)\hat{e}_3 = \boldsymbol{\Pi}_i\tilde{\boldsymbol{q}}_i \tag{6.20}$$

与式 (5.28) 相似, 即

$$\boldsymbol{\varPi}_i = 2\boldsymbol{R}(\boldsymbol{Q}_i)^{\mathrm{T}} \begin{pmatrix} 0 & \tilde{\eta}_i & -\tilde{q}_{1i} \\ -\tilde{\eta}_i & 0 & -\tilde{q}_{2i} \\ \tilde{q}_{1i} & \tilde{q}_{2i} & 0 \end{pmatrix} \tag{6.21}$$

式中: $\tilde{\boldsymbol{Q}}_i := (\tilde{q}_{1i}, \tilde{q}_{2i}, \tilde{q}_{3i}, \tilde{\eta}_i)^{\mathrm{T}}$。同样

$$\boldsymbol{H}_i(\cdot) = \boldsymbol{S}(\boldsymbol{\omega}_i)\boldsymbol{J}_i\boldsymbol{\omega}_i - \boldsymbol{J}_i\boldsymbol{S}(\tilde{\boldsymbol{\omega}}_i)\boldsymbol{R}(\tilde{\boldsymbol{Q}}_i)\boldsymbol{\omega}_{d_i} + \boldsymbol{J}_i\boldsymbol{R}(\tilde{\boldsymbol{Q}}_i)\dot{\boldsymbol{\omega}}_{d_i} \tag{6.22}$$

根据式 (6.14) ~ 式 (6.17) 和下述关系式可推出 $\boldsymbol{\omega}_{d_i}$ 与 $\dot{\boldsymbol{\omega}}_{d_i}$

$$\dot{\boldsymbol{u}}_i = -k_i^v \left(\boldsymbol{u}_i - \frac{\mathcal{T}_i}{m_i}\boldsymbol{\varPi}_i\tilde{\boldsymbol{q}}_i\right) - \sum_{j=1}^{n} k_{ij}(\boldsymbol{z}_i - \boldsymbol{z}_j) \tag{6.23}$$

在假设通信飞行器可以传输信号 $\boldsymbol{\xi}_i$ 和 $\boldsymbol{z}_i$ 的情况下, 下述结果成立。

定理 6.1 考虑由 n 个垂直起降无人机组成的无人机群, 按照式 (6.1) 和式 (6.2) 建立其模型, 假设目标速度 $\boldsymbol{v}_d$ 和控制器增益 k_i^p 与 k_i^d 满足假定 5.1。根据引理 5.1 提取的推力输入 $\mathcal{T}_i$ 和目标姿态 $\boldsymbol{Q}_{d_i}$ 分别由式 (5.6)、式 (5.7) 给出, 其中 $\boldsymbol{F}_i$ 由式 (6.5)、式 (6.6) 以及式 (6.8) 共同给出。每个飞行器的力矩输入由式 (6.18) 和式 (6.19) 给出, 并且无向通信图 $\mathcal{G}$ 是连通的。那么, 从任何初始条件开始, 对于所有的 $i, j \in \mathcal{N}$, 信号 $\boldsymbol{v}_i$、$(\boldsymbol{p}_i - \boldsymbol{p}_j)$、$\tilde{\boldsymbol{\omega}}_i$ 以及 $\boldsymbol{\varGamma}_i$ 皆有界, 且 $\boldsymbol{v}_i \to \boldsymbol{v}_d$, $(\boldsymbol{p}_i - \boldsymbol{p}_j) \to \boldsymbol{\delta}_{ij}$, $\tilde{\boldsymbol{q}}_i \to 0$, $\tilde{\boldsymbol{\omega}}_i \to 0$。

证明 首先可以证明: 如果目标轨迹和控制器增益 k_i^p、k_i^d 满足假定 5.1, 那么根据式 (6.9), 条件式 (5.5) 得到满足。因此, 分别从式 (5.6) 和式 (5.7) 中提取推力大小和目标姿态总是可能的。

利用式 (6.1)、式 (6.6)、式 (6.7) 以及式 (6.20), 可将平移误差动力学模型写成如下的形式:

$$\dot{\boldsymbol{z}}_i = \boldsymbol{u}_i \frac{\mathcal{T}_i}{m_i}\boldsymbol{\varPi}_i\tilde{\boldsymbol{q}}_i \tag{6.24}$$

为旋转动力学模型定义变量, 即

$$\boldsymbol{\varOmega}_i = \tilde{\boldsymbol{\omega}}_i - \boldsymbol{\beta}_i \tag{6.25}$$

利用式 (2.28) 和式 (6.13), 可得到式 (6.25) 的时间导数, 即

$$\dot{\boldsymbol{\varOmega}}_i = \dot{\boldsymbol{\omega}}_i - \boldsymbol{R}(\tilde{\boldsymbol{Q}}_i)\dot{\boldsymbol{\omega}}_{d_i} + \boldsymbol{S}(\tilde{\boldsymbol{\omega}}_i)\boldsymbol{R}(\tilde{\boldsymbol{Q}}_i)\boldsymbol{\omega}_{d_i} - \dot{\boldsymbol{\beta}}_i \tag{6.26}$$

利用旋转动力学模型式 (6.2), 可得到

$$\boldsymbol{J}_i\dot{\boldsymbol{\Omega}}_i = \boldsymbol{\Gamma}_i - \boldsymbol{H}_i(\boldsymbol{\omega}_i, \boldsymbol{\omega}_{d_i}, \dot{\boldsymbol{\omega}}_{d_i}, \tilde{\boldsymbol{Q}}_i) - \boldsymbol{J}_i\dot{\boldsymbol{\beta}}_i \tag{6.27}$$

其中 $\boldsymbol{H}_i(\cdot)$ 在式 (6.22) 中给出。

考虑类李雅普诺夫候选函数:

$$V = \sum_{i=1}^{n} V_i \tag{6.28}$$

式中

$$V_i = \frac{1}{2}\boldsymbol{z}_i^{\mathrm{T}}\boldsymbol{z}_i + \frac{1}{4}\sum_{j=1}^{n} k_{ij}\boldsymbol{\xi}_{ij}^{\mathrm{T}}\boldsymbol{\xi}_{ij} + \frac{1}{2}\boldsymbol{\Omega}_i^{\mathrm{T}}\boldsymbol{J}_i\boldsymbol{\Omega}_i + k_i^q\left(\tilde{\boldsymbol{q}}_i^{\mathrm{T}}\tilde{\boldsymbol{q}}_i + (1-\tilde{\eta}_i)^2\right) \tag{6.29}$$

式中: $\tilde{\eta}_i$ 为单位四元数 $\tilde{\boldsymbol{Q}}_i$ 的标量部分。注意到 $\left(\tilde{\boldsymbol{q}}_i^{\mathrm{T}}\tilde{\boldsymbol{q}}_i + (1-\tilde{\eta}_i)^2\right) = 2(1-\tilde{\eta}_i)$。

利用式 (6.12), 根据闭环动力学模型式 (6.24) 和式 (6.27), 可求出 V 的时间导数如下:

$$\begin{aligned}\dot{V} = {} & \sum_{i=1}^{n}\boldsymbol{z}_i^{\mathrm{T}}\left(\boldsymbol{u}_i - \frac{\mathcal{T}_i}{m_i}\boldsymbol{\Pi}_i\tilde{\boldsymbol{q}}_i\right) + \frac{1}{2}\sum_{i=1}^{n}\sum_{j=1}^{n} k_{ij}\boldsymbol{z}_{ij}^{\mathrm{T}}\boldsymbol{\xi}_{ij} + \\ & \sum_{i=1}^{n} k_i^q\tilde{\boldsymbol{q}}_i^{\mathrm{T}}(\boldsymbol{\Omega}_i + \boldsymbol{\beta}_i) + \sum_{i=1}^{n}\boldsymbol{\Omega}_i^{\mathrm{T}}(\boldsymbol{\Gamma}_i - \boldsymbol{H}_i(\cdot) - \boldsymbol{J}_i\dot{\boldsymbol{\beta}}_i)\end{aligned} \tag{6.30}$$

式中: $\boldsymbol{z}_{ij} = (\boldsymbol{z}_i - \boldsymbol{z}_j)$。利用无向通信图的性质, 即 $k_{ij} = k_{ji}$, 以及关系式 $\boldsymbol{\xi}_{ij} = -\boldsymbol{\xi}_{ji}$, 可得到

$$\begin{aligned}\frac{1}{2}\sum_{i=1}^{n}\sum_{j=1}^{n} k_{ij}\boldsymbol{z}_{ij}^{\mathrm{T}}\boldsymbol{\xi}_{ij} &= \frac{1}{2}\sum_{i=1}^{n}\sum_{j=1}^{n} k_{ij}\boldsymbol{z}_i^{\mathrm{T}}\boldsymbol{\xi}_{ij} - \frac{1}{2}\sum_{j=1}^{n}\sum_{i=1}^{n} k_{ji}\boldsymbol{z}_i^{\mathrm{T}}\boldsymbol{\xi}_{ji} \\ &= \sum_{i=1}^{n}\sum_{j=1}^{n} k_{ij}\boldsymbol{z}_i^{\mathrm{T}}\boldsymbol{\xi}_{ij}\end{aligned} \tag{6.31}$$

将式 (6.8) 和式 (6.18) 代入式 (6.30) 中, 可得到

$$\dot{V} = \sum_{i=1}^{n}\left(-k_i^v\boldsymbol{z}_i^{\mathrm{T}}\boldsymbol{z}_i - \frac{\mathcal{T}_i}{m_i}\boldsymbol{z}_i^{\mathrm{T}}\boldsymbol{\Pi}_i\tilde{\boldsymbol{q}}_i - k_i^{\Omega}\boldsymbol{\Omega}_i^{\mathrm{T}}\boldsymbol{\Omega}_i + k_i^q\tilde{\boldsymbol{q}}_i^{\mathrm{T}}\boldsymbol{\beta}_i\right) \tag{6.32}$$

根据式 (6.19) 可得到半负定时间导数, 即

$$\dot{V} = \sum_{i=1}^{n}(-k_i^v\boldsymbol{z}_i^{\mathrm{T}}\boldsymbol{z}_i - k_i^{\Omega}\boldsymbol{\Omega}_i^{\mathrm{T}}\boldsymbol{\Omega}_i - k_i^q k_i^{\beta}\tilde{\boldsymbol{q}}_i^{\mathrm{T}}\tilde{\boldsymbol{q}}_i) \tag{6.33}$$

因此, 对于 $i \in \mathcal{N}$, 显然 $\boldsymbol{z}_i$ 和 $\boldsymbol{\Omega}_i$ 皆有界, 并且对于所有 $(i,j) \in \boldsymbol{\mathcal{E}}$, $\boldsymbol{\xi}_{ij}$ 有界。根据定义, $\tilde{\boldsymbol{q}}_i$ 自然有界。既然假定通信图是连通的, 那么对于所有 $i,j \in \mathcal{N}$, $\boldsymbol{\xi}_{ij}$ 有界。而且, 式 (6.6) 和式 (6.24) 意味着 $\dot{\boldsymbol{z}}_i$ 和 $\ddot{\boldsymbol{\theta}}_i$ 皆有界, $i \in \mathcal{N}$。

从式 (6.19) 和式 (6.10) 可看出 $\boldsymbol{\beta}_i$ 有界, 根据式 (6.25) 和式 (6.12), 这将意味着 $\tilde{\boldsymbol{\omega}}_i$ 和 $\dot{\tilde{\boldsymbol{q}}}_i$ 皆有界。另外, 从式 (6.27) 和式 (6.18) 可看出 $\dot{\boldsymbol{\Omega}}_i$ 有界。结果, $\ddot{V}$ 有界。借助 Barbalat 引理可知, $\boldsymbol{z}_i \to 0$, $\boldsymbol{\Omega}_i \to 0$, 且 $\tilde{\boldsymbol{q}}_i \to 0$。因此 $\tilde{\boldsymbol{\omega}}_i \to 0$, $i \in \mathcal{N}$。

利用上述有界性和收敛性结果, 既然 $\boldsymbol{z}_i$ 有界, 显然就有 $\boldsymbol{\xi}_{ij}$ 一致连续。借助扩展 Barbalat 引理 (引理 2.4), 根据式 (6.8) 和式 (6.24), 可得到 $\dot{\boldsymbol{z}}_i \to 0$, $i \in \mathcal{N}$。那么, 结合式 (6.8), 闭环平移动力学模型式 (6.24) 可简化为

$$\sum_{j=1}^{n} k_{ij}(\boldsymbol{\xi}_i - \boldsymbol{\xi}_j - \boldsymbol{\delta}_{ij}) \to 0, \quad i \in \mathcal{N} \tag{6.34}$$

将式 (6.34) 两边同时乘以 $(\boldsymbol{\xi}_i - \boldsymbol{\delta}_i)$ 并且让 i 从 1 到 n 进行求和, 可得到如下的等价关系:

$$\sum_{i=1}^{n}\sum_{j=1}^{n} k_{ij}(\boldsymbol{\xi}_i - \boldsymbol{\delta}_i)^{\mathrm{T}}(\boldsymbol{\xi}_i - \boldsymbol{\xi}_j - \boldsymbol{\delta}_{ij}) \to 0 \tag{6.35}$$

式中: 常数向量 $\boldsymbol{\delta}_i$ 被认为是第 i 架飞行器相对编队中心的目标位置。那么显然有 $\boldsymbol{\delta}_{ij} = (\boldsymbol{\delta}_i - \boldsymbol{\delta}_j)$。类似于式 (6.31), 可得到

$$\sum_{i=1}^{n}\sum_{j=1}^{n} k_{ij}(\boldsymbol{\xi}_i - \boldsymbol{\delta}_i)^{\mathrm{T}}(\boldsymbol{\xi}_i - \boldsymbol{\xi}_j - \boldsymbol{\delta}_{ij}) = \frac{1}{2}\sum_{i=1}^{n}\sum_{j=1}^{n} k_{ij}\boldsymbol{\xi}_{ij}^{\mathrm{T}}\boldsymbol{\xi}_{ij} \tag{6.36}$$

从式 (6.36) 可以看出, 对于所有 $(i,j) \in \mathcal{E}$ 显然有 $(\boldsymbol{\xi}_i - \boldsymbol{\xi}_j) \to \boldsymbol{\delta}_{ij}$。既然假定无向通信图是连通的, 那么这个结果对于所有 $i,j \in \mathcal{N}$ 都成立 (有效)。

利用上述结果, 可以证明式 (6.8) 中的输入 $\boldsymbol{u}_i$ 是全局有界的且渐近收敛于零。因此, 式 (6.6) 中 $\boldsymbol{\theta}_i$ 的动力学模型可重写为

$$\ddot{\boldsymbol{\theta}}_i = -k_i^p \chi(\boldsymbol{\theta}_i) - k_i^d \chi(\dot{\boldsymbol{\theta}}_i) - \boldsymbol{u}_i \tag{6.37}$$

当 $\boldsymbol{\varepsilon}_i = -\boldsymbol{u}_i$ 时, 式 (6.37) 与式 (2.7) 等价。因此, 引理 2.9 条件得到满足, 并且可推出 $\boldsymbol{\theta}_i$ 和 $\dot{\boldsymbol{\theta}}_i$ 皆有界, 以及 $\boldsymbol{\theta}_i \to 0$, $\dot{\boldsymbol{\theta}}_i \to 0$, $i \in \mathcal{N}$。从而, 对所有 $i,j \in \mathcal{N}$ 有 $(\boldsymbol{v}_i - \boldsymbol{v}_d) \to 0$ 且 $(\boldsymbol{p}_i - \boldsymbol{p}_j) \to \boldsymbol{\delta}_{ij}$。

为了完成证明, 需要验证每架飞行器的力矩输入是有界的。根据式 (6.18), 如果 $\boldsymbol{\omega}_{d_i}$、$\dot{\boldsymbol{\omega}}_{d_i}$ 和 $\dot{\mathcal{T}}_i$ 有界, 那么输入 $\boldsymbol{\Gamma}_i$ 也有界。利用上述结果, 显然 $\dot{\boldsymbol{F}}_i$ 和 $\ddot{\boldsymbol{F}}_i$ 皆有界, 并且 $\boldsymbol{F}_i \to \dot{\boldsymbol{v}}_d$, $\dot{\boldsymbol{F}}_i \to \ddot{\boldsymbol{v}}_d$ 和 $\ddot{\boldsymbol{F}}_i \to \boldsymbol{v}_d^{(3)}$, $i \in \mathcal{N}$。同样, 式 (5.6) 中 $\mathcal{T}_i$ 的时间导数由下式给出, 即

$$\dot{\mathcal{T}}_i = \frac{m_i^2}{\mathcal{T}_i}(g\hat{e}_3 - \boldsymbol{F}_i)^{\mathrm{T}}\dot{\boldsymbol{F}}_i \tag{6.38}$$

因此, 根据假设 5.1 和式 (6.14) ~ 式 (6.17) 中 $\boldsymbol{\omega}_{d_i}$ 与 $\dot{\boldsymbol{\omega}}_{d_i}$ 的表达式, 可推出 $\boldsymbol{\omega}_{d_i}$、$\dot{\boldsymbol{\omega}}_{d_i}$ 和 $\dot{\mathcal{T}}_i$ 有界, $i \in \mathcal{N}$。

备注 6.1 值得一提的是, 利用线速度跟踪误差, 将变量 $\boldsymbol{\beta}_i$ 用于力矩输入式 (6.18) 中以补偿平移动力学模型中的摄动项。力矩输入中需要该变量的时间导数, 它由下式给出

$$\begin{aligned}\dot{\boldsymbol{\beta}}_i = &\frac{-k_i^{\beta}}{2}\left(\tilde{\eta}_i \boldsymbol{I}_3 + \boldsymbol{S}(\tilde{\boldsymbol{q}}_i)\right)\tilde{\boldsymbol{\omega}}_i + \frac{\mathcal{T}_i}{k_i^q m_i}\frac{\mathrm{d}}{\mathrm{d}t}(\boldsymbol{\Pi}_i^{\mathrm{T}}\boldsymbol{z}_i)\\ &+\frac{m_i}{k_i^q \mathcal{T}_i}(g\hat{e}_3 - \boldsymbol{F}_i)^{\mathrm{T}}\dot{\boldsymbol{F}}_i\boldsymbol{\Pi}_i^{\mathrm{T}}\boldsymbol{z}_i\end{aligned} \tag{6.39}$$

式中: $\dfrac{\mathrm{d}}{\mathrm{d}t}(\boldsymbol{\Pi}_i^{\mathrm{T}})$ 可从式 (6.21) 得到。值得一提的是, 文献 [5] 为该变量考虑了一种不同的设计, 说明了在对控制增益的某些 (约束) 条件下, 通过选择 $\boldsymbol{\beta}_i = -k_i^q\tilde{\boldsymbol{q}}_i$ 可以控制平移动力学模型中摄动项的影响。

定理 6.1 中的编队控制方案依赖辅助系统式 (6.6), 首先设计辅助系统的输入使得 $\boldsymbol{v}_i$ 和 $(\boldsymbol{p}_i - \boldsymbol{p}_j - \boldsymbol{\delta}_{ij})$ 分别收敛于 $(\boldsymbol{v}_d + \dot{\boldsymbol{\theta}}_i)$ 和 $(\boldsymbol{\theta}_i - \boldsymbol{\theta}_j)$。然后, 辅助状态 $\boldsymbol{\theta}_i$ 和 $\dot{\boldsymbol{\theta}}_i$ 渐近趋于零, 实现了初始目标。利用经典的编队控制设计方法可以设计一个不同的中间控制输入。事实上, 利用输入

$$\boldsymbol{F}_i = \dot{\boldsymbol{v}}_d - k_i^v\chi(\boldsymbol{v}_i - \boldsymbol{v}_d) - \sum_{j=1}^{n}k_{ij}\chi(\boldsymbol{p}_{ij}) \tag{6.40}$$

式中: $\boldsymbol{p}_{ij} = (\boldsymbol{p}_i - \boldsymbol{p}_j - \boldsymbol{\delta}_{ij})$, 定理 6.1 中定义的控制增益, 连同力矩输入式 (6.18), 其中

$$\boldsymbol{\beta}_i = -k_i^{\beta}\tilde{\boldsymbol{q}}_i + \frac{\mathcal{T}_i}{k_i^q m_i}\boldsymbol{\Pi}_i^{\mathrm{T}}(\boldsymbol{v}_i - \boldsymbol{v}_d) \tag{6.41}$$

就可实现编队控制目标, 并且利用中间输入式 (6.40) 的一阶和二阶时间导数, 再根据式 (6.14) 和式 (6.15) 就可推出目标角速度及其时间导数。

可以证明式 (6.40) 中的 $\boldsymbol{F}_i$ 是先验有界的, 即

$$|\boldsymbol{F}_i| \leqslant \boldsymbol{\delta}_d + \boldsymbol{\sigma}_b\sqrt{3}\left(k_i^v + \sum_{j=1}^{n} k_{ij}\right) \tag{6.42}$$

式 (6.42) 取决于各架飞行器邻居 (周围飞机) 的数量。因此, 如果飞行器之间的通信拓扑是已知的, 那么条件式 (5.5) 就能得到满足, 并且能够使用引理 5.1 中的推力和姿态提取算法。然而, 当每架飞行器周围的飞机很多时, 一般难以满足提取条件, 也难以获得一个好的/可接受的系统响应。而且, 式 (6.40) 的一阶时间导数和二阶时间导数分别为相邻飞行器线速度和线加速度的函数。所以, 为了实现上述的控制方案, 通信中的飞行器需要传输它们的位置、线速度和线加速度。

相比于上述的经典设计, 定理 6.1 中提出的控制方案具有如下几个优点。这从式 (6.5) 中所提出的中间控制输入并不明确依赖系统状态 (线速度跟踪误差向量和相对位置) 就可看出。结果, 式 (6.9) 给出的中间控制输入的上界不取决于每架飞行器周围飞机的数量。这一点非常重要, 因为不需对飞行器之间的通信拓扑做任何考虑就能很容易地使条件式 (5.5) 得到满足。另外, 根据式 (6.10), 可在没有任何群成员间信息流先验知识的情况下, 为每架飞行器设置最大允许的推力。而且, 仅仅利用可用信号就能得到目标角速度及其时间导数, 并且通信中的飞行器只需传输式 (6.7) 中定义的变量 $\boldsymbol{\xi}_i$ 和 $\boldsymbol{z}_i$。定理 6.1 中控制方案的实现如图 6.1 所示。

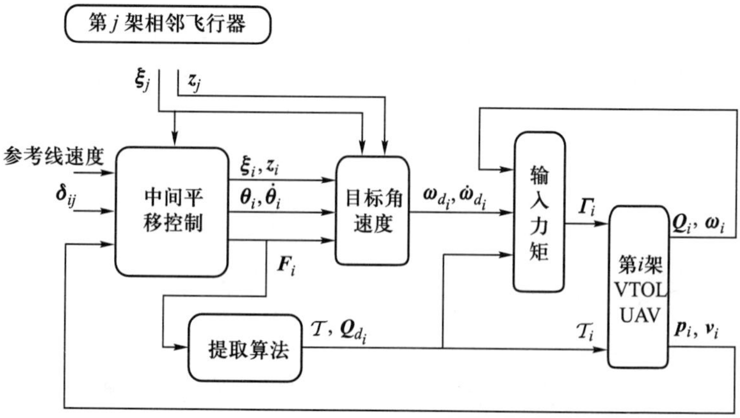

图 6.1 定理 6.1 中控制方案的实现

6.2 无线速度测量的编队控制

本节研究无线速度测量的垂直起降无人机的编队控制问题。和 6.1 节中的步骤一样, 首先考虑平移动力学模型, 为每架飞行器设计一个合适的免线速度测量的中间控制输入。

考虑式 (6.5) 和式 (6.6) 中给出的中间控制输入 $\boldsymbol{F}_i$, 其中辅助输入为

$$\dot{\boldsymbol{u}}_i = -k_i^v(\boldsymbol{\xi}_i - \boldsymbol{\psi}_i) - \sum_{j=1}^{n} k_{ij}\boldsymbol{\xi}_{ij} \tag{6.43}$$

$$\dot{\boldsymbol{\psi}}_i = \boldsymbol{v}_d + k_i^{\psi}(\boldsymbol{\xi}_i - \boldsymbol{\psi}_i) \tag{6.44}$$

式中: $\boldsymbol{\xi}_{ij} = (\boldsymbol{\xi}_i - \boldsymbol{\xi}_j - \boldsymbol{\delta}_{ij})$, $\boldsymbol{\xi}_i$ 在式 (6.7) 中定义; $\boldsymbol{\psi}_i$ 可以任意初始化; k_i^v 和 k_{ij} 的定义同定理 6.1; k_i^{ψ} 为一个严格正标量增益。如同式 (6.9), 式 (6.5) 中的 $\boldsymbol{F}_i$ 是上有界的, 因此很容易满足引理 5.1 中的提取条件。同样, 式 (5.6) 中推力 T_i 提取值的上界可以事先确定, 且在式 (6.10) 中给出。

利用上述中间控制设计, 可以根据式 (6.14) ~ 式 (6.17) 以及下式推出 $\boldsymbol{\omega}_{d_i}$ 和 $\dot{\boldsymbol{\omega}}_{d_i}$ 的显式表达式:

$$\dot{\boldsymbol{u}}_i = -k_i^v(\boldsymbol{z}_i + \boldsymbol{v}_d - \dot{\boldsymbol{\psi}}_i) - \sum_{j=1}^{n} k_{ij}(\boldsymbol{z}_i - \boldsymbol{z}_j) \tag{6.45}$$

式中: $\boldsymbol{z}_i$ 在式 (6.7) 中定义。应该注意, 目标角速度 $\boldsymbol{\omega}_{d_i}$ 不依赖线速度信号, 它的时间导数 $\dot{\boldsymbol{\omega}}_{d_i}$ 表示如下:

$$\dot{\boldsymbol{\omega}}_{d_i} = \boldsymbol{\Psi}_{1i} - \boldsymbol{\Psi}_{2i}\left(k_i^v\boldsymbol{z}_i + \sum_{j=1}^{n} k_{ij}(\boldsymbol{z}_i - \boldsymbol{z}_j)\right) \tag{6.46}$$

式中

$$\begin{aligned}\boldsymbol{\Psi}_{1i} = {} & \bar{\Xi}(\boldsymbol{F}_i, \dot{\boldsymbol{F}}_i)\dot{\boldsymbol{F}}_i + \Xi(\boldsymbol{F}_i)\Big\{\boldsymbol{v}_d^{(3)} - k_i^p\dot{h}(\boldsymbol{\theta}_i)\dot{\boldsymbol{\theta}}_i - \\ & k_i^d h(\dot{\boldsymbol{\theta}}_i)\left(k_v(\boldsymbol{v}_d - \dot{\boldsymbol{\psi}}_i) - k_i^p h(\boldsymbol{\theta}_i)\dot{\boldsymbol{\theta}}_i\right) - \\ & \left(k_i^p h(\boldsymbol{\theta}_i) + k_i^d\dot{h}(\dot{\boldsymbol{\theta}}_i) - (k_i^d h(\dot{\boldsymbol{\theta}}_i))^2\right)(\boldsymbol{F}_i - \dot{\boldsymbol{v}}_d - \boldsymbol{u}_i)\Big\}\end{aligned} \tag{6.47}$$

$$\boldsymbol{\Psi}_{2i} = k_i^d\Xi(\boldsymbol{F}_i)h(\dot{\boldsymbol{\theta}}_i) \tag{6.48}$$

采取与 5.2.2 小节相似的步骤, 可得到如下的角速度误差动力学模型:

$$\boldsymbol{J}_i\dot{\boldsymbol{\Omega}}_i = \boldsymbol{\Gamma}_i - \bar{\boldsymbol{H}}_i(\cdot) - \boldsymbol{J}_i\dot{\boldsymbol{\beta}}_i + \boldsymbol{\Upsilon}_i\left(k_i^v\boldsymbol{z}_i + \sum_{j=1}^{n} k_{ij}(\boldsymbol{z}_i - \boldsymbol{z}_j)\right) \tag{6.49}$$

式中

$$\bar{\boldsymbol{H}}_i(\cdot) = \boldsymbol{S}(\boldsymbol{\omega}_i)\boldsymbol{J}_i\boldsymbol{\omega}_i - \boldsymbol{J}_i\boldsymbol{S}(\tilde{\boldsymbol{\omega}}_i)\boldsymbol{R}(\tilde{\boldsymbol{Q}}_i)\boldsymbol{\omega}_{d_i} + \boldsymbol{J}_i\boldsymbol{R}(\tilde{\boldsymbol{Q}}_i)\boldsymbol{\Psi}_{1i} \tag{6.50}$$

$$\boldsymbol{\Upsilon}_i = \boldsymbol{J}_i\boldsymbol{R}(\tilde{\boldsymbol{Q}}_i)\boldsymbol{\Psi}_{2i} \tag{6.51}$$

$\boldsymbol{\Omega}_i = (\tilde{\boldsymbol{\omega}}_i - \boldsymbol{\beta}_i)$, $\tilde{\boldsymbol{Q}}_i$ 在式 (6.11) 中定义, $\boldsymbol{\omega}_{d_i}$ 可根据式 (6.14) 和式 (6.16) 得到。注意到, 姿态误差动力学模型依赖飞行器的线速度。

每架飞行器考虑如下的力矩输入:

$$\begin{aligned}\boldsymbol{\Gamma}_i = {} & \bar{\boldsymbol{H}}_i(\cdot) + \boldsymbol{J}_i\dot{\boldsymbol{\beta}}_i - k_i^q\tilde{\boldsymbol{q}}_i - k_i^{\Omega}\boldsymbol{\Omega}_i - k_i^v\boldsymbol{\Upsilon}_i(\hat{\boldsymbol{z}}_i + L_v\tilde{\boldsymbol{\xi}}_i - \boldsymbol{v}_d) \\ & -\boldsymbol{\Upsilon}_i\sum_{j=1}^{n}k_{ij}\left((\hat{\boldsymbol{z}}_i + L_v\tilde{\boldsymbol{\xi}}_i) - (\hat{\boldsymbol{z}}_j + L_v\tilde{\boldsymbol{\xi}}_j)\right)\end{aligned} \tag{6.52}$$

$$\boldsymbol{\beta}_i = -k_i^{\beta}\tilde{\boldsymbol{q}}_i + \frac{\mathcal{T}_i}{k_i^q m_i}\boldsymbol{\Pi}_i^{\mathrm{T}}(\boldsymbol{v}_i - \boldsymbol{v}_d) \tag{6.53}$$

式中: k_i^q、k_i^{Ω}、L_v 和 k_i^{β} 皆为严格正标量增益; $\bar{\boldsymbol{H}}_i(\cdot)$ 在式 (6.50) 中给出; $\tilde{\boldsymbol{\xi}}_i := (\hat{\boldsymbol{\xi}}_i - \boldsymbol{\xi}_i)$, 且 $\hat{\boldsymbol{z}}_i := \dot{\hat{\boldsymbol{\xi}}}_i$。变量 $\boldsymbol{v}_i$ 和 $\hat{\boldsymbol{\xi}}_i$ 是下面动力学系统的解:

$$\begin{cases}\dot{\hat{\boldsymbol{\xi}}}_i = \boldsymbol{v}_i - L_p\tilde{\boldsymbol{\xi}}_i \\ \dot{\boldsymbol{v}}_i = \boldsymbol{u}_i + \dot{\boldsymbol{v}}_d - \dfrac{\mathcal{T}_i}{m_i}\boldsymbol{\Pi}_i\tilde{\boldsymbol{q}}_i + k_i^v\boldsymbol{\Upsilon}_i^{\mathrm{T}}\boldsymbol{\Omega}_i - L_v^2\tilde{\boldsymbol{\xi}}_i + \displaystyle\sum_{j=1}^{n}k_{ij}(\boldsymbol{\Upsilon}_i^{\mathrm{T}}\boldsymbol{\Omega}_i - \boldsymbol{\Upsilon}_j^{\mathrm{T}}\boldsymbol{\Omega}_j)\end{cases} \tag{6.54}$$

式中: $\boldsymbol{u}_i$ 在式 (6.43) 中给出; L_p 为一个严格正标量增益。

上述控制方案可概括为如下定理。

定理 6.2 考虑由 n 个垂直起降无人机组成的无人机群, 按照式 (6.1) 和式 (6.2) 建立其模型, 假设目标速度 $\boldsymbol{v}_d$ 和控制器增益 k_i^p、k_i^d 满足假定 5.1。推力输入 $\mathcal{T}_i$ 和目标姿态 $\boldsymbol{Q}_{d_i}$ 分别由式 (5.6) 和式 (5.7) 给出, 其中 $\boldsymbol{F}_i$ 由式 (6.5)、式 (6.6) 以及式 (6.43) 和式 (6.44) 共同确定给出。力矩输入由式 (6.52) ~ 式 (6.54) 给出。假设无向通信图 $\mathcal{G}$ 是连通的。对于某 $\sigma_{1i} > 0$, $\sigma_{2i} > 0$ 以及式 (6.10) 给出的 $\mathcal{T}_i^b$, 如果控制增益满足

$$L_p - L_v > \sigma_{1i}\frac{\mathcal{T}_i^b}{m_i}, L_v^3 > \sigma_{2i}\frac{\mathcal{T}_i^b}{m_i}, k_i^{\beta}k_i^q > \frac{\mathcal{T}_i^b}{m_i}\left(\frac{1}{\sigma_{1i}} + \frac{L_p^2}{\sigma_{2i}}\right) \tag{6.55}$$

那么从任何初始条件开始, 对于所有的 $i, j \in \mathcal{N}$, 信号 $\boldsymbol{v}_i$、$(\boldsymbol{p}_i - \boldsymbol{p}_j)$、$\tilde{\boldsymbol{\omega}}_i$ 和 $\boldsymbol{\Gamma}_i$ 皆有界, 且 $\boldsymbol{v}_i \to \boldsymbol{v}_d$, $(\boldsymbol{p}_i - \boldsymbol{p}_j) \to \boldsymbol{\delta}_{ij}$, $\tilde{\boldsymbol{q}}_i \to 0$, $\tilde{\boldsymbol{\omega}}_i \to 0$。

证明 与定理 6.1 的证明相似, 既然中间控制输入如式 (6.9) 那样, 是先验有界的, 那么若根据假定 5.1 来选择目标线速度和控制器增益 k_i^p、k_i^d, 则提取条件式 (5.5) 就可得到满足。这意味着可以分别根据式 (5.6) 和式 (5.7) 提取每架垂直起降无人机的推力大小和目标姿态。

从式 (6.24) 和式 (6.43) 可得到平移误差动力学模型, 即

$$\dot{\boldsymbol{z}}_i = -k_i^v(\boldsymbol{\xi}_i - \boldsymbol{\psi}_i) - \sum_{j=1}^{n} k_{ij}\boldsymbol{\xi}_{ij} - \frac{\mathcal{T}_i}{m_i}\boldsymbol{\Pi}_i\tilde{\boldsymbol{q}}_i \tag{6.56}$$

式中: $\boldsymbol{\Psi}_i$ 在式 (6.44) 中给出。假定 $\tilde{\boldsymbol{z}}_i := \dot{\tilde{\boldsymbol{\xi}}}_i = (\dot{\hat{\boldsymbol{\xi}}}_i - \dot{\boldsymbol{\xi}}_i)$, 利用式 (6.7), 则该式可重写为

$$\tilde{\boldsymbol{z}}_i = \hat{\boldsymbol{z}}_i - \boldsymbol{z}_i - \boldsymbol{v}_d \tag{6.57}$$

将力矩输入式 (6.52) 代入式 (6.49), 再利用式 (6.57), 可得到角速度误差动力学模型为

$$\begin{aligned}\boldsymbol{J}_i\dot{\boldsymbol{\Omega}}_i = &-k_i^q\tilde{\boldsymbol{q}}_i - k_i^{\Omega}\boldsymbol{\Omega}_i - k_i^v\boldsymbol{\Upsilon}_i(\tilde{\boldsymbol{z}}_i + L_v\tilde{\boldsymbol{\xi}}_i) - \\ &\boldsymbol{\Upsilon}_i\sum_{j=1}^{n} k_{ij}\left((\tilde{\boldsymbol{z}}_i + L_v\tilde{\boldsymbol{\xi}}_i) - (\tilde{\boldsymbol{z}}_j + L_v\tilde{\boldsymbol{\xi}}_j)\right)\end{aligned} \tag{6.58}$$

式中: $i \in \mathcal{N}$。另外, 利用式 (6.7)、式 (6.54) 和式 (6.57), 可确定 $\tilde{\boldsymbol{z}}_i$ 的动力学模型为

$$\dot{\tilde{\boldsymbol{z}}}_i = -L_p\tilde{\boldsymbol{z}}_i - L_v^2\tilde{\boldsymbol{\xi}}_i + k_i^v\boldsymbol{\Upsilon}_i^{\mathrm{T}}\boldsymbol{\Omega}_i + \sum_{j=1}^{n} k_{ij}(\boldsymbol{\Upsilon}_i^{\mathrm{T}}\boldsymbol{\Omega}_i - \boldsymbol{\Upsilon}_j^{\mathrm{T}}\boldsymbol{\Omega}_j) \tag{6.59}$$

考虑下述类李雅普诺夫候选函数:

$$\begin{aligned}V = &\frac{1}{2}\sum_{i=1}^{n}\left(\boldsymbol{z}_i^{\mathrm{T}}\boldsymbol{z}_i + k_i^v(\boldsymbol{\xi}_i - \boldsymbol{\psi}_i)^{\mathrm{T}}(\boldsymbol{\xi}_i - \boldsymbol{\psi}_i)\right) + \frac{1}{4}\sum_{i=1}^{n}\sum_{j=1}^{n} k_{ij}\boldsymbol{\xi}_{ij}^{\mathrm{T}}\boldsymbol{\xi}_{ij} + \\ &\frac{1}{2}\sum_{i=1}^{n}(\tilde{\boldsymbol{z}}_i + L_v\tilde{\boldsymbol{\xi}}_i)^{\mathrm{T}}(\tilde{\boldsymbol{z}}_i + L_v\tilde{\boldsymbol{\xi}}_i) + \frac{1}{2}\sum_{i=1}^{n} L_vL_p\tilde{\boldsymbol{\xi}}_i^{\mathrm{T}}\tilde{\boldsymbol{\xi}}_i + \\ &\sum_{i=1}^{n}\left(\frac{1}{2}\boldsymbol{\Omega}_i^{\mathrm{T}}\boldsymbol{J}_i\boldsymbol{\Omega}_i + k_i^q\tilde{\boldsymbol{q}}_i^{\mathrm{T}}\tilde{\boldsymbol{q}}_i + k_i^q(1 - \tilde{\eta}_i)^2\right)\end{aligned} \tag{6.60}$$

根据闭环动力学模型式 (6.56)、式 (6.58) 和式 (6.59), 可求出 V 的时

间导数为

$$\begin{aligned}\dot{V}=&\sum_{i=1}^{n}\boldsymbol{z}_i^{\mathrm{T}}\left(-\frac{\mathcal{T}}{m_i}\boldsymbol{\varPi}_i\tilde{\boldsymbol{q}}_i-k_i^v(\boldsymbol{\xi}_i-\boldsymbol{\psi}_i)-\sum_{j=1}^{n}k_{ij}\boldsymbol{\xi}_{ij}\right)+\\&\sum_{i=1}^{n}\sum_{j=1}^{n}k_{ij}\boldsymbol{z}_i^{\mathrm{T}}\boldsymbol{\xi}_{ij}+\sum_{i=1}^{n}(k_i^v(\boldsymbol{z}_i+\boldsymbol{v}_d-\boldsymbol{\psi}_i)^{\mathrm{T}}(\boldsymbol{\xi}_i-\boldsymbol{\psi}_i))+\\&\sum_{i=1}^{n}(\tilde{\boldsymbol{z}}_i+L_v\tilde{\boldsymbol{\xi}}_i)^{\mathrm{T}}(-(L_p-L_v)\tilde{\boldsymbol{z}}_i-L_v^2\tilde{\boldsymbol{\xi}}_i+k_i^v\boldsymbol{\varUpsilon}_i^{\mathrm{T}}\boldsymbol{\varOmega}_i)+\\&\sum_{i=1}^{n}\sum_{j=1}^{n}k_{ij}(\tilde{\boldsymbol{z}}_i+L_v\tilde{\boldsymbol{\xi}}_i)^{\mathrm{T}}(\boldsymbol{\varUpsilon}_i^{\mathrm{T}}\boldsymbol{\varOmega}_j-\boldsymbol{\varUpsilon}_j^{\mathrm{T}}\boldsymbol{\varOmega}_j)+\sum_{i=1}^{n}L_vL_p\tilde{\boldsymbol{\xi}}_i^{\mathrm{T}}\tilde{\boldsymbol{z}}_i^{\mathrm{T}}+\\&\sum_{i=1}^{n}k_i^q\tilde{\boldsymbol{q}}_i^{\mathrm{T}}\boldsymbol{\beta}_i+\sum_{i=1}^{n}\boldsymbol{\varOmega}_i^{\mathrm{T}}(-k_i^{\varOmega}\boldsymbol{\varOmega}_i-k_i^v\boldsymbol{\varUpsilon}_i(\tilde{\boldsymbol{z}}_i+L_v\tilde{\boldsymbol{\xi}}_i))-\\&\sum_{i=1}^{n}\sum_{j=1}^{n}k_{ij}\boldsymbol{\varOmega}_i^{\mathrm{T}}\boldsymbol{\varUpsilon}_i((\tilde{\boldsymbol{z}}_i+L_v\tilde{\boldsymbol{\xi}}_i)-(\tilde{\boldsymbol{z}}_j+L_v\tilde{\boldsymbol{\xi}}_j))\end{aligned}\tag{6.61}$$

上式利用了关系式 (6.31)。既然通信图是无向的, 可以证明

$$\begin{aligned}&\sum_{i=1}^{n}\sum_{j=1}^{n}k_{ij}(\tilde{\boldsymbol{z}}_i+L_v\tilde{\boldsymbol{\xi}}_i)^{\mathrm{T}}(\boldsymbol{\varUpsilon}_i^{\mathrm{T}}\boldsymbol{\varOmega}_i-\boldsymbol{\varUpsilon}_j^{\mathrm{T}}\boldsymbol{\varOmega}_j)\\&=\sum_{i=1}^{n}\sum_{j=1}^{n}k_{ij}\boldsymbol{\varOmega}_i^{\mathrm{T}}\boldsymbol{\varUpsilon}_i((\tilde{\boldsymbol{z}}_i+L_v\tilde{\boldsymbol{\xi}}_i)-(\tilde{\boldsymbol{z}}_j+L_v\tilde{\boldsymbol{\xi}}_j))\end{aligned}\tag{6.62}$$

那么, 利用式 (6.44)、式 (6.53) 和式 (6.57), 可得到

$$\begin{aligned}\dot{V}=&-\sum_{i=1}^{n}k_i^{\psi}k_i^v(\boldsymbol{\xi}_i-\boldsymbol{\psi}_i)^{\mathrm{T}}(\boldsymbol{\xi}_i-\boldsymbol{\psi}_i)-\sum_{i=1}^{n}(L_p-L_v)\tilde{\boldsymbol{z}}_i^{\mathrm{T}}\tilde{\boldsymbol{z}}_i-\\&\sum_{i=1}^{n}L_v^3\tilde{\boldsymbol{\xi}}_i^{\mathrm{T}}\tilde{\boldsymbol{\xi}}_i-\sum_{i=1}^{n}k_i^qk_i^{\beta}\tilde{\boldsymbol{q}}_i^{\mathrm{T}}\tilde{\boldsymbol{q}}_i-\sum_{i=1}^{n}k_i^{\varOmega}\boldsymbol{\varOmega}_i^{\mathrm{T}}\boldsymbol{\varOmega}_i+\\&\sum_{i=1}^{n}\frac{\mathcal{T}_i}{m_i}\tilde{\boldsymbol{q}}_i^{\mathrm{T}}\boldsymbol{\varPi}_i^{\mathrm{T}}(\tilde{\boldsymbol{z}}_i+L_p\tilde{\boldsymbol{\xi}}_i)\end{aligned}\tag{6.63}$$

利用式 (6.10)、$L_p>L_v$(从式 (6.55) 得到)、关系式 $\|\boldsymbol{\varPi}_i\|\leqslant 2$ 以及杨氏不

等式可知上式是上有界的, 即对于某 $\sigma_{1i}>0$ 和 $\sigma_{2i}>0$, 有

$$\begin{aligned}\dot{V}\leqslant&-\sum_{i=1}^{n}k_i^{\psi}k_i^{v}\left|\boldsymbol{\xi}_i-\boldsymbol{\psi}_i\right|^2-\sum_{i=1}^{n}L_v^3\left|\tilde{\boldsymbol{\xi}}_i\right|^2-\sum_{i=1}^{n}(L_p-L_v)\left|\tilde{\boldsymbol{z}}_i\right|^2-\\&\sum_{i=1}^{n}k_i^{\beta}k_i^{q}\left|\tilde{\boldsymbol{q}}_i\right|^2-\sum_{i=1}^{n}k_i^{\Omega}\left|\boldsymbol{\Omega}_i\right|^2+\sum_{i=1}^{n}\frac{\mathcal{T}_i^b}{m_i}\left(\frac{1}{\sigma_{1i}}+\frac{L_p^2}{\sigma_{2i}}\right)\left|\tilde{\boldsymbol{q}}_i\right|^2+\\&\sum_{i=1}^{n}\frac{\mathcal{T}_i^b}{m_i}(\sigma_{1i}\left|\tilde{\boldsymbol{z}}_i\right|^2+\sigma_{2i}\left|\tilde{\boldsymbol{\xi}}_i\right|^2)\end{aligned}\tag{6.64}$$

最后, 可得到

$$\begin{aligned}\dot{V}\leqslant&-\sum_{i=1}^{n}k_i^{\psi}k_i^{v}\left|\boldsymbol{\xi}_i-\boldsymbol{\psi}_i\right|^2-\sum_{i=1}^{n}\left(L_p-L_v-\sigma_{1i}\frac{\mathcal{T}_i^b}{m_i}\right)\left|\tilde{\boldsymbol{z}}_i\right|^2-\\&\sum_{i=1}^{n}\left(L_v^3-\sigma_{2i}\frac{\mathcal{T}_i^b}{m_i}\right)\left|\tilde{\boldsymbol{\xi}}_i\right|^2-\sum_{i=1}^{n}k_i^{\Omega}\left|\boldsymbol{\Omega}_i\right|^2-\\&\sum_{i=1}^{n}\left(k_i^{\beta}k_i^{q}-\frac{\mathcal{T}_i^b}{m_i}\left(\frac{1}{\sigma_{1i}}+\frac{L_p^2}{\sigma_{2i}}\right)\right)\left|\tilde{\boldsymbol{q}}_i\right|^2\end{aligned}\tag{6.65}$$

如果根据式 (6.55) 选择控制增益, 则式 (6.65) 是负半定的。因此, 既然通信图是连通的, 那么对于所有的 $i,j\in\mathcal{N}$, 显然有 $(\boldsymbol{\xi}_i-\boldsymbol{\psi}_i)$、$\tilde{\boldsymbol{z}}_i$、$\tilde{\boldsymbol{\xi}}_i$、$\boldsymbol{\Omega}_i$、$\tilde{\boldsymbol{q}}_i\in\mathcal{L}_2\cap\mathcal{L}_\infty$ 且 $\boldsymbol{z}_i$、$\boldsymbol{\xi}_{ij}\in\mathcal{L}_\infty$。这将意味着对于 $i\in\mathcal{N}$, 有 $\ddot{\boldsymbol{\theta}}_i$、$\dot{\boldsymbol{z}}_i$、$\dot{\tilde{\boldsymbol{z}}}_i$、$\boldsymbol{v}_i$、$\dot{\boldsymbol{\Psi}}_i$、$\boldsymbol{\beta}_i\in\mathcal{L}_\infty$。同样, 既然 $\tilde{\boldsymbol{\omega}}_i=(\boldsymbol{\Omega}_i+\boldsymbol{\beta}_i)\in\mathcal{L}_\infty$, 那么从式 (6.58) 可得到 $\dot{\boldsymbol{\Omega}}_i\in\mathcal{L}_\infty$, 从式 (6.12) 可得到 $\tilde{\boldsymbol{q}}_i\in\mathcal{L}_\infty$。从而, 利用引理 2.3 可得到: 对于 $i\in\mathcal{N}$, 有 $(\boldsymbol{\xi}_i-\boldsymbol{\psi}_i)\to 0$, $\tilde{\boldsymbol{z}}_i\to 0$, $\tilde{\boldsymbol{\xi}}_i\to 0$, $\tilde{\boldsymbol{q}}_i\to 0$, 且 $\boldsymbol{\Omega}_i\to 0$。

既然 $(\boldsymbol{\xi}_i-\boldsymbol{\psi}_i)\to 0$, 那么根据式 (6.44) 可证明 $\dot{\boldsymbol{\psi}}_i\to\boldsymbol{v}_d$。同样, 既然 $\dot{\boldsymbol{z}}_i$、$(\dot{\boldsymbol{\xi}}_i-\dot{\boldsymbol{\psi}}_i)\in\mathcal{L}_\infty$, 显然就有 $(\ddot{\boldsymbol{\xi}}_i-\ddot{\boldsymbol{\psi}}_i)\in\mathcal{L}_\infty$。借助 Barbalat 引理 (引理 2.1), 可得到 $(\dot{\boldsymbol{\xi}}_i-\dot{\boldsymbol{\psi}}_i)\to 0$。从而, $\dot{\boldsymbol{\xi}}_i\to\boldsymbol{v}_d$, $\boldsymbol{z}_i\to 0$。另外, 既然 $\boldsymbol{z}_i$ 和 $\tilde{\boldsymbol{z}}_i$ 都收敛于零, 显然就有 $\hat{\boldsymbol{z}}_i\to\boldsymbol{v}_d$, $\boldsymbol{\beta}_i\to 0$, $\tilde{\boldsymbol{\omega}}_i\to 0$, $i\in\mathcal{N}$。

对此, 既然 $\tilde{\boldsymbol{q}}_i$ 和 $(\boldsymbol{\xi}_i-\boldsymbol{\psi}_i)$ 渐近收敛于零且 $\boldsymbol{\xi}_{ij}$ 一致连续, 那么可利用引理式 (2.4), 从式 (6.56) 中得到 $\dot{\boldsymbol{z}}_i\to 0$。因此, 闭环动力学模型式 (6.56) 可简化为式 (6.34), 利用式 (6.34) 之后的证明步骤, 既然通信图是连通的, 那么可知对于所有的 $i,j\in\mathcal{N}$, 有 $(\boldsymbol{\xi}_i-\boldsymbol{\xi}_j)\to\boldsymbol{\delta}_{ij}$。

利用上述结果, 显然式 (6.6) 中变量 $\boldsymbol{\theta}_i$ 的动力学模型在 $\boldsymbol{\varepsilon}_i=-\boldsymbol{u}_i$ 的情况下可以重写成式 (2.7) 的形式, 其中 $\boldsymbol{u}_i$ 在式 (6.43) 中给出, 它全局有界且渐近收敛于零。因此, 根据引理 2.9 可得到 $\boldsymbol{\theta}_i$ 和 $\dot{\boldsymbol{\theta}}_i$ 皆有界, 且 $\boldsymbol{\theta}_i\to 0$,

$\dot{\boldsymbol{\theta}}_i \to 0, i \in \mathcal{N}$。结果, 对于所有的 $i, j \in \mathcal{N}$, 可得到 $\boldsymbol{v}_i$ 和 $(\boldsymbol{p}_i - \boldsymbol{p}_j)$ 有界, 且 $(\boldsymbol{v}_i - \boldsymbol{v}_d) \to 0, (\boldsymbol{p}_i - \boldsymbol{p}_j) \to \boldsymbol{\delta}_{ij}$。证明的余下部分和定理 6.1 的证明相似。

应该注意的是, 本节中变量 $\boldsymbol{\beta}_i$ 的作用不是补偿平移动力学模型中的摄动项, 而是利用从式 (6.54) 得到的向量 $\boldsymbol{v}_i$ 控制该摄动项的影响。另外, $\boldsymbol{\beta}_i$ 的时间导数不取决于线速度向量, 如同式 (5.72), 可利用式 (6.54) 中 $\dot{\boldsymbol{v}}_i$ 的表达式推导得到。

与单个飞行器的情况相似, 辅助系统式 (6.6) 有助于简化无线速度测量的编队控制方案设计。然而, 实现上述控制方案需要在每对通信飞行器之间传输信号 $\boldsymbol{\xi}_i$、$\boldsymbol{\varUpsilon}_i^{\mathrm{T}}\boldsymbol{\Omega}_i$、$\hat{\boldsymbol{z}}_i$ 和 $\hat{\boldsymbol{\xi}}_i$。因为角速度误差动力学模型明确依赖于飞行器线速度及其相邻飞行器的线速度, 所以, 最后三项信号是必需的。

6.3 用简化信息流重新设计

本节重新设计定理 6.2 中的免线速度测量编队控制方案, 以减少飞行器之间的通信需求。考虑式 (6.5) 和式 (6.6) 给出的中间控制输入 $\boldsymbol{F}_i$, 即

$$\boldsymbol{F}_i = \dot{\boldsymbol{v}}_d - k_i^p \chi(\boldsymbol{\theta}_i) - k_i^d \chi(\dot{\boldsymbol{\theta}}_i) \tag{6.66}$$

$$\ddot{\boldsymbol{\theta}}_i = \boldsymbol{F}_i - \boldsymbol{u}_i - \dot{\boldsymbol{v}}_d \tag{6.67}$$

式中: k_i^p 和 k_i^d 的定义同定理 6.1; 变量 $\boldsymbol{\theta}_i$ 和 $\dot{\boldsymbol{\theta}}_i$ 可以任意初始化; 输入 $\boldsymbol{u}_i$ 将会在后文中确定。如同式 (6.9), 中间控制输入 $\boldsymbol{F}_i$ 是上有界的, 只要满足条件式 (5.5), 就可根据引理 5.1 提取必要的推力和目标姿态。

考虑下述额外辅助系统:

$$\ddot{\boldsymbol{\alpha}}_i = \boldsymbol{u}_i - \boldsymbol{\phi}_i - \frac{\mathcal{T}_i}{m_i}\boldsymbol{\Pi}_i\tilde{\boldsymbol{q}}_i \tag{6.68}$$

式中: $\boldsymbol{\alpha}_i \in \mathbb{R}^3$ 为一个辅助变量; $\boldsymbol{\phi}_i$ 为一个额外的辅助输入。变量 $\boldsymbol{\alpha}_i$ 和 $\dot{\boldsymbol{\alpha}}_i$ 可任意初始化, 令

$$\boldsymbol{\xi}_i = \boldsymbol{p}_i - \boldsymbol{\theta}_i - \boldsymbol{\alpha}_i, \quad \boldsymbol{z}_i = \dot{\boldsymbol{\xi}}_i - \boldsymbol{v}_d \tag{6.69}$$

考虑式 (6.67) 和式 (6.68) 中的输入为

$$\boldsymbol{u}_i = -L_i^p \boldsymbol{\alpha}_i - L_i^d \dot{\boldsymbol{\alpha}}_i \tag{6.70}$$

$$\boldsymbol{\phi}_i = -k_i^v(\boldsymbol{\xi}_i - \boldsymbol{\psi}_i) - \sum_{j=1}^{n} k_{ij}\boldsymbol{\xi}_{ij} \tag{6.71}$$

$$\dot{\boldsymbol{\psi}}_i = \boldsymbol{v}_d + k_i^{\psi}(\boldsymbol{\xi}_i - \boldsymbol{\psi}_i) \tag{6.72}$$

式中: $\boldsymbol{\xi}_{ij}=(\boldsymbol{\xi}_i-\boldsymbol{\xi}_j-\boldsymbol{\delta}_{ij})$、$k_i^v$、$k_i^\psi$ 以及 k_{ij} 的定义同定理 6.2; L_i^p 和 L_i^d 皆为严格正标量增益。

利用可用信号可明确地确定 $\boldsymbol{u}_i$ 的时间导数为

$$\dot{\boldsymbol{u}}_i=-L_i^p\dot{\boldsymbol{\alpha}}_i-L_i^d\left(\boldsymbol{u}_i-\boldsymbol{\phi}_i-\frac{\mathcal{T}_i}{m_i}\boldsymbol{\Pi}_i\tilde{\boldsymbol{q}}_i\right)\tag{6.73}$$

结果, 目标角速度 $\boldsymbol{\omega}_{d_i}$ 及其时间导数 $\dot{\boldsymbol{\omega}}_{d_i}$ 可根据式 (6.14) ~ 式 (6.17) 以及式 (6.73) 得到, 它们是可用信号的函数。因此, 可以使用全状态信息情况下所用的一个相似力矩输入式 (6.18), 即

$$\boldsymbol{\Gamma}_i=\boldsymbol{H}_i(\cdot)+\boldsymbol{J}_i\dot{\boldsymbol{\beta}}_i-k_i^q\tilde{\boldsymbol{q}}_i-k_i^\Omega(\tilde{\boldsymbol{\omega}}_i-\boldsymbol{\beta}_i)\tag{6.74}$$

$$\boldsymbol{\beta}_i=-k_i^\beta\tilde{\boldsymbol{q}}_i\tag{6.75}$$

式中: $\boldsymbol{H}_i(\cdot)$ 在式 (6.22) 中给出; $\boldsymbol{\omega}_d$ 和 $\dot{\boldsymbol{\omega}}_d$ 根据式 (6.14) ~ 式 (6.17) 以及式 (6.73) 推导得到。

定理 6.3 按照式 (6.1) 和式 (6.2) 建立垂直起降无人机群模型, 假设目标速度 $\boldsymbol{v}_d$ 和控制器增益 k_i^p 与 k_i^d 满足假定 5.1。推力输入 $\mathcal{T}_i$ 和目标姿态 $\boldsymbol{Q}_{d_i}$ 分别由式 (5.6) 和式 (5.7) 给出, 其中 $\boldsymbol{F}_i$ 由式 (6.66) ~ 式 (6.72) 给出。力矩输入由式 (6.74) 和式 (6.75) 给出, 假设无向通信图 $\mathcal{G}$ 是连通的。那么, 从任何一个初始条件开始, 对于所有的 $i,j\in\mathcal{N}$, 信号 $\boldsymbol{v}_i$、$(\boldsymbol{p}_i-\boldsymbol{p}_j)$、$\tilde{\boldsymbol{\omega}}_i$ 和 $\boldsymbol{\Gamma}_i$ 皆有界, 且 $\boldsymbol{v}_i\to\boldsymbol{v}_d$, $(\boldsymbol{p}_i-\boldsymbol{p}_j)\to\boldsymbol{\delta}_{ij}$, $\tilde{\boldsymbol{q}}_i\to 0$, 且 $\tilde{\boldsymbol{\omega}}_i\to 0$。

证明 与定理 6.1 的证明一样, 如果满足假定 5.1, 使用引理 2.9 的结果可提取每架垂直起降无人机的推力大小和目标姿态。

(1) 根据式 (6.1)、式 (6.20)、式 (6.67) ~ 式 (6.69) 和式 (6.71), 可将平移误差动力学模型写为

$$\dot{\boldsymbol{z}}_i=-k_i^v(\boldsymbol{\xi}_i-\boldsymbol{\psi}_i)-\sum_{j=1}^{n}k_{ij}\boldsymbol{\xi}_{ij}\tag{6.76}$$

采取与定理 6.1 相同的证明步骤, 可推导出姿态跟踪误差动力学模型为

$$\boldsymbol{J}_i\dot{\boldsymbol{\Omega}}_i=-k_i^q\tilde{\boldsymbol{q}}_i-k_i^\Omega\boldsymbol{\Omega}_i\tag{6.77}$$

式中: $\boldsymbol{\Omega}_i = (\tilde{\boldsymbol{\omega}}_i - \boldsymbol{\beta}_i)$, 考虑下述类李雅普诺夫候选函数:

$$V = \frac{1}{2}\sum_{i=1}^{n}(\boldsymbol{z}_i^{\mathrm{T}}\boldsymbol{z}_i + k_i^v(\boldsymbol{\xi}_i - \boldsymbol{\psi}_i)^{\mathrm{T}}(\boldsymbol{\xi}_i - \boldsymbol{\psi}_i)) + \frac{1}{4}\sum_{i=1}^{n}\sum_{j=1}^{n}k_{ij}\boldsymbol{\xi}_{ij}^{\mathrm{T}}\boldsymbol{\xi}_{ij} + \sum_{i=1}^{n}\left(\frac{1}{2}\boldsymbol{\Omega}_i^{\mathrm{T}}\boldsymbol{J}_i\boldsymbol{\Omega}_i + k_i^q\tilde{\boldsymbol{q}}_i^{\mathrm{T}}\tilde{\boldsymbol{q}}_i + k_i^q(1-\tilde{\eta}_i)^2\right) \tag{6.78}$$

利用式 (6.12) 和式 (6.31), 根据闭环动力学模型式 (6.76) 和式 (6.77), 可求出 V 的时间导数为

$$\begin{aligned}\dot{V} = &\sum_{i=1}^{n}\boldsymbol{z}_i^{\mathrm{T}}\left(-k_i^v(\boldsymbol{\xi}_i - \boldsymbol{\psi}_i) - \sum_{j=1}^{n}k_{ij}\boldsymbol{\xi}_{ij}\right) + \\ &\sum_{i=1}^{n}\left(k_i^v(\boldsymbol{z}_i + \boldsymbol{v}_d - \dot{\boldsymbol{\psi}}_i)^{\mathrm{T}}(\boldsymbol{\xi}_i - \boldsymbol{\psi}_i)\right) + \\ &\sum_{i=1}^{n}\sum_{j=1}^{n}k_{ij}\boldsymbol{z}_i^{\mathrm{T}}\boldsymbol{\xi}_{ij} + \sum_{i=1}^{n}(k_i^q\tilde{\boldsymbol{q}}_i^{\mathrm{T}}\boldsymbol{\beta}_i - k_i^{\Omega}\boldsymbol{\Omega}_i^{\mathrm{T}}\boldsymbol{\Omega}_i)\end{aligned} \tag{6.79}$$

利用式 (6.44) 和式 (6.75) 可得到负半定的时间导数:

$$\dot{V} = -\sum_{i=1}^{n}(k_i^{\psi}k_i^v(\boldsymbol{\xi}_i - \boldsymbol{\psi}_i)^{\mathrm{T}}(\boldsymbol{\xi}_i - \boldsymbol{\psi}_i) - k_i^q k_i^{\beta}\tilde{\boldsymbol{q}}_i^{\mathrm{T}}\tilde{\boldsymbol{q}}_i - k_i^{\Omega}\boldsymbol{\Omega}_i^{\mathrm{T}}\boldsymbol{\Omega}_i) \tag{6.80}$$

因此, 对于所有的 $i,j \in \mathcal{N}$, 显然有 $(\boldsymbol{\xi}_i - \boldsymbol{\psi}_i)$、$\tilde{\boldsymbol{q}}_i$、$\boldsymbol{\Omega}_i \in \mathcal{L}_2 \cap \mathcal{L}_\infty$ 且 $\boldsymbol{z}_i$、$\boldsymbol{\xi}_{ij} \in \mathcal{L}_\infty$, 从而有 $\tilde{\boldsymbol{\omega}}_i$、$\dot{\boldsymbol{z}}_i$、$\dot{\boldsymbol{\psi}}_i$、$\dot{\boldsymbol{\Omega}}_i \in \mathcal{L}_\infty$, $i \in \mathcal{N}$。根据式 (6.77), 这将意味着 $\dot{\tilde{\boldsymbol{q}}}_i \in \mathcal{L}_\infty$ 且 $\dot{\boldsymbol{\Omega}}_i \in \mathcal{L}_\infty$。借助 Barbalat 引理, 可得到 $(\boldsymbol{\xi}_i - \boldsymbol{\psi}_i) \to 0$, $\tilde{\boldsymbol{q}}_i \to 0$, $\boldsymbol{\Omega}_i \to 0$, 因而 $\tilde{\boldsymbol{\omega}}_i \to 0$, $i \in \mathcal{N}$。同样, 显然有 $\dot{\boldsymbol{\psi}}_i \to \boldsymbol{v}_d$。既然 $(\boldsymbol{\xi}_i - \boldsymbol{\psi}_i) \to 0$ 且 $(\ddot{\boldsymbol{\xi}}_i - \ddot{\boldsymbol{\psi}}_i) \in \mathcal{L}_\infty$, 那么利用 Barbalat 引理可得到 $(\dot{\boldsymbol{\xi}}_i - \dot{\boldsymbol{\psi}}_i) \to 0$, 因此 $\boldsymbol{z}_i \to 0$, $i \in \mathcal{N}$。

(2) 既然 $\boldsymbol{\xi}_{ij}$ 是一致连续的且 $(\boldsymbol{\xi}_i - \boldsymbol{\psi}_i) \to 0$, 那么利用扩展 Barbalat 引理 (引理 2.4), 根据式 (6.76) 可得到 $\dot{\boldsymbol{z}}_i \to 0$, 并且式 (6.76) 可简化为式 (6.34)。因此, 采用定理 6.1 证明过程中自式 (6.34) 之后的步骤, 既然无向通信图是连通的, 那么就可得到: 对于所有的 $i,j \in \mathcal{N}$, 有 $(\boldsymbol{\xi}_i - \boldsymbol{\xi}_j) \to \boldsymbol{\delta}_{ij}$。

(3) 式 (6.68) 中向量 $\boldsymbol{\alpha}_i$ 的动力学模型可重写为

$$\ddot{\boldsymbol{\alpha}}_i = -L_i^p\boldsymbol{\alpha}_i - L_i^d\dot{\boldsymbol{\alpha}}_i + \boldsymbol{\varepsilon}_i, \quad i \in \mathcal{N} \tag{6.81}$$

式中

$$\boldsymbol{\varepsilon}_i = \left(k_i^v(\boldsymbol{\xi}_i - \boldsymbol{\psi}_i) + \sum_{j=1}^{n}k_{ij}\boldsymbol{\xi}_{ij} - \frac{\mathcal{T}_i}{m_i}\boldsymbol{\Pi}_i\tilde{\boldsymbol{q}}_i\right)$$

根据上述结果, 可知 $\boldsymbol{\varepsilon}_i$ 全局有界且渐近收敛于零。如同式 (6.10), $\mathcal{T}_i$ 是先验有界的。可以看出: 式 (6.81) 描述了一个稳定二重积分器的动力学模型, 它有一个有界且渐近趋于零的输入摄动项, 因此 $\boldsymbol{\alpha}_i$、$\dot{\boldsymbol{\alpha}}_i$ 全局有界且 $\boldsymbol{\alpha}_i \to 0$, $\dot{\boldsymbol{\alpha}}_i \to 0$, $i \in \mathcal{N}$。

式 (6.67) 中 $\boldsymbol{\theta}_i$ 的动力学模型在 $\boldsymbol{\varepsilon}_i = (L_i^p \boldsymbol{\alpha}_i + L_i^d \dot{\boldsymbol{\alpha}}_i)$ 的条件下, 等价于引理 2.9 中的式 (2.7), 其中式 (6.66) 和式 (6.70) 分别作为式 (6.67) 的两个输入, $\boldsymbol{\varepsilon}_i$ 有界且渐近收敛于零。那么, 利用引理 2.9 的结果, 可得到 $\boldsymbol{\theta}_i$ 和 $\dot{\boldsymbol{\theta}}_i$ 有界且 $\boldsymbol{\theta}_i \to 0$, $\dot{\boldsymbol{\theta}}_i \to 0$, $i \in \mathcal{N}$。因此, 根据式 (6.69), 显然就有: 对于所有的 $i, j \in \mathcal{N}$, $\boldsymbol{v}_i$ 和 $(\boldsymbol{p}_i - \boldsymbol{p}_j)$ 有界且 $(\boldsymbol{v}_i - \boldsymbol{v}_d) \to 0$, $(\boldsymbol{p}_i - \boldsymbol{p}_j) \to \boldsymbol{\delta}_{ij}$。证明的余下部分需要说明输入力矩有界, 它可采取与定理 6.1 最后一部分证明相似的步骤来加以证明。

应该注意的是, 本节控制方案所采用的设计技术与定理 6.1 和定理 6.2 所提出的中间平移控制律设计技术在概念上相似。事实上, 主要思想是设计一个免线速度测量的输入 $\boldsymbol{u}_i$, 确保对于所有的 $i, j \in \mathcal{N}$, $\boldsymbol{v}_i$ 和 $(\boldsymbol{p}_i - \boldsymbol{p}_j - \boldsymbol{\delta}_{ij})$ 分别收敛到 $(\dot{\boldsymbol{\theta}}_i + \dot{\boldsymbol{\alpha}}_i + \boldsymbol{v}_d)$ 和 $(\boldsymbol{\theta}_i - \boldsymbol{\theta}_j) + (\boldsymbol{\alpha}_i - \boldsymbol{\alpha}_j)$。那么根据动力学模型式 (6.68), 变量 $\boldsymbol{\alpha}_i$ 和 $\dot{\boldsymbol{\alpha}}_i$ 渐近趋于零。一旦得以实现, 就可确保辅助变量 $\boldsymbol{\theta}_i$ 和 $\dot{\boldsymbol{\theta}}_i$ 渐近收敛于零, 从而实现了控制目标。

辅助输入 $\boldsymbol{u}_i$ 的时间导数可显式求出, 它独立于系统状态的时间导数。结果, 只有可测量的信号包含在闭环旋转动力学模型中, 因此就不需要非线性观测器式 (6.54) 了。但这并没有降低系统的阶数。然而, 通信飞行器只需传输式 (6.69) 中定义的变量 $\boldsymbol{\xi}_i$, 这就减少了飞行器之间的通信需求。

而且, 辅助系统式 (6.68) 的动力学模型已经补偿了平移动力学模型的摄动项。如果不补偿的话, 分析将会不同, 并且将需要一个非线性观测器以达到闭环稳定。为了说明这种情况, 考虑不含最后项的辅助系统式 (6.68) $(\ddot{\boldsymbol{\alpha}}_i = \boldsymbol{u}_i - \boldsymbol{\phi}_i)$ 及其输入式 (6.70) ~ 式 (6.72)。则平移误差动力学模型就变为

$$\dot{\boldsymbol{z}}_i = -k_i^v(\boldsymbol{\xi}_i - \boldsymbol{\psi}_i) - \sum_{j=1}^{n} k_{ij} \boldsymbol{\xi}_{ij} - \frac{\mathcal{T}_i}{m_i} \boldsymbol{\Pi}_i \tilde{\boldsymbol{q}}_i \tag{6.82}$$

并且旋转误差动力学模型由式 (6.77) 决定。因此, 可以像式 (6.53) 那样, 用下述观测器设计变量 $\boldsymbol{\beta}_i$, 即

$$\begin{cases} \hat{\boldsymbol{z}}_i := \dot{\hat{\boldsymbol{\xi}}}_i = \boldsymbol{v}_i - L_p \tilde{\boldsymbol{\xi}}_i \\ \dot{\boldsymbol{v}}_i = \boldsymbol{\phi}_i + \dot{\boldsymbol{v}}_d - L_v^2 \tilde{\boldsymbol{\xi}}_i - \dfrac{\mathcal{T}_i}{m_i} \boldsymbol{\Pi}_i \tilde{\boldsymbol{q}}_i \end{cases} \tag{6.83}$$

那么, 采取与定理 6.2 相似的证明步骤, 在条件式 (6.55) 下可得到相同的结果。

毫无疑问, 式 (6.68) 给出的第二种辅助系统经过摄动项补偿后, 可以用到 5.2.2 小节免线速度测量轨迹跟踪控制律中, 以简化闭环系统的分析, 并去除控制增益的限制条件。在定理 6.1 的状态反馈编队控制方案中就不需要做这种更改。然而, 在目标角速度的时间导数依赖于不可利用信号的情况下, 可以在全状态信息情况下考虑辅助系统式 (6.68)。

可以从力矩输入设计中看出引入第二种辅助系统的另一个重要特征。事实上, 通过合理选择辅助输入 $\boldsymbol{u}_i$ 和 $\boldsymbol{\phi}_i$, 就可实现力矩输入设计与平移输入设计的完全分离。这就意味着, 只要目标角速度及其时间导数有定义且有界, 则任何姿态轨迹跟踪控制律都可作为旋转动力学模型的输入。

6.4 仿真结果

本节将通过数值仿真实例测试所提出的编队控制律。考虑由 4 架飞行器构成的编队, 按照式 (6.1)、式 (6.2) 建立其模型, 其中质量 $m_i = 3\text{kg}$, 相同的惯性矩阵 $\boldsymbol{J}_i = \text{diag}(0.13, 0.13, 0.04)\text{kg}\cdot\text{m}^2$, $i \in \mathcal{N} := \{1, \cdots, 4\}$, 初始条件如下:

$$\boldsymbol{p}_1(0) = (14, 0, 2)^{\text{T}}\text{m}, \qquad \boldsymbol{p}_2(0) = (10, -1, 2)^{\text{T}}\text{m}$$
$$\boldsymbol{p}_3(0) = (6, 0, -2)^{\text{T}}\text{m}, \qquad \boldsymbol{p}_4(0) = (9, -4, 1)^{\text{T}}\text{m}$$
$$\boldsymbol{v}_1(0) = (-0.1, 0.9, -0.1)^{\text{T}}\text{m/s}, \qquad \boldsymbol{v}_2(0) = (-0.5, -0.8, 0.3)^{\text{T}}\text{m/s}$$
$$\boldsymbol{v}_3(0) = (-0.2, 0.4, -0.4)^{\text{T}}\text{m/s}, \qquad \boldsymbol{v}_4(0) = (0.8, -0.1, 0.1)^{\text{T}}\text{m/s}$$
$$\boldsymbol{\omega}_i(0) = (0, 0, 0)^{\text{T}}\text{rad/s}, \qquad \boldsymbol{q}_i(0) = (0, 0, 0, 1)^{\text{T}}$$

控制目标是保证这 4 架飞行器保持一个预先设定的编队模式, 该模式的目标平移线速度由下式给出, 即

$$\boldsymbol{v}_d(t) = (\sin(0.1t), 0.5\cos(0.1t), 1)\text{m/s}$$

目标编队模式是一个平行于地面的四边形, 通过向量 $\boldsymbol{\delta}_{ij}$ 进行定义, 其中 $\boldsymbol{\delta}_{ij} = (\boldsymbol{\delta}_i - \boldsymbol{\delta}_j)$, 可利用下述数值计算得到, 即

$$\boldsymbol{\delta}_1 = \begin{pmatrix} 2 \\ 2 \\ 0 \end{pmatrix}, \quad \boldsymbol{\delta}_2 = \begin{pmatrix} -2 \\ 2 \\ 0 \end{pmatrix}, \quad \boldsymbol{\delta}_3 = \begin{pmatrix} -2 \\ -2 \\ 0 \end{pmatrix}, \quad \boldsymbol{\delta}_4 = \begin{pmatrix} 2 \\ -2 \\ 0 \end{pmatrix} \tag{6.84}$$

飞行器之间的信息流用图 $\mathcal{G}$ 表示, 它是固定的、无向的和连通的。图 $\mathcal{G}$ 有边集 $\mathcal{E}=\{(1,2),(1,3),(2,3),(2,4)\}$ 和邻接矩阵 $\boldsymbol{\mathcal{K}}=[k_{ij}]$, 其中当 $(i,j)\in\mathcal{E}$ 时, k_{ij} 由表 6.1 给出, 否则 $k_{ij}=0$。辅助系统式 (6.6) 初始化为

$$\boldsymbol{\theta}_i(0)=\dot{\boldsymbol{\theta}}_i(0)=(0,0,0)^{\mathrm{T}} \tag{6.85}$$

对于所有提出的控制方案来说, 饱和函数 χ 皆由式 (2.6) 给出, 其中 $\sigma(\cdot)=\tanh(\cdot)$, 且 $\sigma_b=1$。

首先, 用表 6.1 中给出的控制增益实现定理 6.1 中的编队控制方案。这样选择增益可满足假定 5.1。图 6.2(a) 给出了每架飞行器线速度跟踪误差 $\tilde{\boldsymbol{v}}_i$ 的三个分量, 其中 $\tilde{\boldsymbol{v}}_i=(\boldsymbol{v}_i-\boldsymbol{v}_d)$, 图 6.2(b) 给出了飞行器位置的三维图。从这些图中可清楚地看出, 4 架飞行器会聚到具有指定线速度的目标编队。

表 6.1 控制增益

	k_i^v	k_i^p	k_i^d	k_i^β	k_i^q	k_i^Ω	k_{ij}	k_i^ψ	L_p	L_v	L_i^p	L_i^d
定理 6.1	5	1.5	1.5	20	20	20	2					
定理 6.2	1.5	0.8	0.8	30	100	50	0.4	1	8	3		
定理 6.3	1.5	0.8	0.8	30	100	50	0.4	1			0.8	0.8

其次, 考虑定理 6.2 中的控制方案, 其中非线性观测器式 (6.54) 和一阶滤波器式 (6.44) 的初始条件如下:

$$\tilde{\boldsymbol{\xi}}_i(0)=\boldsymbol{v}_i(0)=(0,0,0)^{\mathrm{T}},\quad \boldsymbol{\psi}_i(0)=(0,1,-1)^{\mathrm{T}}$$

表 6.1 给出了控制增益, 它是经过挑选的, 这样假定 5.1 和条件式 (6.55) 就得以满足。所得到的仿真结果如图 6.3(a) 和 6.3(b) 所示, 显然实现了无线速度测量的编队控制。

最后, 采用辅助系统式 (6.68), 实现了定理 6.3 中的控制方案, 所得到的结果如图 6.4 所示, 其中辅助系统初始化如下:

$$\boldsymbol{\alpha}_i(0)=\dot{\boldsymbol{\alpha}}_i(0)=(0,0,0)^{\mathrm{T}}$$

可以看出, 得到了与图 6.3 相似的结果。然而, 这种控制方案的实现复杂度降低, 并且大大减少了飞行器之间的通信要求。

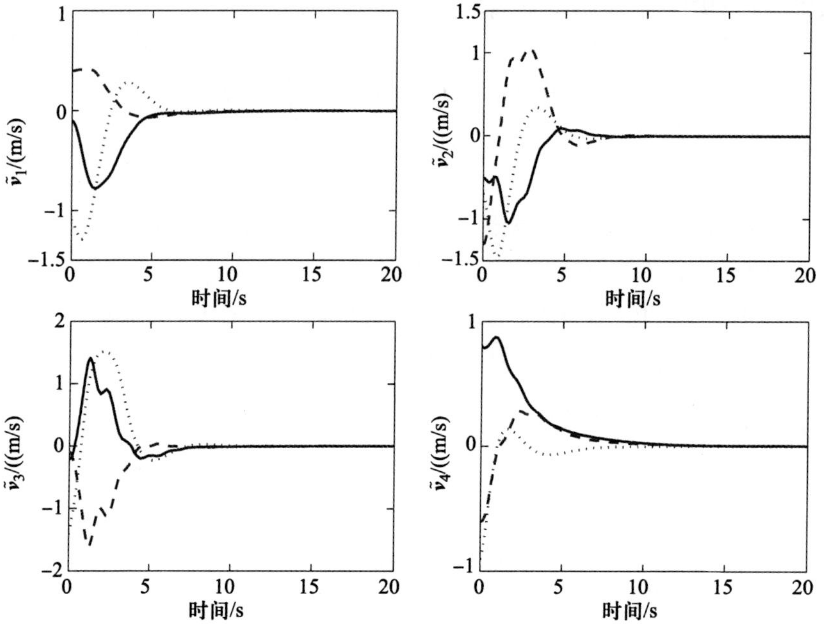

(a)

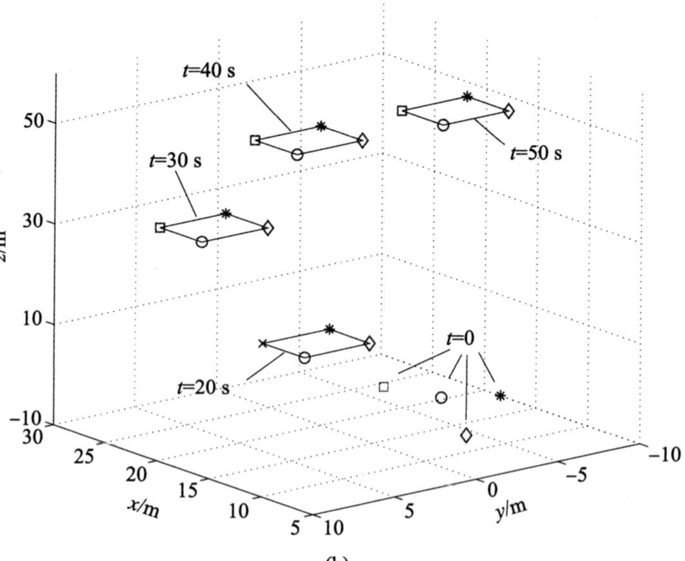

(b)

图 6.2 定理 6.1 情况下的仿真结果 (彩色版本见彩图)

(a) 线速度误差 $\tilde{\boldsymbol{v}}_i$; (b) 系统轨迹。

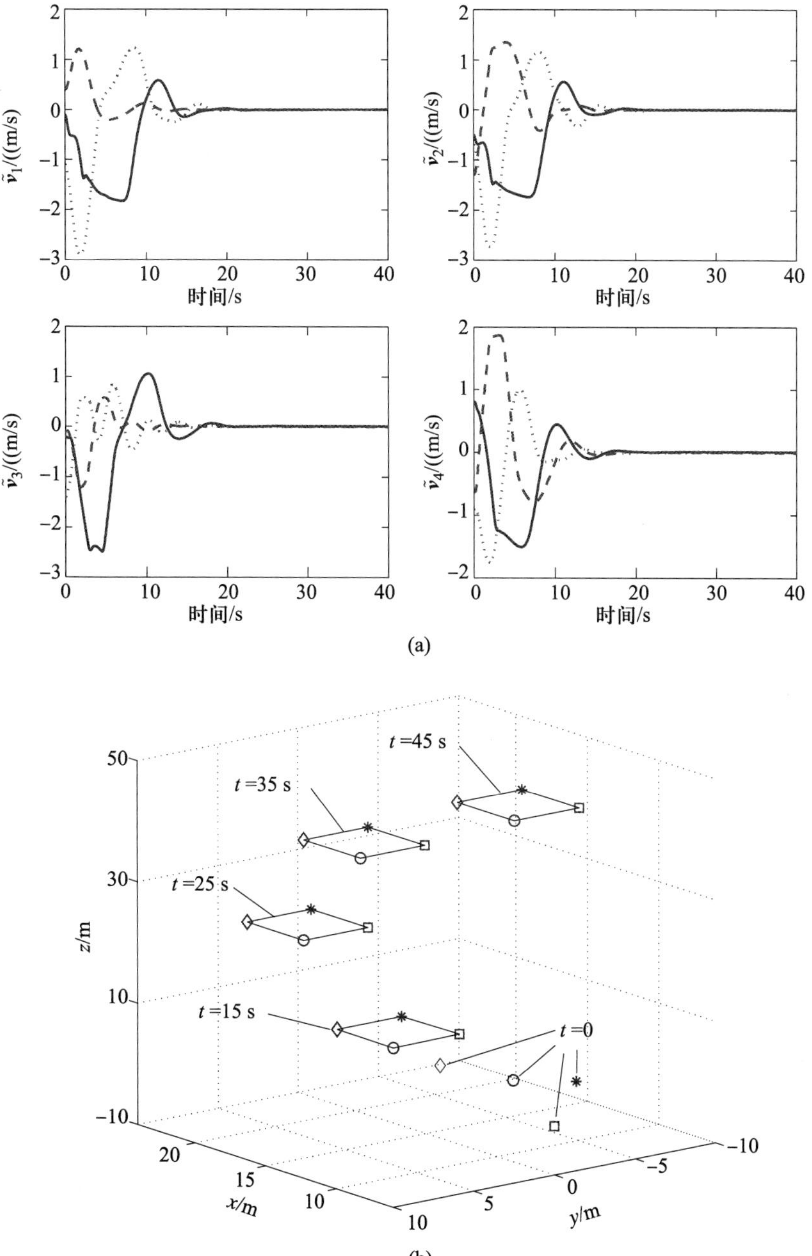

图 6.3 定理 6.2 情况下的仿真结果 (彩色版本见彩图)

(a) 线速度误差 $\tilde{\boldsymbol{v}}_i$; (b) 系统轨迹。

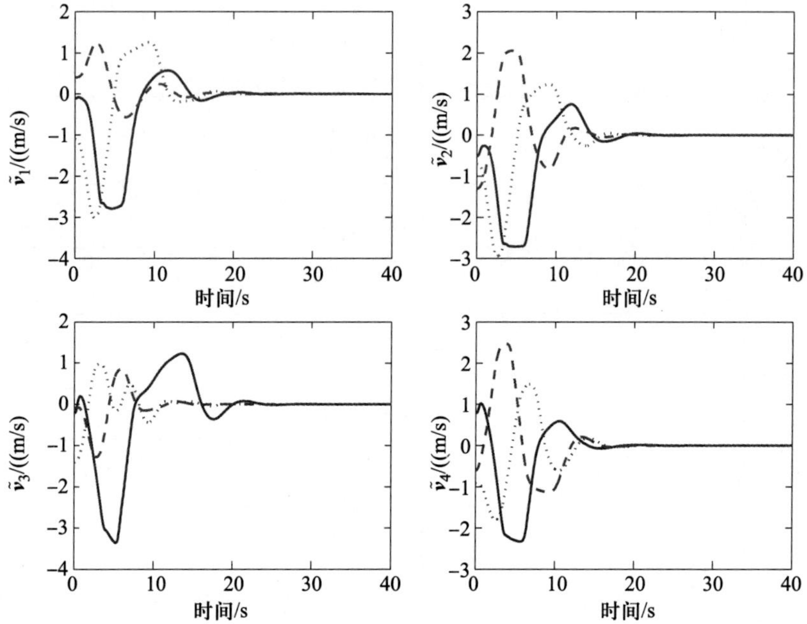

(a)

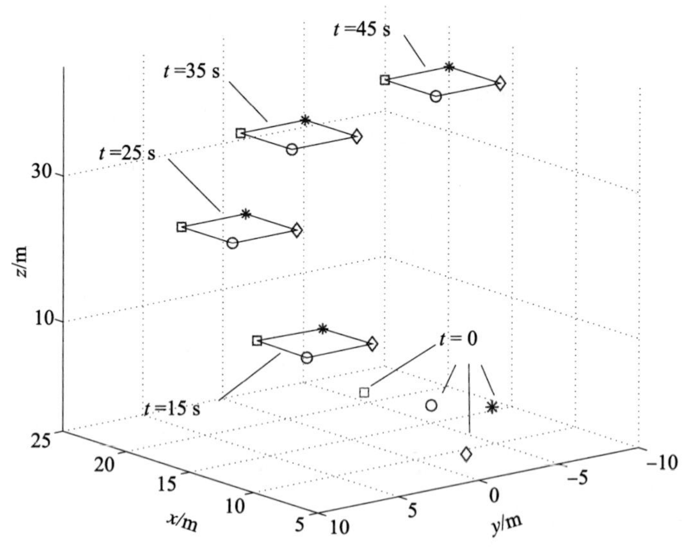

(b)

图 6.4 定理 6.3 情况下的仿真结果 (彩色版本见彩图)

(a) 线速度误差 $\tilde{\boldsymbol{v}}_i$; (b) 系统轨迹。

6.5 结束语

本章在一个固定、无向通信拓扑下研究了多垂直起降无人机的编队控制问题。以前一章研究的控制设计方法为基础, 提出了状态和输出反馈编队控制方案。

与应用到垂直起降无人机编队的常规技术相比, 定理 6.1 中的状态反馈编队控制方案具有几个优势。这些优势可以概括如下: ① 不需要对飞行器之间的通信拓扑做任何考虑, 就可满足式 (5.5) 给出的提取算法条件。既然可以在不需要事先知道与各飞行器交互的飞行器数量情况下选择合适的控制增益, 这样就会使控制器的设计更为简单。另外, 设计者可以单独设置每架飞行器实用推力的范围, 不受其邻近飞行器数量的影响。② 力矩输入设计大大简化了, 因为它仅包含可测量信号。③ 既然只有式 (6.7) 中定义的变量 $\boldsymbol{\xi}_i$ 和 $\boldsymbol{z}_i$ 经由通信信道传输, 那么群成员间的通信要求就降低了。

定理 6.2 提出了一个免线速度测量的编队控制方案, 利用部分状态反馈和非线性观测器避免了线速度测量。定理 6.3 根据一个概念上相似的方法, 对此结果进行了扩展, 以降低群成员间的通信要求。正如前文所述, 这个结果具有几个优势: 它大大简化了控制设计, 并且可以实现力矩输入设计与无人机其他动力学模型的完全分离解耦。考虑到飞行器间互连拓扑的约束, 这种解耦对于下一章编队控制方案的分析和设计非常有用。

应该指出的是, 本章提出的解决方案可以应用到具有输入饱和的线性多 Agent 系统中。事实上, 文献 [7] 和文献 [8] 对具有输入饱和的多 Agent 系统的二阶一致性问题进行了研究, 基于与式 (6.6) 相似的辅助系统, 得到了部分状态反馈方案, 利用该方案, 提出了免速度测量的解决办法。文献 [81] 考虑了具有输入约束的多机器人, 为多机器人编队运动论述了编队控制策略。作者提出了两种控制方案, 分别解释了执行机构饱和与没有相对速度测量, 其中通信拓扑被看作是一个双向环。文献 [113] 在统一二重积分器动力学模型的情况下, 考虑了与文献 [81] 相同的问题, 并将结果扩展到一个更一般的无向通信拓扑中。然而, 在这两篇论文中, 免速度测量的控制律都没有考虑到执行机构饱和。

第 7 章

带通信时延的编队控制

本章在存在通信时延的情况下为一群垂直起降无人机提出并分析了编队控制方案。与以前的章类似, 考虑 5.1 节提出的控制设计方法。首先, 在存在时变通信时延的情况下, 讨论了一个状态反馈编队控制方案, 得到了时滞相关的充分条件。然后, 针对一个有向互连图, 在存在任意恒定通信时延的情况下提出了一个实现编队的控制方案。针对飞行器线速度不可用于反馈的情况, 在存在恒定通信时延的情况下, 考虑一种基于虚拟飞行器的方法设计输出反馈编队控制律。分别在无向和有向通信拓扑的情况下, 给出了时滞相关和时滞无关的结果。

考虑受动力学模型式 (6.1)、式 (6.2) 支配的飞行器群。控制目标在于设计编队控制方案, 使得从任何初始条件开始, 都有

$$\boldsymbol{v}_i \to 0 \text{ 且 } \boldsymbol{p}_i - \boldsymbol{p}_j \to \boldsymbol{\delta}_{ij} \tag{7.1}$$

式中: $i, j \in \mathcal{N}$; $\boldsymbol{\delta}_{ij} \in \mathbb{R}^3$ 满足 $\boldsymbol{\delta}_{ij} = -\boldsymbol{\delta}_{ji}$, 定义了编队模式。飞行器之间的信息流用图 $\mathcal{G} = (\mathcal{N}, \mathcal{E}, \boldsymbol{\mathcal{K}})$ 描述。假设每架飞行器能无延迟地感知自身的状态, 第 i 和 j 架飞行器之间的通信时延为 τ_{ij}, 其中 $i, j \in \mathcal{E}$, τ_{ij} 不必等于 τ_{ji}。

7.1 全状态信息情况下的编队控制

假设全状态向量可用于反馈。回忆 5.1.2 节描述的控制设计方法, 主要设计问题在于找到一个中间控制输入 $\boldsymbol{F}_i$, 使系统在存在通信时延的情况下实现控制目标, 并且需要满足下述两个条件: ① 验证提取算法的条件

式 (5.5); ② $\boldsymbol{F}_i$ 的一阶时间导数和二阶时间导数仅包含可用信号。为此, 考虑每架飞行器的中间控制输入如下:

$$\boldsymbol{F}_i = -k_i^p \chi(\boldsymbol{\theta}_i) - k_i^d \chi(\dot{\boldsymbol{\theta}}_i) \tag{7.2}$$

$$\ddot{\boldsymbol{\theta}}_i = \boldsymbol{F}_i - \boldsymbol{u}_i \tag{7.3}$$

式中: k_i^p 和 k_i^d 皆为严格正标量增益; 变量 $\boldsymbol{\theta}_i$ 和 $\dot{\boldsymbol{\theta}}_i$ 可取任意初始值; $\boldsymbol{u}_i$ 为式 (7.3) 的一个辅助输入, 将在下面确定。

显然, 式 (7.2) 中的中间输入 $\boldsymbol{F}_i$ 并不明确依赖系统误差变量 (线速度向量和相对位置), 且要保证先验有界, 即

$$|\boldsymbol{F}_i| \leqslant \sigma_b \sqrt{3}(k_i^p + k_i^d) \tag{7.4}$$

式中: σ_b 在 3.2 节的性质 P2 中定义。因此, 引理 5.1 中推力和姿态提取算法的要求, 即

$$\boldsymbol{F}_i \neq (0, 0, x)^{\mathrm{T}}, \quad x \geqslant g$$

很容易被满足, 只要恰当选择增益 k_i^p 和 k_i^d 即可, 而且不需要对飞行器之间的通信拓扑做任何考虑。因此, 应用引理 5.1 可为每架飞行器提取必要的推力和目标姿态。式 (5.6) 给出的提取输入推力需保证为严格正且先验有界, 即

$$\mathcal{T}_i \leqslant m_i(g + \sigma_b \sqrt{3}(k_i^p + k_i^d))$$

同样, 用单位四元数 $\tilde{\boldsymbol{Q}}_i := \boldsymbol{Q}_{d_i}^{-1} \odot \boldsymbol{Q}_i$ 表示姿态跟踪误差, 其中 $\tilde{\boldsymbol{Q}}_i$ 由式 (6.12)、式 (6.13) 决定, $\boldsymbol{Q}_{d_i}$ 为第 i 架飞行器提取的目标姿态, 可根据式 (5.7) 得到。

与 6.3 节相似, 我们将各架飞行器与下面的辅助系统相关联:

$$\ddot{\boldsymbol{\alpha}}_i = \boldsymbol{u}_i - \boldsymbol{\phi}_i - \frac{\mathcal{T}_i}{m_i} \boldsymbol{\Pi}_i \tilde{\boldsymbol{q}}_i \tag{7.5}$$

式中: $\boldsymbol{\alpha}_i$ 和 $\dot{\boldsymbol{\alpha}}_i$ 可取任意初始条件; $\boldsymbol{\phi}_i$ 为一个待设计的附加输入; $\tilde{\boldsymbol{q}}_i$ 为 $\tilde{\boldsymbol{Q}}_i$ 的向量部分; $\boldsymbol{\Pi}_i$ 在式 (6.21) 中给出且满足式 (6.20)。

输入力矩设计步骤同 6.1 节。利用式 (5.7) 给出的目标姿态 $\boldsymbol{Q}_{d_i}$ 的提取值, 可得到目标角速度及其时间导数如式 (6.14)、式 (6.15) 那样的显示表达式, 其中

$$\dot{\boldsymbol{F}}_i = -k_i^p h(\boldsymbol{\theta}_i)\dot{\boldsymbol{\theta}}_i - k_i^d h(\dot{\boldsymbol{\theta}}_i)(\boldsymbol{F}_i - \boldsymbol{u}_i) \tag{7.6}$$

$$\begin{aligned} \ddot{\boldsymbol{F}}_i = & -k_i^p \dot{h}(\boldsymbol{\theta}_i)\dot{\boldsymbol{\theta}}_i - (k_i^p h(\boldsymbol{\theta}_i) + k_i^d \dot{h}(\dot{\boldsymbol{\theta}}_i))(\boldsymbol{F}_i - \boldsymbol{u}_i) \\ & - k_i^d \dot{h}(\dot{\boldsymbol{\theta}}_i)(\dot{\boldsymbol{F}}_i - \dot{\boldsymbol{u}}_i) \end{aligned} \tag{7.7}$$

式中: $h(\cdot)$ 在式 (5.31) 中定义, $\dot{h}(\cdot)$ 为它的时间导数。

为每架飞行器考虑如下的力矩输入:

$$\boldsymbol{\Gamma}_i = \boldsymbol{H}_i(\cdot) + J_i\dot{\boldsymbol{\beta}}_i - k_i^q\tilde{\boldsymbol{q}}_i - k_i^{\Omega}(\tilde{\boldsymbol{\omega}}_i - \boldsymbol{\beta}_i) \tag{7.8}$$

$$\boldsymbol{\beta}_i = -k_i^{\beta}\tilde{\boldsymbol{q}}_i \tag{7.9}$$

式中: k_i^q、k_i^{Ω} 和 k_i^{β} 皆为严格正标量增益; $\boldsymbol{H}_i(\cdot)$ 在式 (6.22) 中给出; $\tilde{\boldsymbol{\omega}}_i$ 为式 (6.13) 中定义的角速度跟踪误差; $\boldsymbol{\omega}_{d_i}$ 和 $\dot{\boldsymbol{\omega}}_{d_i}$ 为根据式 (6.14)、式 (6.15) 以及式 (7.6)、式 (7.7) 导出的。式 (7.9) 的时间导数由下式给出, 即

$$\dot{\boldsymbol{\beta}}_i = \frac{-k_i^{\beta}}{2}(\tilde{\eta}_i\boldsymbol{I}_3 + \boldsymbol{S}(\tilde{\boldsymbol{q}}_i))\tilde{\boldsymbol{\omega}}_i$$

利用可用信号可计算上式。

正如 6.3 节所讨论的那样, 通过引入式 (7.3) 和式 (7.5) 这两个辅助系统, 只需确定式 (7.3) 和式 (7.5) 中适当的输入向量 $\boldsymbol{u}_i$ 和 $\boldsymbol{\phi}_i$, 就可在存在通信时延的情况下实现编队控制。注意到, 对 $\boldsymbol{u}_i$ 和 $\boldsymbol{\phi}_i$ 的唯一约束是由于在式 (7.7) 中需要用 $\boldsymbol{u}_i$ 的一阶时间导数去计算 $\dot{\boldsymbol{\omega}}_{d_i}$, 因此它必须包含仅可利用的信号。而且, 一旦确定了目标姿态轨迹, 就可根据平移动力学模型独立设计力矩输入。事实上, 跟踪提取的时变目标姿态的任何姿态控制方案都可用作旋转动力学模型的输入。另外, 在存在通信时延的情况下, 旋转子系统和平移子系统之间的解耦将会大大简化所提出控制方案的分析。

7.1.1 时滞相关的编队控制方案

考虑通信图 $\mathcal{G}$ 固定且无向并且通信时延 $\boldsymbol{\tau}_{ij}$ 为时变的情况, 令式 (7.3) 和式 (7.5) 中的输入向量由下式给出, 即

$$\boldsymbol{u}_i = -L_i^p\boldsymbol{\alpha}_i - L_i^d\dot{\boldsymbol{\alpha}}_i \tag{7.10}$$

$$\boldsymbol{\Phi}_i = -k_i^v\boldsymbol{z}_i - \sum_{j=1}^{n} k_{ij}(\boldsymbol{\xi}_i - \boldsymbol{\xi}_j(t-\boldsymbol{\tau}_{ij}) - \boldsymbol{\delta}_{ij}) \tag{7.11}$$

式中

$$\boldsymbol{\xi}_i = \boldsymbol{p}_i - \boldsymbol{\theta}_i - \boldsymbol{\alpha}_i, \quad \boldsymbol{z}_i = \dot{\boldsymbol{\xi}}_i \tag{7.12}$$

k_i^v、L_i^p 和 L_i^d 皆为严格正标量增益; k_{ij} 为无向通信图 $\mathcal{G}$ 邻接矩阵的第 (i,j) 个元素。根据式 (7.5) 和式 (7.10), 可得到 $\boldsymbol{u}_i$ 的时间导数如下:

$$\dot{\boldsymbol{u}}_i = -L_i^p\dot{\boldsymbol{\alpha}}_i - L_i^d\left(\boldsymbol{u}_i - \boldsymbol{\phi}_i - \frac{\mathcal{T}_i}{m_i}\boldsymbol{\Pi}_i\tilde{\boldsymbol{q}}_i\right) \tag{7.13}$$

因此, 从式 (7.6)、式 (7.7) 以及式 (6.14)、式 (6.15) 可以看出, 仅可用信号被用来计算 $\boldsymbol{\omega}_{d_i}$ 和 $\dot{\boldsymbol{\omega}}_{d_i}$, 并且式 (7.12) 定义的向量 $\boldsymbol{\xi}_i$ 在群中各对通信飞行器之间传输。

定理 7.1 按照式 (6.1)、式 (6.2) 建立垂直起降无人机群模型。假设推力输入 $\mathcal{T}_i$ 和目标姿态 $\boldsymbol{Q}_{d_i}$ 分别由式 (5.6) 和式 (5.7) 给出, 其中 $\boldsymbol{F}_i$ 由式 (7.2)、式 (7.3)、式 (7.5) 以及式 (7.10)、式 (7.11) 共同给出。力矩输入由式 (7.8)、式 (7.9) 给出。对某一个 $\varepsilon > 0$, 控制器增益满足如下条件:

$$\sqrt{3}\sigma_b(k_i^p + k_i^d) < g \tag{7.14}$$

$$k_i^z = k_i^v - \frac{1}{2}\sum_{j=1}^{n} k_{ij}\left(\varepsilon + \frac{\tau^2}{\varepsilon}\right) > 0 \tag{7.15}$$

对于所有的 $(i,j) \in \mathcal{E}, \boldsymbol{\tau}_{ij}(t) \leqslant \tau$, 并且假定无向通信图 $\mathcal{G}$ 是连通的。那么, 从任何一个初始条件开始, 对于所有 $i,j \in \mathcal{N}$, 信号 $\boldsymbol{v}_i$、$(\boldsymbol{p}_i - \boldsymbol{p}_j)$ 和 $\tilde{\boldsymbol{\omega}}_i$ 皆有界, 且 $\boldsymbol{v}_i \to 0$, $(\boldsymbol{p}_i - \boldsymbol{p}_j) \to \boldsymbol{\delta}_{ij}$, $\tilde{\boldsymbol{q}}_i \to 0$, 且 $\tilde{\boldsymbol{\omega}}_i \to 0$。

证明 首先, 可以证明: 如果根据式 (7.14) 选择控制增益, 那么根据式 (7.4) 可知, 提取条件式 (5.5) 将总是满足的。因此, 分别从式 (5.6) 和式 (5.7) 中提取推力大小和目标姿态总是可能的。

利用式 (6.20)、式 (7.3) 和式 (7.5), 再根据式 (6.1) 和式 (7.12) 可确定平移误差动力学模型, 即

$$\dot{\boldsymbol{z}}_i = \boldsymbol{\phi}_i \tag{7.16}$$

根据式 (7.11), 可得到

$$\dot{\boldsymbol{z}}_i = -k_i^v \boldsymbol{z}_i - \sum_{j=1}^{n} k_{ij}\boldsymbol{\xi}_{ij} \tag{7.17}$$

式中: $\boldsymbol{\xi}_{ij} = (\boldsymbol{\xi}_i - \boldsymbol{\xi}_j(t - \boldsymbol{\tau}_{ij}) - \boldsymbol{\delta}_{ij})$。

同样, 利用提取的目标姿态并且应用输入力矩式 (7.8), 可得到姿态跟踪误差动力学模型如下:

$$\boldsymbol{J}_i\dot{\boldsymbol{\Omega}}_i = -k_i^q\tilde{\boldsymbol{q}}_i - k_i^{\Omega}\boldsymbol{\Omega}_i \tag{7.18}$$

式中

$$\boldsymbol{\Omega}_i = \tilde{\boldsymbol{\omega}}_i - \boldsymbol{\beta}_i$$

应该注意的是, 姿态误差动力学模型式 (7.18) 与平移误差动力学模型式 (7.17) 之间是去耦的, 因此可以单独完成两个动力学子系统的轨迹分析。首先考虑姿态误差动态动力学模型和下面的类李雅普诺夫函数:

$$V_a = \sum_{i=1}^{n} \left(\frac{1}{2}\boldsymbol{\Omega}_i^{\mathrm{T}} \boldsymbol{J}_i \boldsymbol{\Omega}_i + k_i^q \tilde{\boldsymbol{q}}_i^{\mathrm{T}} \tilde{\boldsymbol{q}}_i + k_i^q (1 - \tilde{\eta}_i)^2 \right) \tag{7.19}$$

式中: $\tilde{\eta}_i$ 为单位四元数 $\tilde{\boldsymbol{Q}}_i$ 的标量部分。利用式 (6.12) 和式 (7.9), 根据式 (7.18) 可求出 V_a 的时间导数如下:

$$\begin{aligned} \dot{V}_a &= \sum_{i=1}^{n} (-k_i^{\Omega} \boldsymbol{\Omega}_i^{\mathrm{T}} \boldsymbol{\Omega}_i + k_i^q \tilde{\boldsymbol{q}}_i^{\mathrm{T}} \boldsymbol{\beta}_i) \\ &= \sum_{i=1}^{n} (-k_i^{\Omega} \boldsymbol{\Omega}_i^{\mathrm{T}} \boldsymbol{\Omega}_i - k_i^q k_i^{\beta} \tilde{\boldsymbol{q}}_i^{\mathrm{T}} \tilde{\boldsymbol{q}}_i) \end{aligned} \tag{7.20}$$

式 (7.20) 是负半定的, 可以推出 $\boldsymbol{\Omega}_i$、$\tilde{\boldsymbol{q}}_i \in \mathcal{L}_2 \cap \mathcal{L}_\infty$。同样, 从式 (7.18) 显然可得到 $\dot{\boldsymbol{\Omega}}_i \in \mathcal{L}_\infty$, 并且根据式 (6.12) 以及 $\tilde{\boldsymbol{\omega}}_i = (\boldsymbol{\Omega}_i - k_i^{\beta} \tilde{\boldsymbol{q}}_i) \in \mathcal{L}_\infty$ 这一事实可得到 $\dot{\tilde{\boldsymbol{q}}}_i \in \mathcal{L}_\infty$。结果, 应用 Barbalat 引理 (引理 2.3) 可知 $\boldsymbol{\Omega}_i \to 0$, $\tilde{\boldsymbol{q}}_i \to 0$, 从而 $\tilde{\boldsymbol{\omega}}_i \to 0$, $i \in \mathcal{N}$。

现在, 考虑平移误差动力学模型式 (7.17) 和下面的类 Lyapunov-Krasovskii 泛函:

$$V = V_t + V_k \tag{7.21}$$

式中

$$V_t = \frac{1}{2} \sum_{i=1}^{n} \left(\boldsymbol{z}_i^{\mathrm{T}} \boldsymbol{z}_i + \frac{1}{2} \sum_{j=1}^{n} k_{ij} \bar{\boldsymbol{\xi}}_{ij}^{\mathrm{T}} \bar{\boldsymbol{\xi}}_{ij} \right) \tag{7.22}$$

$$V_k = \sum_{i=1}^{n} \sum_{j=1}^{n} \frac{k_{ij}\tau}{2\varepsilon} \left(\int_{-\tau}^{0} \int_{t+s}^{t} \boldsymbol{z}_j(\rho)^{\mathrm{T}} \boldsymbol{z}_j(\rho) \mathrm{d}\rho \mathrm{d}s \right) \tag{7.23}$$

式中: $\bar{\boldsymbol{\xi}}_{ij} = (\boldsymbol{\xi}_i - \boldsymbol{\xi}_j - \boldsymbol{\delta}_{ij})$; 对于所有的 $(i, j) \in \mathcal{E}$ 有 $\boldsymbol{\tau}_{ij}(t) \leqslant \tau$, $\varepsilon > 0$。根据式 (7.17) 可求出 V_t 的时间导数如下:

$$\begin{aligned} \dot{V}_t &= \sum_{i=1}^{n} \boldsymbol{z}_i^{\mathrm{T}} \left(-k_i^v \boldsymbol{z}_i - \sum_{j=1}^{n} k_{ij} \boldsymbol{\xi}_{ij} \right) + \frac{1}{2} \sum_{i=1}^{n} \sum_{j=1}^{n} k_{ij} (\boldsymbol{z}_i - \boldsymbol{z}_j)^{\mathrm{T}} \bar{\boldsymbol{\xi}}_{ij} \\ &= -\sum_{i=1}^{n} k_i^v \boldsymbol{z}_i^{\mathrm{T}} \boldsymbol{z}_i - \sum_{i=1}^{n} \sum_{j=1}^{n} k_{ij} \boldsymbol{z}_i^{\mathrm{T}} \int_{t-\boldsymbol{\tau}_{ij}}^{t} \boldsymbol{z}_j \mathrm{d}s \end{aligned} \tag{7.24}$$

式 (7.24) 利用了关系式

$$\boldsymbol{\xi}_{ij}-\bar{\boldsymbol{\xi}}_{ij}=(\boldsymbol{\xi}_j-\boldsymbol{\xi}_j(t-\boldsymbol{\tau}_{ij}))=\int_{t-\boldsymbol{\tau}_{ij}}^{t}\boldsymbol{z}_j\mathrm{d}s \tag{7.25}$$

以及一个与式 (6.31) 相似的关系式

$$\frac{1}{2}\sum_{i=1}^{n}\sum_{j=1}^{n}k_{ij}(\boldsymbol{z}_i-\boldsymbol{z}_j)^{\mathrm{T}}\bar{\boldsymbol{\xi}}_{ij}=\sum_{i=1}^{n}\sum_{j=1}^{n}k_{ij}\boldsymbol{z}_i^{\mathrm{T}}\bar{\boldsymbol{\xi}}_{ij} \tag{7.26}$$

式 (7.26) 可以利用无向通信图的对称性 ($k_{ij}=k_{ji}$ 和 $\boldsymbol{\delta}_{ij}=-\boldsymbol{\delta}_{ji}$) 来加以证明。

同样, 利用引理 2.7 中的杨氏不等式, 可以证明: 对于某一严格正的 ε_{ij}, 下式成立, 即

$$2\boldsymbol{z}_i^{\mathrm{T}}\int_{t-\boldsymbol{\tau}_{ij}}^{t}\boldsymbol{z}_j\mathrm{d}s\leqslant\varepsilon_{ij}\boldsymbol{z}_i^{\mathrm{T}}\boldsymbol{z}_i+\frac{1}{\varepsilon_{ij}}\left(\int_{t-\boldsymbol{\tau}_{ij}}^{t}\boldsymbol{z}_j\mathrm{d}s\right)^{\mathrm{T}}\left(\int_{t-\boldsymbol{\tau}_{ij}}^{t}\boldsymbol{z}_j\mathrm{d}s\right) \tag{7.27}$$

不失一般性, 可以认为 $\varepsilon_{ij}=\varepsilon_{ji}=\varepsilon>0$。而且, 由引理 2.8 中的詹森不等式可得到

$$\left(\int_{t-\boldsymbol{\tau}_{ij}}^{t}\boldsymbol{z}_j\mathrm{d}s\right)^{\mathrm{T}}\left(\int_{t-\boldsymbol{\tau}_{ij}}^{t}\boldsymbol{z}_j\mathrm{d}s\right)\leqslant\boldsymbol{\tau}_{ij}\int_{t-\boldsymbol{\tau}_{ij}}^{t}\boldsymbol{z}_j^{\mathrm{T}}\boldsymbol{z}_j\mathrm{d}s \tag{7.28}$$

利用上述关系, 可得到 $\dot{V}_t$ 的一个上界, 即

$$\dot{V}_t\leqslant-\sum_{i=1}^{n}k_i^{v}\boldsymbol{z}_i^{\mathrm{T}}\boldsymbol{z}_i+\frac{1}{2}\sum_{i=1}^{n}\sum_{j=1}^{n}k_{ij}\left(\varepsilon\boldsymbol{z}_i^{\mathrm{T}}\boldsymbol{z}_i+\frac{\boldsymbol{\tau}_{ij}}{\varepsilon}\int_{t-\tau_{ij}}^{t}\boldsymbol{z}_j^{\mathrm{T}}\boldsymbol{z}_j\mathrm{d}s\right) \tag{7.29}$$

式 (7.23) 中 V_k 的时间导数如下:

$$\dot{V}_k=\sum_{i=1}^{n}\sum_{j=1}^{n}\frac{k_{ij}\boldsymbol{\tau}}{2\varepsilon}\left(\boldsymbol{\tau}\boldsymbol{z}_j^{\mathrm{T}}\boldsymbol{z}_j-\int_{t-\tau}^{t}\boldsymbol{z}_j^{\mathrm{T}}\boldsymbol{z}_j\mathrm{d}s\right) \tag{7.30}$$

因此, 利用无向图的性质 (即 $k_{ij}=k_{ji}$) 和下述关系式:

$$\boldsymbol{\tau}_{ij}\int_{t-\boldsymbol{\tau}_{ij}}^{t}\boldsymbol{z}_j^{\mathrm{T}}\boldsymbol{z}_j\mathrm{d}s\leqslant\boldsymbol{\tau}\int_{t-\tau}^{t}\boldsymbol{z}_j^{\mathrm{T}}\boldsymbol{z}_j\mathrm{d}s \tag{7.31}$$

以及式 (7.29)、式 (7.30), 再根据闭环动力学模型式 (7.17), 可计算出式 (7.21) 中 V 的时间导数, 并得知 $\dot{V}$ 是上有界的, 即

$$\dot{V}\leqslant-\sum_{i=1}^{n}k_i^{z}\boldsymbol{z}_i^{\mathrm{T}}\boldsymbol{z}_i \tag{7.32}$$

式中: k_i^z 在式 (7.15) 中给出。结果, 如果条件式 (7.15) 得到满足, 那么时间导数 $\dot{V}$ 是负半定的, 并且可推出: 对于 $i \in \mathcal{N}$ 有 $\boldsymbol{z}_i \in \mathcal{L}_2 \cap \mathcal{L}_\infty$, 且对于所有的 $(i,j) \in \mathcal{E}$, 有 $(\boldsymbol{\xi}_i - \boldsymbol{\xi}_j) \in \mathcal{L}_\infty$。既然无向通信图是连通的, 这最后一个结果对于所有的 $i,j \in \mathcal{N}$ 都有效。

现在, 利用关系式

$$\boldsymbol{\xi}_i - \boldsymbol{\xi}_j(t-\boldsymbol{\tau}_{ij}) = \boldsymbol{\xi}_i - \boldsymbol{\xi}_j + \int_{t-\boldsymbol{\tau}_{ij}}^{t} \boldsymbol{z}_j \mathrm{d}s \tag{7.33}$$

可将误差动力学模型式 (7.17) 重写如下:

$$\dot{\boldsymbol{z}}_i = -k_i^v \boldsymbol{z}_i - \sum_{j=1}^{n} k_{ij}(\boldsymbol{\xi}_i - \boldsymbol{\xi}_j - \boldsymbol{\delta}_{ij}) - \sum_{j=1}^{v} k_{ij} \int_{t-\boldsymbol{\tau}_{ij}}^{t} \boldsymbol{z}_j \mathrm{d}s \tag{7.34}$$

因此, 对于 $i \in \mathcal{N}$, 显然有 $\dot{\boldsymbol{z}}_i \in \mathcal{L}_\infty$。借助引理 2.3 可知 $\boldsymbol{z}_i \to 0, i \in \mathcal{N}$。加之 $\boldsymbol{\tau}_{ij}$ 有界这一事实, 这将意味着

$$\int_{t-\boldsymbol{\tau}_{ij}}^{t} \boldsymbol{z}_i \mathrm{d}s \to 0, \quad i \in \mathcal{N}$$

另外, 既然 $\boldsymbol{z}_i \in \mathcal{L}_\infty$, 显然 $\boldsymbol{\xi}_i$ 是一致连续的。借助扩展 Barbalat 引理 (引理 2.4), 根据式 (7.34) 可推出 $\dot{\boldsymbol{z}}_i \to 0, i \in \mathcal{N}$, 因此, 式 (7.17) 可简化为

$$\sum_{j=1}^{n} k_{ij}(\boldsymbol{\xi}_i - \boldsymbol{\xi}_j - \boldsymbol{\delta}_{ij}) \to 0, \text{ 对于 } i \in \mathcal{N} \tag{7.35}$$

式 (7.35) 等价于

$$\sum_{i=1}^{n}\sum_{j=1}^{n} k_{ij}(\boldsymbol{\xi}_i - \boldsymbol{\delta}_i)^{\mathrm{T}}(\boldsymbol{\xi}_i - \boldsymbol{\xi}_j - \boldsymbol{\delta}_{ij}) \to 0 \tag{7.36}$$

正如定理 6.1 证明中所提及的那样, 式中的向量 $\boldsymbol{\delta}_i$ 满足 $\boldsymbol{\delta}_{ij} = (\boldsymbol{\delta}_i - \boldsymbol{\delta}_j)$, 并且可被认为是第 i 架飞行器相对编队中心的目标位置。既然通信图是无向的, 那么可以证明

$$\sum_{i=1}^{n}\sum_{j=1}^{n} k_{ij}(\boldsymbol{\xi}_i - \boldsymbol{\delta}_i)^{\mathrm{T}}(\boldsymbol{\xi}_i - \boldsymbol{\xi}_j - \boldsymbol{\delta}_{ij}) = \frac{1}{2}\sum_{i=1}^{n}\sum_{j=1}^{n} k_{ij}\bar{\boldsymbol{\xi}}_{ij}^{\mathrm{T}}\bar{\boldsymbol{\xi}}_{ij} \tag{7.37}$$

既然无向通信图是连通的, 那么根据上式就可得到：对于所有的 $i,j \in \mathcal{N}$ 有 $(\boldsymbol{\xi}_i - \boldsymbol{\xi}_j) \to \boldsymbol{\delta}_{ij}$。

式 (7.5) 中变量 $\boldsymbol{\alpha}_i$ 的动力学模型可重写如下:

$$\ddot{\boldsymbol{\alpha}}_i = -L_i^p \boldsymbol{\alpha}_i - L_i^d \dot{\boldsymbol{\alpha}}_i - \boldsymbol{\phi}_i - \frac{\mathcal{T}_i}{m_i} \boldsymbol{\Pi}_i \tilde{\boldsymbol{q}}_i, \quad i \in \mathcal{N} \tag{7.38}$$

式 (7.38) 代表一个稳定二重积分器的动力学模型, 它有一个全局有界且渐近趋于零的摄动项 $\left(\boldsymbol{\phi}_i + \dfrac{\mathcal{T}_i}{m_i} \boldsymbol{\Pi}_i \tilde{\boldsymbol{q}}_i\right)$。因此, 显然有 $\dot{\boldsymbol{\alpha}}_i$ 和 $\boldsymbol{\alpha}_i$ 皆有界, 并且 $\boldsymbol{\alpha}_i \to 0$, $\dot{\boldsymbol{\alpha}}_i \to 0$, $i \in \mathcal{N}$。结果, 式 (7.2) 和式 (7.3) 中 $\boldsymbol{\theta}_i$ 的动力学模型可简化为式 (2.7), 即

$$\ddot{\boldsymbol{\theta}}_i = -k_i^p \chi(\boldsymbol{\theta}_i) - k_i^d \chi(\dot{\boldsymbol{\theta}}_i) + \boldsymbol{\varepsilon}_i \tag{7.39}$$

式中

$$\boldsymbol{\varepsilon}_i = (L_i^p \boldsymbol{\alpha}_i + L_i^d \dot{\boldsymbol{\alpha}}_i) \tag{7.40}$$

式 (7.40) 满足引理 2.9 中的条件, 即 $\boldsymbol{\varepsilon}_i$ 全局有界且 $\boldsymbol{\varepsilon}_i \to 0$。因此, 利用引理 2.9 可知 $\boldsymbol{\theta}_i$ 和 $\dot{\boldsymbol{\theta}}_i$ 皆有界且 $\boldsymbol{\theta}_i \to 0$, $\dot{\boldsymbol{\theta}}_i \to 0$, $i \in \mathcal{N}$。最后, 根据式 (7.12) 可推出, 对于所有的 $i, j \in \mathcal{N}$, $\boldsymbol{v}_i$ 和 $(\boldsymbol{p}_i - \boldsymbol{p}_j)$ 皆有界, 且 $\boldsymbol{v}_i \to 0$, $\boldsymbol{p}_i - \boldsymbol{p}_j \to \boldsymbol{\delta}_{ij}$。

备注 7.1 辅助系统式 (7.5) 动力学模型中的摄动项 $\left(\dfrac{\mathcal{T}_i}{m_i} \boldsymbol{\Pi}_i \tilde{\boldsymbol{q}}_i\right)$ 已得到补偿。文献 [9] 和文献 [10] 认为辅助系统式 (7.5) 没有摄动项, 选择的输入变量 $\boldsymbol{\beta}_i$ 与式 (6.19) 相似。这不会改变结果, 可是, 在力矩输入的 $\dot{\boldsymbol{\beta}}_i$ 表达式中仍需要摄动项的时间导数。

备注 7.2 文献 [98] 介绍了一种和式 (7.11) 相似的协调算法, 在存在恒定通信时延的情况下, 解决了采用二重积分器模型的多 Agent 系统相遇问题, 并且利用 Lyapunov-Krasovskii 泛函获得了类似的时滞相关条件。

显然, 定理 7.1 提出的控制方案可以用于恒定通信时延的情况。然而, 在这种情况下, 不需要第二个辅助系统式 (7.5), 式 (7.3) 中的 $\boldsymbol{u}_i$ 可设计如下:

$$\boldsymbol{u}_i = -k_i^v \bar{\boldsymbol{z}}_i - \sum_{j=1}^{n} k_{ij} (\bar{\boldsymbol{\xi}}_i - \bar{\boldsymbol{\xi}}_j (t - \boldsymbol{\tau}_{ij}) - \boldsymbol{\delta}_{ij}) \tag{7.41}$$

式中: 控制增益的定义同定理 7.1; $\bar{\boldsymbol{\xi}}_i = (\boldsymbol{p}_i - \boldsymbol{\theta}_i)$, 并且 $\bar{\boldsymbol{z}}_i = \dot{\bar{\boldsymbol{\xi}}}_i$。与定理 7.1 的证明步骤相同, 利用相同的输入力矩和式 (6.19) 给出的 $\boldsymbol{\beta}_i$, 以 $\bar{\boldsymbol{z}}_i$ 代替 $\boldsymbol{z}_i$, 并且控制增益满足条件式 (7.14) 和式 (7.15), 这样就可实现恒定通

信时延下的编队。注意在这种情况下, 利用可用信号可计算 $\boldsymbol{u}_i$ 的一阶时间导数, 它由下式给出, 即

$$\dot{\boldsymbol{u}}_i = -k_i^v \dot{\bar{\boldsymbol{z}}}_i - \sum_{j=1}^{n} k_{ij}(\bar{\boldsymbol{z}}_i - \bar{\boldsymbol{z}}_j(t - \boldsymbol{\tau}_{ij}))$$

可是, 如果通信时延是时变的, 那么实现 $\dot{\boldsymbol{u}}_i$ 将需要时延的时间导数, 而这一般是未知的。

7.1.2 时滞无关的编队控制方案

从定理 7.1 提出的控制律可以看出, 通信飞行器的相对速度没有用于辅助系统的输入设计中。通常, 闭环系统通过相对速度引入额外的阻尼, 实践证明这些信号可用于编队控制方案, 改善系统的响应。本节介绍了在存在任意恒定通信时延和有向通信拓扑的情况下, 将相对速度包含到控制律中, 使编队控制方案的设计可行。

考虑由式 (7.2)、式 (7.3) 和式 (7.5) 给出的中间控制输入 $\boldsymbol{F}_i$, 其中 $\boldsymbol{u}_i$ 由式 (7.10) 给出, 且

$$\begin{aligned}\boldsymbol{\phi}_i = &-k_i^v \boldsymbol{z}_i - k_i^v \lambda \sum_{j=1}^{n} k_{ij}(\boldsymbol{\xi}_i - \boldsymbol{\xi}_j(t - \boldsymbol{\tau}_{ij}) - \boldsymbol{\delta}_{ij}) \\ &-\lambda \sum_{j=1}^{n} k_{ij}(\boldsymbol{z}_i - \boldsymbol{z}_j(t - \boldsymbol{\tau}_{ij}))\end{aligned} \tag{7.42}$$

式中: 向量 $\boldsymbol{\xi}_i$ 和 $\boldsymbol{z}_i$ 在式 (7.12) 中定义; k_i^v 和 λ 皆为严格正标量; $k_{ij} \geqslant 0$ 是有向通信图 $\mathcal{G}$ 邻接矩阵的第 (i, j) 个元素; $\boldsymbol{\tau}_{ij}$ 为常数。

另外, 目标角速度 $\boldsymbol{\omega}_{d_i}$ 及其时间导数 $\dot{\boldsymbol{\omega}}_{d_i}$ 可根据式 (6.14)、式 (6.15)、式 (7.6)、式 (7.7)、式 (7.13) 及式 (7.42) 得到, 它们为可用信号的函数。因此, 旋转动力学模型可以使用和定理 7.1 相同的力矩输入, 并且下面的定理成立。

定理 7.2 按照式 (6.1)、式 (6.2) 建立垂直起降无人机群模型。假设推力输入 $\mathcal{T}_i$ 和目标姿态 $\boldsymbol{Q}_{d_i}$ 分别由式 (5.6) 和式 (5.7) 给出, 其中 $\boldsymbol{F}_i$ 由式 (7.2)、式 (7.3)、式 (7.5)、式 (7.10) 以及式 (7.42) 共同确定给出。力矩输入由式 (7.8) 与式 (7.9) 共同确定给出。假设控制器增益满足条件式 (7.14), 且有向通信图 $\mathcal{G}$ 包含一棵生成树。那么, 从任何一个初始条件开始, 对于所有的 $i, j \in \mathcal{N}$, 信号 $\boldsymbol{v}_i$、$\boldsymbol{p}_i$ 和 $\tilde{\boldsymbol{\omega}}_i$ 皆有界, 并且 $\boldsymbol{v}_i \to 0$, $(\boldsymbol{p}_i - \boldsymbol{p}_j) \to \boldsymbol{\delta}_{ij}$, $\tilde{\boldsymbol{q}}_i \to 0$, 且 $\tilde{\boldsymbol{\omega}}_i \to 0$。

证明 如同定理 7.1 的证明, 只要满足条件式 (7.14), 就可根据式 (7.2), 利用引理 5.1 中的提取算法, 提取推力大小和目标姿态。

为了分析起见, 定义新向量:

$$\boldsymbol{r}_i = \boldsymbol{z}_i + \lambda \sum_{j=1}^{n} k_{ij} \boldsymbol{\xi}_{ij} \tag{7.43}$$

其中: $\boldsymbol{\xi}_{ij} = \left(\boldsymbol{\xi}_i - \boldsymbol{\xi}_j(t - \boldsymbol{\tau}_{ij}) - \boldsymbol{\delta}_{ij}\right)$。根据式 (7.16) 和式 (7.42) 可得到 $\boldsymbol{r}_i$ 的时间导数为

$$\begin{aligned}\dot{\boldsymbol{r}}_i &= \boldsymbol{\phi}_i + \lambda \sum_{j=1}^{n} k_{ij} \boldsymbol{z}_{ij} \\ &= -k_i^v \boldsymbol{r}_i\end{aligned} \tag{7.44}$$

式中: $\boldsymbol{z}_{ij} = (\boldsymbol{z}_i - \boldsymbol{z}_j(t - \boldsymbol{\tau}_{ij}))$。显然 $\boldsymbol{r}_i$ 按指数规律趋于零, $i \in \mathcal{N}$。

同样, 与定理 7.1 的证明相似, 从式 (7.18) 中可得到姿态跟踪误差动力学模型。因此, 利用式 (7.19) 中类李雅普诺夫函数 V_a 可推出 $\tilde{\boldsymbol{\omega}}_i$ 有界, 实现了姿态跟踪, 即 $\tilde{\boldsymbol{q}}_i \to 0$ 且 $\tilde{\boldsymbol{\omega}}_i \to 0, i \in \mathcal{N}$, 其中 V_a 的时间导数可根据姿态跟踪误差动力学模型计算得到, 已在式 (7.20) 中给出。

现在, 令 $\tilde{\boldsymbol{\xi}}_i := (\boldsymbol{\xi}_i - \boldsymbol{\delta}_i)$, 其中 $\boldsymbol{\delta}_i$ 已在定理 7.1 的证明中定义, 可将式 (7.43) 重写如下:

$$\dot{\tilde{\boldsymbol{\xi}}}_i = -\lambda \tilde{\boldsymbol{\xi}}_i \sum_{j=1}^{n} k_{ij} + \lambda \sum_{j=1}^{n} k_{ij} \tilde{\boldsymbol{\xi}}_j (t - \boldsymbol{\tau}_{ij}) + \boldsymbol{r}_i, \quad i \in \mathcal{N} \tag{7.45}$$

式中, 显然有 $\dot{\tilde{\boldsymbol{\xi}}}_i = \boldsymbol{z}_i$。同样, 与第 i 架飞行器相邻的所有飞行器的编号可构成一个集合, 不妨记为 $\mathcal{N}_i$, 该集合 $\mathcal{N}_i$ 的势 (基数) 用 $\bar{n}_i$ 表示。另外, 定义 $m = \sum_{i=1}^{n} \bar{n}_i$ 和 $\boldsymbol{\tau}_l = \boldsymbol{\tau}_{ij}$, 其中 $l \in \{1, \cdots, m\}$, $(i,j) \in \mathcal{E}$。显然 m 与有向图 $\mathcal{G}$ 中有向边 (连接) 的总数相对应。根据上面的定义, 式 (7.45) 中的方程组可以写为

$$\dot{\tilde{\boldsymbol{\xi}}} = -\lambda(\boldsymbol{A}_0 \otimes \boldsymbol{I}_3)\tilde{\boldsymbol{\xi}} + \lambda \sum_{l=1}^{m} (\boldsymbol{A}_l \otimes \boldsymbol{I}_3)\tilde{\boldsymbol{\xi}}(t - \boldsymbol{\tau}_l) + \boldsymbol{r} \tag{7.46}$$

式中: $\otimes$ 表示 Kronecker (克罗内克) 积; $\tilde{\boldsymbol{\xi}} \in \mathbb{R}^{3n}$ 和 $\boldsymbol{r} \in \mathbb{R}^{3n}$ 分别为包含了 $\tilde{\boldsymbol{\xi}}_i$ 和 $\boldsymbol{r}_i$ 的栈向量, $i \in \mathcal{N}$, 即

$$\begin{aligned}\tilde{\boldsymbol{\xi}} &= (\tilde{\boldsymbol{\xi}}_1^{\mathrm{T}}, \tilde{\boldsymbol{\xi}}_2^{\mathrm{T}}, \cdots, \tilde{\boldsymbol{\xi}}_n^{\mathrm{T}})^{\mathrm{T}} \\ \boldsymbol{r} &= (\boldsymbol{r}_1^{\mathrm{T}}, \boldsymbol{r}_2^{\mathrm{T}}, \cdots, \boldsymbol{r}_n^{\mathrm{T}})^{\mathrm{T}}\end{aligned}$$

矩阵 $\boldsymbol{A}_0 \in \mathbb{R}^{n\times n}$ 是一个对角矩阵, 其第 (i,i) 个元素等于 $\sum\limits_{j=1}^{n} k_{ij}$, 并且矩阵 $\boldsymbol{A}_l \in \mathbb{R}^{n\times n}, l \in \{1,\cdots,m\}$, 除了一个非对角线元素外, 所有的元素都等于零, 该非对角元素可取某一权值 k_{ij}, 使得 $\sum\limits_{l=1}^{m} \boldsymbol{A}_l = \mathcal{K}$, $\mathcal{K}$ 为 $\mathcal{G}$ 的加权邻接矩阵。显然有 $\boldsymbol{A}_0 - \mathcal{K} = \boldsymbol{L}$, 其中 $\boldsymbol{L}$ 是拉普拉斯矩阵, 它与式 (2.9) 中定义的有向通信图 $\mathcal{G}$ 相关联。

考虑式 (7.46) 两边的拉普拉斯变换, 它由下式给出, 即

$$\mathbb{L}[\tilde{\boldsymbol{\xi}}] = (\boldsymbol{H}(s) \otimes \boldsymbol{I}_3)(\tilde{\boldsymbol{\xi}}(0) + \mathbb{L}[\boldsymbol{r}]) \tag{7.47}$$

式中

$$\boldsymbol{H}(s) = \left(s\boldsymbol{I}_n + \lambda\left(\boldsymbol{A}_0 - \sum_{l=1}^{m} \boldsymbol{A}_l e^{-\boldsymbol{\tau}_l s}\right)\right)^{-1} \tag{7.48}$$

$\mathbb{L}[\boldsymbol{x}]$ 是 $\boldsymbol{x}$ 的拉普拉斯变换, s 是拉普拉斯算子。显然 $\mathbb{L}[\boldsymbol{r}]$ 存在且可从式 (7.44) 中得到, 即

$$\mathbb{L}[\boldsymbol{r}] = \frac{1}{s + k_i^v}\boldsymbol{r}(0)$$

文献 [102] 已表明: 如果有向通信图 $\mathcal{G}$ 包含一棵生成树, 那么式 (7.48) 中的 $\boldsymbol{H}(s)$ 在零处有一个单一极点, 且所有其他极点都有负实部。的确, Gershgorin 定理保证 $\boldsymbol{H}(s)$ 所有极点都不具有正实部。这可通过反证法加以说明, 一个带有正实部的极点将会导致 $|e^{-\boldsymbol{\tau}_l s}| < 1$, 这意味着矩阵 $\left(\boldsymbol{A}_0 - \sum\limits_{l=1}^{m} \boldsymbol{A}_l e^{-\boldsymbol{\tau}_l s}\right)$ 是对角占优的, 并且有非负对角元素。另外, 引理 2.11 和 $\boldsymbol{H}^{-1}(0) = \lambda\boldsymbol{L}$ 这一事实确保 $\boldsymbol{H}(s)$ 的一个单一极点为零。利用 $\boldsymbol{H}(s)$ 的这个性质, 既然 $\mathbb{L}[\boldsymbol{r}]$ 有严格负极点且脉冲 $\boldsymbol{\xi}(0)$ 有限, 那么根据式 (7.47) 可知 $\boldsymbol{\xi}$ 有界。结果, 通过式 (7.43) 可证明 $\dot{\boldsymbol{\xi}} = (\boldsymbol{z}_1^{\mathrm{T}}, \boldsymbol{z}_2^{\mathrm{T}}, \cdots, \boldsymbol{z}_n^{\mathrm{T}})^{\mathrm{T}}$ 有界, 根据式 (7.42) 和式 (7.16) 这将意味着 $\ddot{\boldsymbol{\xi}}$ 有界。

另一方面, 注意到 $\lim\limits_{s\to 0}(\boldsymbol{\xi}(0) + \mathbb{L}[\boldsymbol{r}])$ 有限。因此由终值定理可得到

$$\lim_{t\to\infty} \boldsymbol{\xi}(t) = \lim_{s\to 0} s(\boldsymbol{H}(s) \otimes \boldsymbol{I}_3)(\boldsymbol{\xi}(0) + \mathbb{L}[\boldsymbol{r}])$$

既然 $\lim\limits_{s\to 0} s\boldsymbol{H}(s)$ 是有意义的文献 [102], 那么上式也是含义明确的。应该注意的是, 由于 $\boldsymbol{H}(s)$ 的性质, 这里可以使用终值定理。因此, $\boldsymbol{\xi}$ 的极限存在, 既然 $\ddot{\boldsymbol{\xi}}$ 有界, 那么利用 Barbalat 引理可得到 $\dot{\boldsymbol{\xi}} \to 0$。

利用式 (7.46) 和 $\boldsymbol{r} \to 0$ 这一事实, 显然有

$$(\boldsymbol{A}_0 \otimes \boldsymbol{I}_3)\widetilde{\boldsymbol{\xi}} - \sum_{l=1}^{m}(\boldsymbol{A}_l \otimes \boldsymbol{I}_3)\widetilde{\boldsymbol{\xi}}(t-\boldsymbol{\tau}_l) \to 0$$

或等价于

$$(\boldsymbol{L} \otimes \boldsymbol{I}_3)\widetilde{\boldsymbol{\xi}} + \sum_{l=1}^{m}(\boldsymbol{A}_l \otimes \boldsymbol{I}_3)\int_{t-\boldsymbol{\tau}_l}^{t}\dot{\widetilde{\boldsymbol{\xi}}}\,\mathrm{d}\varrho \to 0$$

既然 $\dot{\widetilde{\boldsymbol{\xi}}} \to 0$ 且通信时延是恒定的, 可得到

$$\int_{t-\boldsymbol{\tau}_l}^{t}\dot{\widetilde{\boldsymbol{\xi}}}\,\mathrm{d}\varrho \to 0$$

式中: $l \in \{1, \cdots, m\}$, 所以有

$$(\boldsymbol{L} \otimes \boldsymbol{I}_3)\widetilde{\boldsymbol{\xi}} \to 0 \tag{7.49}$$

既然有向通信图包含一棵生成树, 对于某个 $\widetilde{\boldsymbol{\xi}}_c \in \mathbb{R}^3$, 那么可推出式 (7.49) 的唯一解为 $\widetilde{\boldsymbol{\xi}} \to (\mathbf{1}_n \otimes \widetilde{\boldsymbol{\xi}}_c)$[117]。注意到, 这种情况下的 $\widetilde{\boldsymbol{\xi}}_c$ 是一个有限常数。结果, 对于所有的 $i, j \in \mathcal{N}$, 得到 $(\boldsymbol{\xi}_i - \boldsymbol{\xi}_j) \to \boldsymbol{\delta}_{ij}$。

利用上述结果, 可看出式 (7.42) 中的 $\boldsymbol{\phi}_i$ 有界且收敛于零。同样, 既然 $\mathcal{T}_i$ 先验有界且 $\tilde{\boldsymbol{q}}_i \to 0$, 那么利用式 (7.38) 中辅助变量 $\boldsymbol{\alpha}_i$ 的动力学模型, 就可推出 $\boldsymbol{\alpha}_i$, $\dot{\boldsymbol{\alpha}}_i$ 皆有界, 且 $\boldsymbol{\alpha}_i \to 0$, $\dot{\boldsymbol{\alpha}}_i \to 0$, $i \in \mathcal{N}$。所以, 利用引理 2.9, 根据式 (7.39)、式 (7.40) 可得到 $\boldsymbol{\theta}_i$、$\dot{\boldsymbol{\theta}}_i$ 皆有界, 且 $\boldsymbol{\theta}_i \to 0$, $\dot{\boldsymbol{\theta}}_i \to 0$, $i \in \mathcal{N}$, 根据式 (7.12) 就得到了定理的结果。

7.2 无线速度测量的编队控制

本节在存在恒定通信时延的情况下, 为垂直起降无人机群研究了无线速度测量的编队控制方案。与 7.1 节一样, 考虑每架飞行器的中间控制输入, 它由式 (7.2)、式 (7.3) 给出, 即

$$\boldsymbol{F}_i = -k_i^p \chi(\boldsymbol{\theta}_i) - k_i^d \chi(\dot{\boldsymbol{\theta}}_i) \tag{7.50}$$

$$\ddot{\boldsymbol{\theta}}_i = \boldsymbol{F}_i - \boldsymbol{u}_i \tag{7.51}$$

式中: $\boldsymbol{F}_i$ 确保是先验有界的, 式 (7.4) 给出了其上界, 这样通过适当选择控制增益就可使用提取算法。另外, 每架飞行器都和第二种辅助系统式 (7.5) 相关联, 即

$$\ddot{\boldsymbol{\alpha}}_i = \boldsymbol{u}_i - \boldsymbol{\phi}_i - \frac{\mathcal{T}_i}{m_i}\boldsymbol{\Pi}_i\tilde{\boldsymbol{q}}_i \tag{7.52}$$

式中: $\boldsymbol{\phi}_i$ 为一个输入向量, 将在后文中设计。和 7.1 节一样, 利用每架垂直起降无人机的提取推力和目标姿态, 可得到式 (7.52) 右边的最后一项, 且该项是确保先验有界的。

7.2.1 时滞相关的编队控制方案

在通信图 $\mathcal{G}$ 固定且无向的情况下, 考虑式 (7.51) 和式 (7.52) 中的下述输入 $\boldsymbol{u}_i$:

$$\boldsymbol{u}_i = -k_i^v \dot{\boldsymbol{\alpha}}_i - \sum_{j=1}^{n} k_{ij}(\boldsymbol{\alpha}_i - \boldsymbol{\alpha}_j(t - \boldsymbol{\tau}_{ij}) - \boldsymbol{\delta}_{ij}) \tag{7.53}$$

式中: 控制增益的定义同定理 7.1, 该输入的设计受到了下述初步结果 (其证明详见 A.10 节) 的启发。

引理 7.1 考虑 n 架飞行器, 其模型如下:

$$\ddot{\boldsymbol{\alpha}}_i = -k_i^v \dot{\boldsymbol{\alpha}}_i - \sum_{j=1}^{n} k_{ij}(\boldsymbol{\alpha}_i - \boldsymbol{\alpha}_j(t - \boldsymbol{\tau}_{ij}) - \boldsymbol{\delta}_{ij}) + \bar{\boldsymbol{\varepsilon}}_i, \quad i \in \mathcal{N} \tag{7.54}$$

式中: $\boldsymbol{\tau}_{ij}$ 为恒定通信时延, 对于所有 $(i,j) \in \mathcal{E}$, 满足 $\boldsymbol{\tau}_{ij} \leqslant \tau$。假设对于某 $\varepsilon > 0$, 控制增益 k_i^v 和 k_{ij} 满足条件式 (7.15), 且假定无向通信图 $\mathcal{G}$ 是连通的, 如果 $\bar{\varepsilon}_i$ 满足 $|\bar{\varepsilon}_i| \leqslant \bar{\varepsilon}_i^b, t \geqslant 0$ 且 $\bar{\varepsilon}_i \to 0, i \in \mathcal{N}$, 那么对于所有的 $i, j \in \mathcal{N}$, $(\boldsymbol{\alpha}_i - \boldsymbol{\alpha}_j)$、$\dot{\boldsymbol{\alpha}}_i$ 皆全局有界, 且 $\dot{\boldsymbol{\alpha}}_i \to 0, (\boldsymbol{\alpha}_i - \boldsymbol{\alpha}_j) \to \boldsymbol{\delta}_{ij}$。

根据上述引理和引理 2.9, 中间控制设计可简化为在没有线速度测量的情况下寻找一个合适的输入 $\boldsymbol{\phi}_i$, 使得 $\boldsymbol{\xi}_i \to 0$, $\boldsymbol{z}_i \to 0$, $i \in \mathcal{N}$, 其中 $\boldsymbol{\xi}_i$ 和 $\boldsymbol{z}_i$ 在式 (7.12) 中定义, 即

$$\boldsymbol{\xi}_i = \boldsymbol{p}_i - \boldsymbol{\theta}_i - \boldsymbol{\alpha}_i, \quad \boldsymbol{z}_i = \dot{\boldsymbol{\xi}}_i \tag{7.55}$$

为此, 考虑下述部分状态反馈:

$$\boldsymbol{\phi}_i = -L_i^p \boldsymbol{\xi}_i - L_i^d (\boldsymbol{\xi}_i - \boldsymbol{\psi}_i) \tag{7.56}$$

$$\dot{\boldsymbol{\psi}}_i = L_i^{\psi} (\boldsymbol{\xi}_i - \boldsymbol{\psi}_i) \tag{7.57}$$

式中: L_i^p、L_i^d 和 L_i^{ψ} 皆为严格正标量增益; 向量 $\boldsymbol{\psi}_i \in \mathbb{R}^3$ 是动力学系统式 (7.57) 的输出, 可以任意初始化。

为了完成输入力矩的设计, 可得到式 (7.53) 中 $\boldsymbol{u}_i$ 的时间导数为

$$\dot{\boldsymbol{u}}_i = -k_i^v \left(\boldsymbol{u}_i - \boldsymbol{\phi}_i - \frac{T_i}{m_i} \boldsymbol{\Pi}_i \tilde{\boldsymbol{q}}_i \right) - \sum_{j=1}^{n} k_{ij}(\dot{\boldsymbol{\alpha}}_i - \dot{\boldsymbol{\alpha}}_j(t - \boldsymbol{\tau}_{ij})) \tag{7.58}$$

式 (7.58) 依赖可用信号。因此, 由式 (6.14)、式 (6.15) 以及式 (7.6)、式 (7.7) 和式 (7.58) 给出的目标角速度及其时间导数是能解析计算的。同样, 输入力矩可独立于平移动力学模型而设计, 它可以像定理 7.1 那样给出。相邻飞行器需要传输它们的变量 $\boldsymbol{\alpha}_i$ 和 $\dot{\boldsymbol{\alpha}}_i$, 即动力学系统式 (7.52) 的输出, 以实现上述控制方案。

定理 7.3 按照式 (6.1)、式 (6.2) 建立垂直起降无人机群模型。假设推力输入 T_i 和目标姿态 $\boldsymbol{Q}_{d_i}$ 分别由式 (5.6) 和式 (5.7) 给出, 其中, $\boldsymbol{F}_i$ 由式 (7.50) ~ 式 (7.53) 和式 (7.56)、式 (7.57) 共同确定给出。力矩输入由式 (7.8) 与式 (7.9) 共同确定给出。对于某 $\varepsilon > 0$, 控制器增益满足条件式 (7.14) 和式 (7.15), 并且对于所有的 $(i,j) \in \mathcal{E}$ 有 $\boldsymbol{\tau}_{ij} \leqslant \tau$, 假定无向通信图是连通的。那么, 从任何初始条件开始, 对于所有的 $i,j \in \mathcal{N}$, 信号 $\boldsymbol{v}_i$、$(\boldsymbol{p}_i - \boldsymbol{p}_j)$ 和 $\tilde{\boldsymbol{\omega}}_i$ 皆有界, 且 $\boldsymbol{v}_i \to 0$, $(\boldsymbol{p}_i - \boldsymbol{p}_j) \to \boldsymbol{\delta}_{ij}$, $\tilde{\boldsymbol{q}}_i \to 0$, $\tilde{\boldsymbol{\omega}}_i \to 0$。

证明 与定理 7.1 的证明一样, 如果满足条件式 (7.14), 那么可以利用中间输入式 (7.50) 提取推力输入和目标姿态。从式 (7.16) 和式 (7.56) 可得到平移误差动力学模型为

$$\dot{\boldsymbol{z}}_i = -L_i^p \boldsymbol{\xi}_i - L_i^d(\boldsymbol{\xi}_i - \boldsymbol{\psi}_i) \tag{7.59}$$

$$\dot{\boldsymbol{\psi}}_i = L_i^\psi(\boldsymbol{\xi}_i - \boldsymbol{\psi}_i) \tag{7.60}$$

利用式 (7.55), 式 (7.59) 和式 (7.60) 可重写成如下的矩阵形式:

$$\dot{\boldsymbol{\zeta}}_i = (\boldsymbol{B}_i \otimes \boldsymbol{I}_3)\boldsymbol{\zeta}_i, \quad i \in \mathcal{N} \tag{7.61}$$

式中: $\boldsymbol{\zeta}_i := (\boldsymbol{\xi}_i^{\mathrm{T}}, \boldsymbol{z}_i^{\mathrm{T}}, \boldsymbol{\xi}_i^{\mathrm{T}} - \boldsymbol{\psi}_i^{\mathrm{T}})^{\mathrm{T}} \in \mathbb{R}^9$, $\otimes$ 是 Kronecker (克罗内克) 积, 且

$$\boldsymbol{B}_i = \begin{pmatrix} 0 & 1 & 0 \\ -L_i^p & 0 & -L_i^d \\ 0 & 1 & -L_i^\psi \end{pmatrix}$$

经过简单计算之后, 可以证明: 对于任何严格正标量增益 L_i^p、L_i^d 和 L_i^ψ, $\boldsymbol{B}_i$ 是一个稳定矩阵, 这意味着 $\boldsymbol{\zeta}_i$ 按指数规律趋于零。

同样, 姿态误差动力学模型在式 (7.18) 中给出。那么, 采取与定理 7.1 相同的证明步骤, 利用式 (7.19), 可得到 $\tilde{\boldsymbol{\omega}}_i$ 全局有界, 且 $\tilde{\boldsymbol{\omega}}_i \to 0$, $\tilde{\boldsymbol{q}}_i \to 0$, $i \in \mathcal{N}$。

根据上述结果, 可知向量 $\left(\boldsymbol{\Phi}_i + \frac{\mathcal{T}_i}{m_i}\boldsymbol{\Pi}_i\tilde{\boldsymbol{q}}_i\right)$ 有界且渐近收敛于零。因此, 利用引理 7.1 以及式 (7.52) 中辅助变量 $\boldsymbol{\alpha}_i$ 的动力学模型, 代入式 (7.53) 后:

$$\ddot{\boldsymbol{\alpha}}_i = -k_i^v\dot{\boldsymbol{\alpha}}_i - \sum_{j=1}^{n} k_{ij}(\boldsymbol{\alpha}_i - \boldsymbol{\alpha}_j(t-\boldsymbol{\tau}_{ij}) - \boldsymbol{\delta}_{ij}) - \boldsymbol{\phi}_i - \frac{\mathcal{T}_i}{m_i}\boldsymbol{\Pi}_i\tilde{\boldsymbol{q}}_i$$

可得到: 如果控制增益满足条件式 (7.15) 且无向通信图连通, 那么对于所有的 $i,j\in\mathcal{N}$, 有 $\dot{\boldsymbol{\alpha}}_i$、$(\boldsymbol{\alpha}_i-\boldsymbol{\alpha}_j)$ 有界, 且 $\dot{\boldsymbol{\alpha}}_i\to 0$, $(\boldsymbol{\alpha}_i-\boldsymbol{\alpha}_j)\to\boldsymbol{\delta}_{ij}$。结果, 式 (7.53) 中的输入向量 $\boldsymbol{u}_i$ 有界且渐近收敛于零。所以, 利用式 (7.50)、式 (7.51) 和引理 2.9 可得到 $\boldsymbol{\theta}_i$、$\dot{\boldsymbol{\theta}}_i$ 有界且 $\boldsymbol{\theta}_i\to 0$, $\dot{\boldsymbol{\theta}}_i\to 0$, $i\in\mathcal{N}$。最后, 根据式 (7.55)、$\boldsymbol{\zeta}_i$ 的定义以及上述结果, 可得到: 对于所有的 $i,j\in\mathcal{N}$, $\boldsymbol{v}_i$、$(\boldsymbol{p}_i-\boldsymbol{p}_j)$ 皆有界, 且 $\boldsymbol{v}_i\to 0$, $(\boldsymbol{p}_i-\boldsymbol{p}_j)\to\boldsymbol{\delta}_{ij}$。

以式 (7.53) 作为输入的辅助系统式 (7.52) 可被认为是一个虚拟飞行器的平移动力学模型, 其状态 $\boldsymbol{\alpha}_i$ 和 $\dot{\boldsymbol{\alpha}}_i$ 可以任意初始化。特别是, 通过辅助输入 $\boldsymbol{\phi}_i$ 和输入力矩的合理设计, 在存在恒定通信时延的情况下, 引理 7.1 的结果可保证所有的虚拟飞行器会聚成规定的编队。一旦得以实现, 就能保证每架飞行器都能跟踪其相应虚拟系统的状态, 达到编队控制目标。在时变通信时延情况下, 由于式 (7.58) 需要时延函数的时间导数, 显然上述控制方案的应用是受阻的。因此, 在无向通信拓扑下, 可使用与式 (7.52) 相似的额外辅助系统, 扩展定理 7.3 的结果, 以处理时变的通信时延。

7.2.2 时滞无关的编队控制方案

鉴于虚拟系统式 (7.52) 的动力学模型以式 (7.53) 和式 (7.56) 作为输入, 注意到其虚拟状态的收敛性依赖于单个飞行器的行为。这与 4.2 节所采用的基于虚拟飞行器方法不同, 虚拟飞行器的动力学模型是完全独立于实际系统动力学模型的。本小节将说明: 在存在任意恒定通信时延的情况下, 可以使用后一种方法, 解决有向互联拓扑情况下的垂直起降无人机的编队控制问题。

考虑与式 (7.50)、式 (7.52) 相同的中间控制输入, 假设辅助输入 $\boldsymbol{u}_i$ 由式 (7.10) 给出, 即

$$\boldsymbol{u}_i = -L_i^p\boldsymbol{\alpha}_i - L_i^d\dot{\boldsymbol{\alpha}}_i \tag{7.62}$$

式中: 控制增益的定义同定理 7.1。同样, 将每架飞行器与下述的额外辅助

系统相关联:

$$\dot{\bar{\boldsymbol{r}}}_i = -\sum_{i=1}^{n} k_{ij}(\bar{\boldsymbol{r}}_i - \bar{\boldsymbol{r}}_j(t-\boldsymbol{\tau}_{ij}) - \boldsymbol{\delta}_{ij}), \quad i \in \mathcal{N} \tag{7.63}$$

式中: $\bar{\boldsymbol{r}}_i \in \mathbb{R}^3$ 可取任意初始值; k_{ij} 为有向通信图 $\mathcal{G}$ 邻接矩阵的第 (i,j) 个元素。辅助系统式 (7.63) 可以被看作一个独立的虚拟系统, 应用该系统产生每架垂直起降无人机的虚拟状态 $\bar{\boldsymbol{r}}_i$ 和 $\dot{\bar{\boldsymbol{r}}}_i$。根据这个定义, 考虑式 (7.52) 中的辅助输入 $\boldsymbol{\phi}_i$, 则有

$$\boldsymbol{\phi}_i = \ddot{\bar{\boldsymbol{r}}}_i - \lambda_i^p \boldsymbol{e}_i - \lambda_i^d(\boldsymbol{e}_i - \boldsymbol{\psi}_i) \tag{7.64}$$

$$\dot{\boldsymbol{\psi}}_i = L_i^{\psi}(\boldsymbol{e}_i - \boldsymbol{\psi}_i) \tag{7.65}$$

$$\boldsymbol{e}_i = \boldsymbol{\xi}_i - \bar{\boldsymbol{r}}_i \tag{7.66}$$

式中: λ_i^p、λ_i^d 和 L_i^{ψ} 皆为严格正标量增益, 向量 $\boldsymbol{\psi}_i \in \mathbb{R}^3$ 可取任意初始值, 向量 $\boldsymbol{\xi}_i$ 在式 (7.55) 中定义,$\bar{\boldsymbol{r}}_i$ 为式 (7.63) 的解, 以及

$$\ddot{\bar{\boldsymbol{r}}}_i = -\sum_{i=1}^{n} k_{ij}(\dot{\bar{\boldsymbol{r}}}_i - \dot{\bar{\boldsymbol{r}}}_j(t-\boldsymbol{\tau}_{ij})) \tag{7.67}$$

根据有向通信图 $\mathcal{G}$, 注意到相邻飞行器之间仅传输虚拟状态 $\bar{\boldsymbol{r}}_i$ 和 $\dot{\bar{\boldsymbol{r}}}_i$。

可以证明式 (7.62) 中 $\boldsymbol{u}_i$ 的一阶时间导数由式 (7.13) 给出。由式 (6.14)、式 (6.15) 以及式 (7.6)、式 (7.7) 和式 (7.13) 共同给出的目标角速度及其时间导数的显式表达式可求。同样, 定理 4.1 中考虑的输入力矩可以应用到该情况下的旋转动力学模型中。

定理 7.4 按照式 (6.1) 和式 (6.2) 建立垂直起降无人机群模型。假设推力输入 $\mathcal{T}_i$ 和目标姿态 $\boldsymbol{Q}_{d_i}$ 分别由式 (5.6) 和式 (5.7) 给出, 其中 $\boldsymbol{F}_i$ 由式 (7.50) ~ 式 (7.52) 和式 (7.62) ~ 式 (7.67) 共同确定给出。力矩输入由式 (7.8) 和式 (7.9) 共同确定给出。假设控制器增益满足条件式 (7.14), 且有向通信图包含一棵生成树。那么, 从任何初始条件开始, 对于所有的 $i,j \in \mathcal{N}$, 信号 $\boldsymbol{v}_i$、$\boldsymbol{p}_i$ 和 $\tilde{\boldsymbol{\omega}}_i$ 皆有界, 并且 $\boldsymbol{v}_i \to 0$, $(\boldsymbol{p}_i - \boldsymbol{p}_j) \to \boldsymbol{\delta}_{ij}$, $\tilde{\boldsymbol{q}}_i \to 0$, $\tilde{\boldsymbol{\omega}}_i \to 0$。

证明 与定理 7.1 的证明类似, 利用引理 5.1, 可从中间输入式 (7.50) 中提取推力输入大小和目标姿态。

根据式 (7.55)、式 (7.16) 和式 (7.64), 可得到式 (7.66) 中误差向量 $\boldsymbol{e}_i$ 的动力学模型为

$$\ddot{\boldsymbol{e}}_i = -\lambda_i^p \boldsymbol{e}_i - \lambda_i^d(\boldsymbol{e}_i - \boldsymbol{\psi}_i) \tag{7.68}$$

式中: $\boldsymbol{\psi}_i$ 由式 (7.65) 给出。正如定理 7.3 证明中所给出的那样, 令 $\tilde{\boldsymbol{\zeta}}_i := (\boldsymbol{e}_i^{\mathrm{T}}, \dot{\boldsymbol{e}}_i^{\mathrm{T}}, \boldsymbol{e}_i^{\mathrm{T}} - \boldsymbol{\psi}_i^{\mathrm{T}})^{\mathrm{T}}$, 它由下式决定, 即

$$\dot{\tilde{\boldsymbol{\zeta}}}_i = (\tilde{\boldsymbol{B}}_i \otimes \boldsymbol{I}_3)\tilde{\boldsymbol{\zeta}}_i \tag{7.69}$$

式中

$$\tilde{\boldsymbol{B}}_i = \begin{pmatrix} 0 & 1 & 0 \\ -\lambda_i^p & 0 & -\lambda_i^d \\ 0 & 1 & -L_i^{\psi} \end{pmatrix}$$

那么, 显然 $\tilde{\boldsymbol{\zeta}}_i$ 按指数规律趋于零。而且, 姿态跟踪误差动力学模型已在式 (7.18) 中给出。采取和定理 7.1 相同的证明步骤, 利用式 (7.19) 中的类李雅普诺夫函数 V_a, 可得到 $\tilde{\boldsymbol{\omega}}_i$ 全局有界且 $\tilde{\boldsymbol{\omega}}_i \to 0$, $\tilde{\boldsymbol{q}}_i \to 0$, $i \in \mathcal{N}$。

现在考虑虚拟系统式 (7.63) 的动力学模型, 令 $\tilde{\boldsymbol{r}}_i := (\bar{\boldsymbol{r}}_i - \boldsymbol{\delta}_i)$, 其中 $\boldsymbol{\delta}_i$ 已在定理 7.1 的证明过程中定义, 且满足 $\boldsymbol{\delta}_{ij} = (\boldsymbol{\delta}_i - \boldsymbol{\delta}_j)$。那么, 式 (7.63) 可重写成如下的矩阵形式:

$$\dot{\tilde{\boldsymbol{r}}} = -(\boldsymbol{A}_0 \otimes \boldsymbol{I}_3)\tilde{\boldsymbol{r}} + \sum_{l=1}^{m}(\boldsymbol{A}_l \otimes \boldsymbol{I}_3)\tilde{\boldsymbol{r}}(t - \tau_l) \tag{7.70}$$

式中: $\boldsymbol{A}_0$、$\boldsymbol{A}_l$、τ_l, $l \in \{1, \cdots, m\}$ 和 m 已在定理 7.2 的证明中定义; $\tilde{\boldsymbol{r}} \in \mathbb{R}^{3n}$ 是包含所有 $\tilde{\boldsymbol{r}}_i$ $(i \in \mathcal{N})$ 的向量组。与定理 7.2 的证明步骤相似, 对式 (7.70) 两边进行拉普拉斯变换, 即

$$\mathbb{L}[\tilde{\boldsymbol{r}}] = (\boldsymbol{H}(s) \otimes \boldsymbol{I}_3)\tilde{\boldsymbol{r}}(0) \tag{7.71}$$

式中: $\boldsymbol{H}(s)$ 由式 (7.48) 给出, 其中标量增益 λ 设为 1。既然有向图 $\mathcal{G}$ 包含一棵生成树, 那么 $\boldsymbol{H}(s)$ 在零处有一个单极点, 所有其他极点都有负实部。从而, 可知 $\tilde{\boldsymbol{r}}$ 有界, 再分别根据式 (7.63) 和式 (7.67), 这将意味着 $\dot{\tilde{\boldsymbol{r}}}$ 和 $\ddot{\tilde{\boldsymbol{r}}}$ 也有界。而且, 像定理 7.2 的证明那样, 应用终值定理, 可推出 $\tilde{\boldsymbol{r}}$ 的极限有意义 (含义明确的), 因此, 利用 Barbalat 引理, 可得到 $\dot{\tilde{\boldsymbol{r}}} \to 0$, 因而 $\ddot{\tilde{\boldsymbol{r}}} \to 0$。结果, 根据式 (7.70) 可证明

$$(\boldsymbol{A}_0 \otimes \boldsymbol{I}_3)\tilde{\boldsymbol{r}} - \sum_{l=1}^{m}(\boldsymbol{A}_l \otimes \boldsymbol{I}_3)\tilde{\boldsymbol{r}}(t - \tau_l) \to 0$$

上式等价于

$$(\boldsymbol{L} \otimes \boldsymbol{I}_3)\tilde{\boldsymbol{r}} + \sum_{l=1}^{m}(\boldsymbol{A}_l \otimes \boldsymbol{I}_3)\int_{t-\tau_l}^{t} \dot{\tilde{\boldsymbol{r}}}\mathrm{d}\varrho \to 0 \tag{7.72}$$

式中: $\boldsymbol{L}$ 为与有向图 $\mathcal{G}$ 相关的拉普拉斯矩阵。既然 $\dot{\tilde{\boldsymbol{r}}} \to 0$ 且 τ_l ($l \in \{1,\cdots,m\}$) 恒定, 那么可得到

$$(\boldsymbol{L} \otimes \boldsymbol{I}_3)\tilde{\boldsymbol{r}} \to 0 \tag{7.73}$$

对于某向量 $\tilde{\boldsymbol{r}}_c \in \mathbb{R}^3$, 式 (7.73) 有唯一解 $\tilde{\boldsymbol{r}} \to (\boldsymbol{1}_n \otimes \tilde{\boldsymbol{r}}_c)$。那么, 显然所有的虚拟系统都会聚合到规定的编队, 即对于所有的 $i,j \in \mathcal{N}$, $(\bar{\boldsymbol{r}}_i - \bar{\boldsymbol{r}}_j) \to \boldsymbol{\delta}_{ij}$。

利用上述结果, 尤其是 $\tilde{\boldsymbol{\zeta}}_i$ 和 $\ddot{\bar{\boldsymbol{r}}}_i$ 有界且渐近收敛于零这一事实, 可以证明 $\left(\boldsymbol{\Phi}_i + \dfrac{\mathcal{T}_i}{m_i}\boldsymbol{\Pi}_i\tilde{\boldsymbol{q}}_i\right)$ 有界且渐近收敛于零, 其中 $\boldsymbol{\phi}_i$ 在式 (7.64) 中给出。根据式 (7.52) 和式 (7.62), 这将意味着: 对于所有的 $i,j \in \mathcal{N}$, $\dot{\boldsymbol{\alpha}}_i$、$\boldsymbol{\alpha}_i$ 有界且 $\dot{\boldsymbol{\alpha}}_i \to 0$, $\boldsymbol{\alpha}_i \to 0$。结果, 式 (7.62) 中的输入 $\boldsymbol{u}_i$ 有界且渐近收敛于零。借助引理 2.9, 从式 (7.50)、式 (7.51) 可得到 $\boldsymbol{\theta}_i$、$\dot{\boldsymbol{\theta}}_i$ 有界且 $\boldsymbol{\theta}_i \to 0$, $\dot{\boldsymbol{\theta}}_i \to 0$, $i \in \mathcal{N}$。既然 $\bar{\boldsymbol{r}}_i$、$\dot{\bar{\boldsymbol{r}}}_i$ 有界, 那么根据式 (7.69) 和式 (7.66) 可证明 $\boldsymbol{\xi}_i$、$\dot{\boldsymbol{\xi}}_i$ 有界, 从而, $\boldsymbol{p}_i$、$\boldsymbol{v}_i$ 也有界。而且, 根据式 (7.55) 可得到 $\dot{\boldsymbol{\xi}}_i \to \boldsymbol{v}_i$ 且 $\boldsymbol{\xi}_i \to \boldsymbol{p}_i$,$i \in \mathcal{N}$。利用 $\tilde{\boldsymbol{\zeta}}_i \to 0$ 这一事实, 即 $(\boldsymbol{\xi}_i - \bar{\boldsymbol{r}}_i) \to 0$, $(\dot{\boldsymbol{\xi}}_i - \dot{\bar{\boldsymbol{r}}}_i) \to 0$, 可推出每架飞行器跟踪其相应虚拟系统的状态。结果, 对于所有的 $i,j \in \mathcal{N}$ 有 $\boldsymbol{v}_i \to 0$, $(\boldsymbol{p}_i - \boldsymbol{p}_j) \to \boldsymbol{\delta}_{ij}$。

7.3 仿真结果

考虑由 4 架飞行器构成的编队, 按照式 (6.1)、式 (6.2) 建立其模型, 其中 $m_i = 3\ \mathrm{kg}$, $\boldsymbol{J}_i = \mathrm{diag}(0.13, 0.13, 0.04)\ \mathrm{kg}\cdot\mathrm{m}^2$, $i \in \mathcal{N} := \{1,\cdots,4\}$。初始条件和目标编队模式同 6.4 节。另外, 在下述所有例子中考虑的饱和函数 χ 已在式 (2.6) 中给出, 其中 $\sigma(\cdot) = \tanh(\cdot)$。

首先, 用表 7.1 中给出的控制增益实现定理 7.1 中的控制方案。飞行器之间的信息流是固定的、无向的和连通的, 可用图 7.1(a) 中的无向图 $\mathcal{G} = (\mathcal{N}, \mathcal{E}, \boldsymbol{\mathcal{K}})$ 加以表示, 选择邻接矩阵 $\boldsymbol{\mathcal{K}}$ 中的元素使得 $(i,j) \in \mathcal{E}$ 时

表 7.1 控制增益

	k_i^v	k_i^p	k_i^d	k_i^β	k_i^q	k_i^Ω	L_i^p	L_i^d	λ	L_i^ψ	λ_i^p	λ_i^d
定理 7.1	3	1.5	1.5	50	80	80	1	1				
定理 7.2	5	1	1.5	50	80	80	1	2	0.25			
定理 7.3	2	1.5	1.5	50	80	80	0.5	5		5		
定理 7.4		1	1.5	50	80	80	1	2		5	1	10

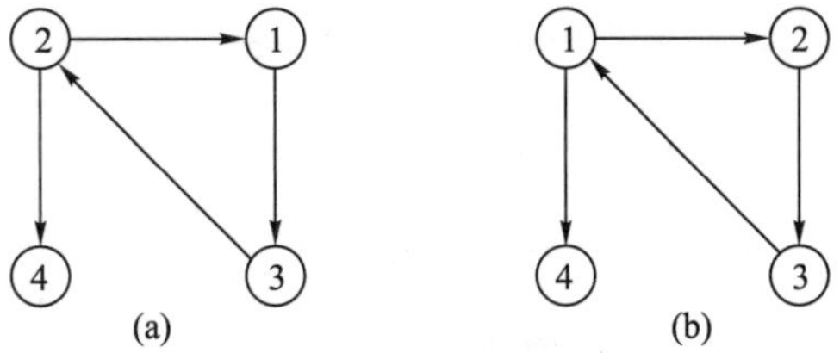

图 7.1 信息流图

(a) $\mathcal{G}$; (b)$\tilde{\mathcal{G}}$。

$k_{ij}=0.5$, 否则 $k_{ij}=0$。假定通信时延是时变的, 其时变规律为 $\boldsymbol{\tau}_{ij}(t)=\tilde{\boldsymbol{\tau}}_{\rm ij}|\sin(0.5t)|{\rm s}$, 其中 $\tilde{\boldsymbol{\tau}}_{1i}=0.1$, $\tilde{\boldsymbol{\tau}}_{2i}=0.15$, $\tilde{\boldsymbol{\tau}}_{3i}=\tilde{\boldsymbol{\tau}}_{4i}=0.2$, $i\in\mathcal{N}$。注意到 $\tau=0.3$ s 时满足条件式 (7.14) 和式 (7.15)。用零初始条件实现辅助系统式 (7.3) 和式 (7.5)。得到的结果如图 7.2 所示, 说明了飞行器的位置和线速度。从这些图中可看出, 在存在时变通信时延的情况下, 所有飞行器趋向于目标编队。

其次, 在图 7.1(b) 给出的有向通信图 $\tilde{\mathcal{G}}=(\mathcal{N},\tilde{\mathcal{E}},\tilde{\boldsymbol{\mathcal{K}}})$ 下, 实现了定理 7.2 中的控制方案, 图 $\tilde{\mathcal{G}}$ 中包含一棵生成树。选择邻接矩阵 $\tilde{\boldsymbol{\mathcal{K}}}=[k_{ij}]$ 中的元素使得 $(i,j)\in\tilde{\mathcal{E}}$ 时 $k_{ij}=0.5$, 否则 $k_{ij}=0$。同样, 控制增益已在表 7.1 中给出, 且恒定的通信时延被选为: $\boldsymbol{\tau}_{13}=0.5$ s, $\boldsymbol{\tau}_{21}=0.8$ s, $\boldsymbol{\tau}_{32}=0.6$ s, 以及 $\tau_{41}=0.9$ s。动力学系统式 (7.3) 和式 (7.5) 初始化如上。得到的结果如图 7.3 所示, 显然, 在任意恒定通信时延下, 实现了编队控制目标。

再次, 采用图 7.1(a) 中的无向通信图 $\mathcal{G}$ (当 $(i,j)\in\mathcal{E}$ 时, $k_{ij}=0.5$) 和表 7.1 中的控制增益, 考虑定理 7.3 提出的免线速度测量编队控制方案。将恒定通信时延选为: $\boldsymbol{\tau}_{13}=\boldsymbol{\tau}_{12}=0.5$ s, $\boldsymbol{\tau}_{21}=\boldsymbol{\tau}_{23}=\boldsymbol{\tau}_{24}=0.8$ s, $\boldsymbol{\tau}_{32}=\boldsymbol{\tau}_{31}=0.6$ s, $\boldsymbol{\tau}_{41}=0.9$ s。注意到, 控制增益和恒定时延都满足条件式 (7.14)、式 (7.15)。动力学系统式 (7.51)、式 (7.52) 和式 (7.57) 初始化为 $\boldsymbol{\theta}_i(0)=\dot{\boldsymbol{\theta}}_i(0)=\dot{\boldsymbol{\alpha}}_i(0)=0$, $\boldsymbol{\psi}_i(0)=(0,1,-1)^{\rm T}$, 以及 $\boldsymbol{\alpha}_i(0)=\boldsymbol{p}_i(0)$, $i\in\mathcal{N}$。得到的结果如图 7.4 所示, 该结果说明了在没有线速度测量的情况下, 飞行器位置收敛到所需编队。

最后, 在图 7.1(b) 的有向图 $\tilde{\mathcal{G}}$ (当 $(i,j)\in\tilde{\mathcal{E}}$ 时, $k_{ij}=0.5$) 下, 实现了定理 7.4 中免线速度测量的编队控制方案。控制增益由表 7.1 给出, 恒定通信时延的选择同上。假定动力学系统式 (7.51)、式 (7.52) 具有零初始状态, 对系统式 (7.63) 和式 (7.65) 进行初始化, 使得 $\bar{\boldsymbol{r}}_i(0)=\boldsymbol{p}_i(0)$, $\boldsymbol{\psi}_i(0)=(0,1,-1)^{\rm T}$, $i\in\mathcal{N}$。该情况下所得的仿真结果如图 7.5 所示, 图中的结果表明: 不必对恒定通信时延施加任何限制条件, 就可实现有向通信图 (包含一棵生成树) 下的编队控制。

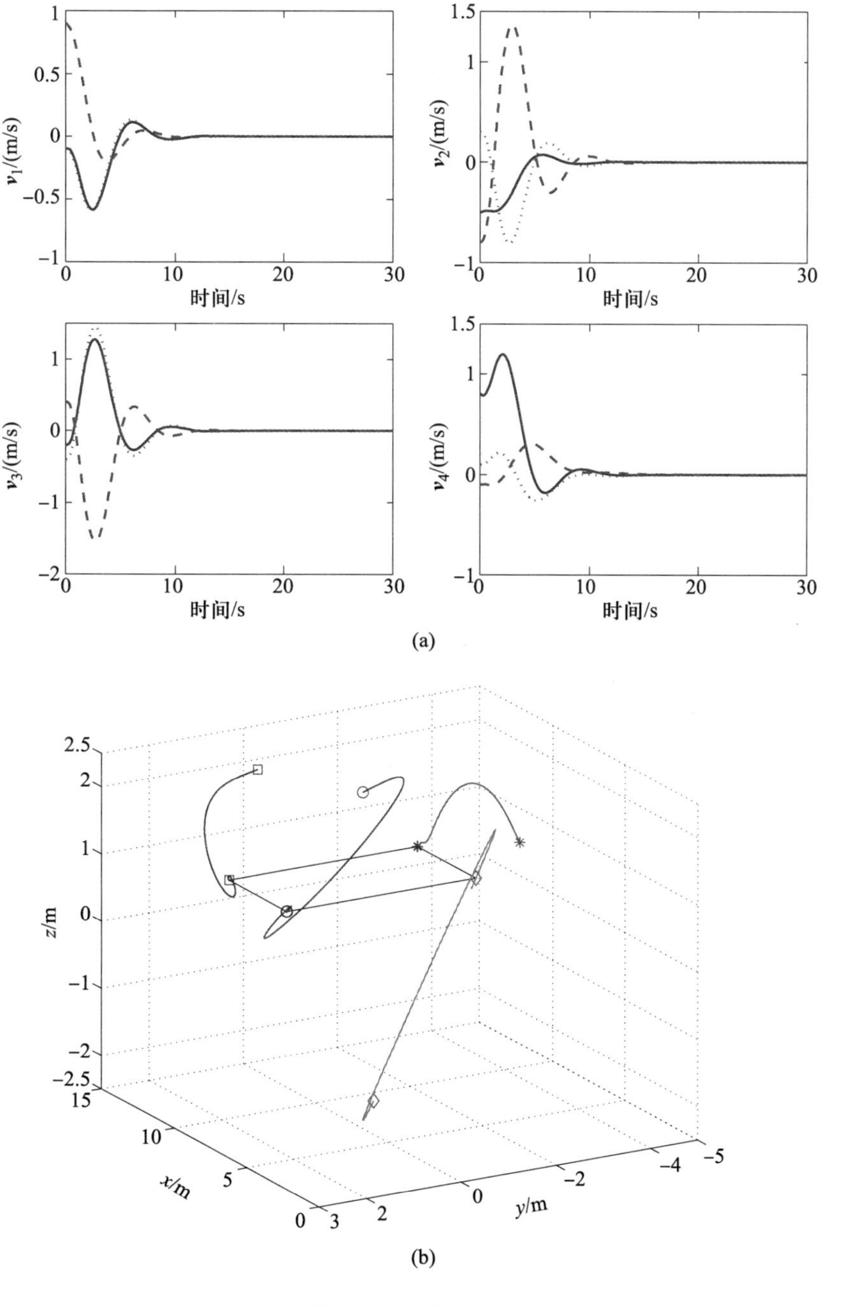

图 7.2 定理 7.1 情况下的仿真结果 (彩色版本见彩图)

(a) 飞行器线速度; (b) 系统轨迹。

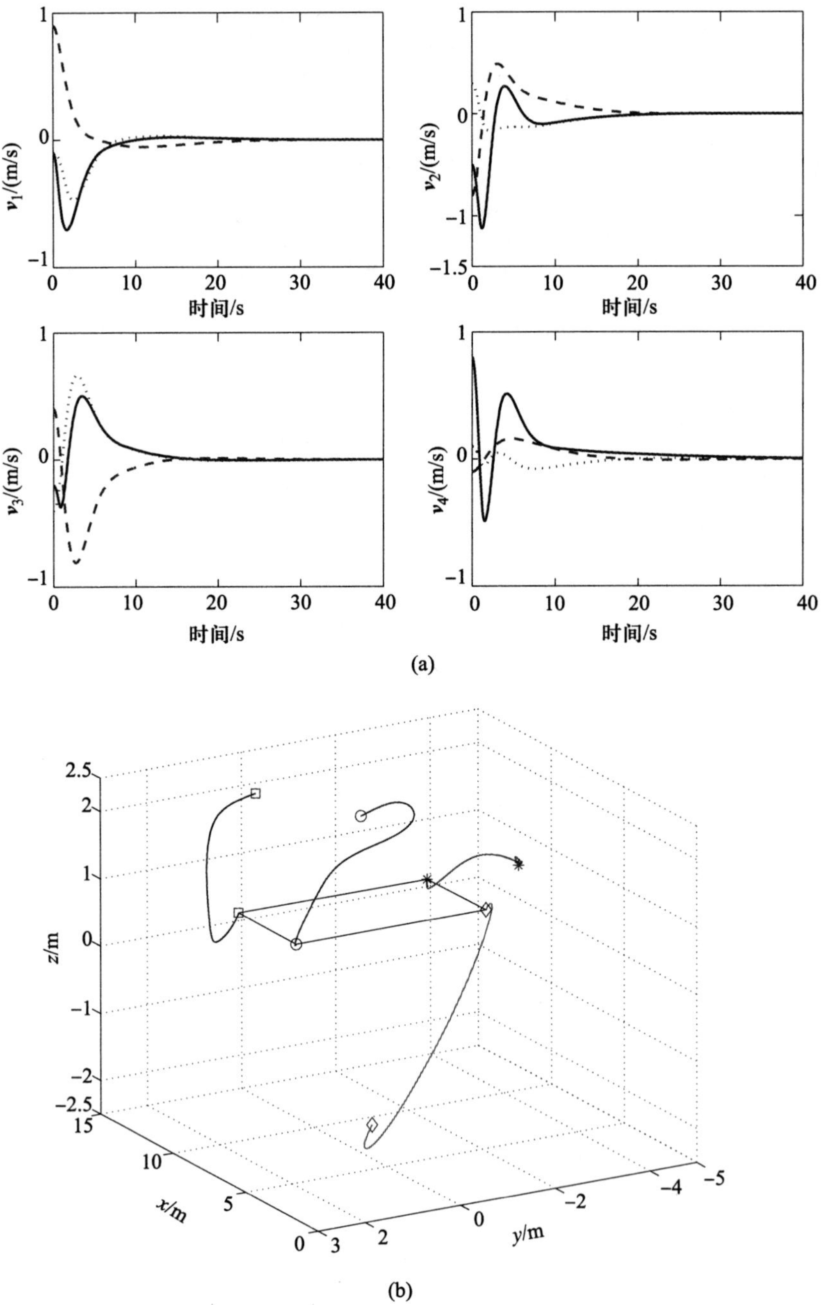

图 7.3 定理 7.2 情况下的仿真结果 (彩色版本见彩图)

(a) 飞行器线速度; (b) 系统轨迹。

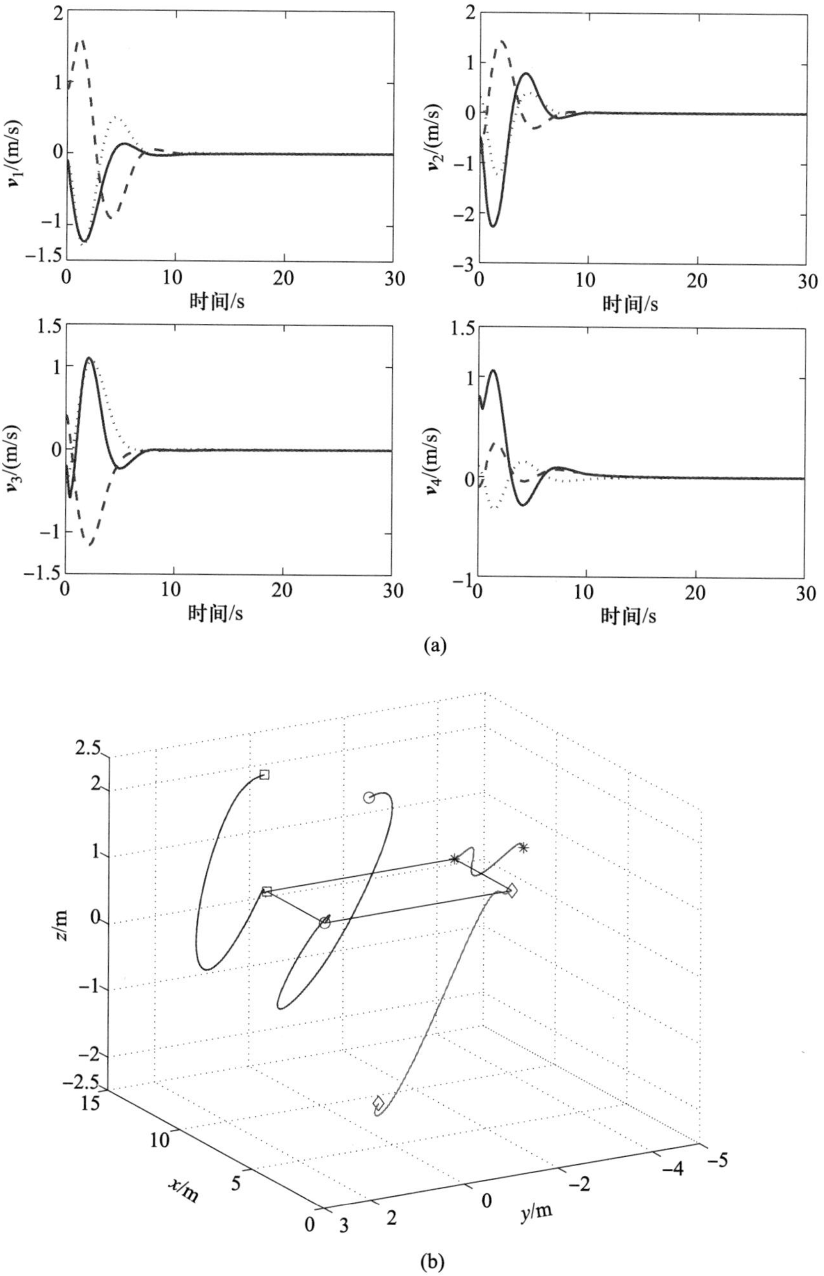

图 7.4 定理 7.3 情况下的仿真结果 (彩色版本见彩图)

(a) 飞行器线速度; (b) 系统轨迹。

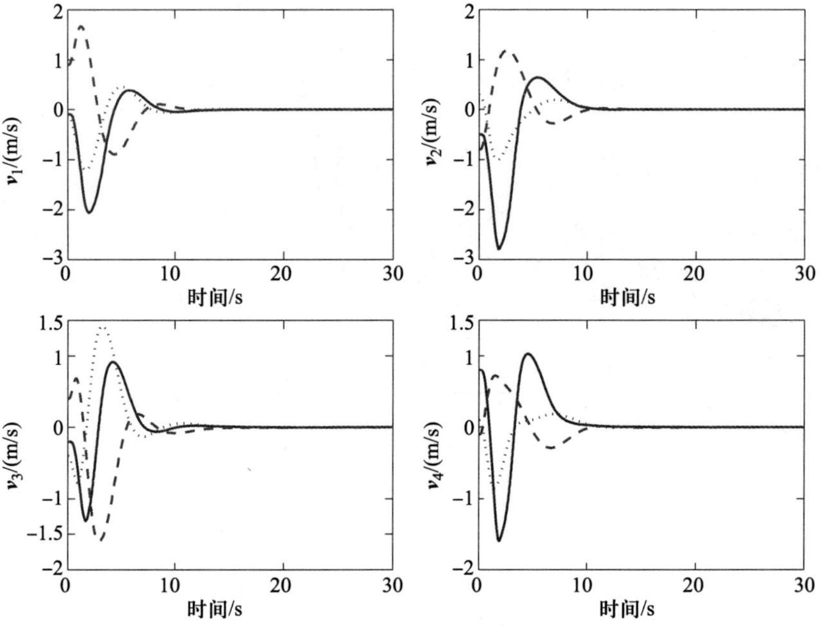

(a)

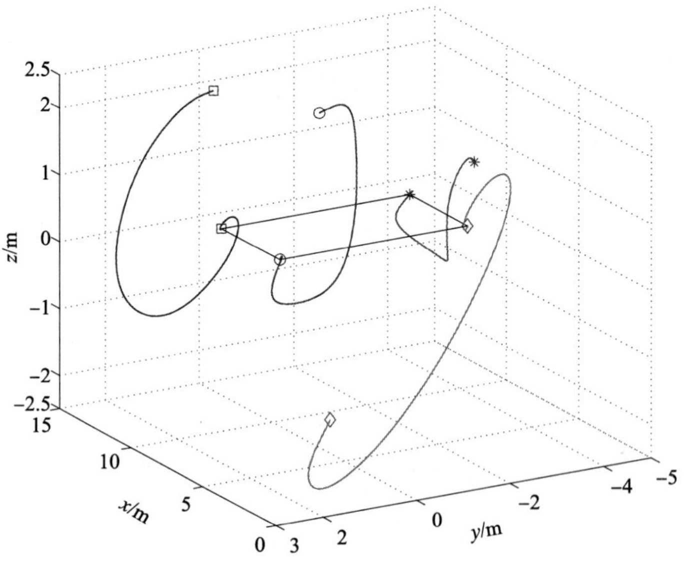

(b)

图 7.5　定理 7.4 情况下的仿真结果 (彩色版本见彩图)

(a) 飞行器线速度; (b) 系统轨迹。

7.4 结束语

本章针对存在通信时延的情况, 论述了一群组垂直起降无人机的编队控制方案。首先, 扩展了定理 6.1 中的状态反馈编队控制律, 使其适用于时变通信时延的场合, 并解决了编队稳定问题。推导出时滞相关的充分条件, 保证了无向通信拓扑下的编队控制目标。定理 7.2 通过采用不同的方法设计辅助系统的输入来更改该控制方案, 以实现任意恒定通信时延和更广泛互联拓扑下的编队控制目标。

在输出反馈场合, 一些辅助系统被赋予了虚拟飞行器的角色, 然后通过设计虚拟飞行器以实现恒定通信时延下的编队要求。那么, 飞行器平移控制目标可简化为在没有线速度测量的条件下实现虚拟飞行器的跟踪。结果, 定理 7.3 在无向互联拓扑下提出了一个无线速度测量的时滞相关编队控制方案。定理 7.4 将这个结果进一步扩展到任意恒定通信时延和有向通信图 (包含一棵生成树) 的情况。不能将后一个结果直接扩展到时变通信时延的情况, 这个问题需要进一步研究。

在一些场合, 辅助系统扮演了虚拟飞行器的角色, 在存在通信时延的情况下, 辅助系统在带输入约束的系统控制律设计中已显现出几个优点。该控制设计方法可应用到线性多 Agent 系统中, 以设计先验有界的一致性/同步算法。事实上, 基于本章所用的相似辅助系统, 文献 [12,13] 在部分状态反馈情况下为二重积分器多 Agent 系统 (带输入饱和约束) 的一致性算法设计提出了一个统一的方法。文献 [15] 将这个结果扩展到受约束的异类多 Agent 系统场合。而且, 文献 [11] 采用了一个类似的方法, 在存在通信时延的情况下, 为带输入饱和约束的全驱动欧拉 — 拉格朗日系统设计了同步方案。

第 8 章

结束语

本专著为一群 (类) 航空飞行器提出了协调控制方案。解决了刚体姿态同步问题和多垂直起降无人机的编队控制, 并考虑了与系统输入约束、状态测量以及互连拓扑相关的实际问题。在该领域的研究工作中, 我们得到一些结果, 并提出了几个未解决的问题, 可概括如下。

8.1 刚体姿态同步

在无通信时延的情况下, 提出了两种不同的方法, 来设计无角速度测量的姿态同步方案。这些设计方法都利用了一些辅助动力学系统, 当角速度不可用于反馈时, 这些 (辅助) 系统可产生必要的阻尼。与第一种方法相比, 第二种方法能够处理输入饱和, 但以需要更多的信息流为代价。这两种方法可解决无主和主从式同步问题, 以及无向通信图下的协同姿态跟踪问题。

在无向通信拓扑下研究了几个姿态同步方案, 这些方案都考虑了通信时延。特别是, 在存在时变通信时延的情况下, 基于虚拟系统的策略在去除角速度测量要求方面具有一定的优势。尽管只考虑了恒定时延, 但是这些虚拟系统有助于将所得到的结果扩展到考虑了输入饱和的强连通有向网络情况。显然, 这些虚拟系统可用于无通信时延的情况, 因此提供了固定强连通有向网络下免角速度测量的姿态同步方案。

8.2 多垂直起降无人机的编队控制

根据一个非奇异的姿态与推力提取算法，为多垂直起降无人机研究了一个新的分层位置控制策略。利用这个控制策略，可在全状态和部分状态反馈情况下，为单个垂直起降无人机设计位置控制方案。然后，在对互联拓扑的不同假设下，为一群 (组) 垂直起降无人机研究了几个编队控制方案。

所提出的方法享有一些优点 (好的特点)，比如可以有效地处理输入约束，允许对飞行器平移和旋转动力学模型的独立控制设计。在有向通信拓扑 (包含生成树) 下，这对存在通信时延的状态反馈编队控制方案设计特别有利。另外，基于虚拟飞行器的方法是有用的，它可将得到的结果扩展到部分状态反馈的情况。

8.3 未解决的问题

尽管到目前为止已取得了一些令人鼓舞的成果，但是该领域仍有一些具有挑战性的未解决问题。在姿态同步的上下文中，确定无主结构下的共同最终姿态不是一件容易的事情。在主从结构中，一个时变参考姿态可用于一些主导者，即使在全状态反馈情况下也很难实现这样的姿态同步。

多无人机运动协同中的一个实际问题就是编队成员之间和/或编队与外部环境之间的避碰 (撞)，在本书中没有讨论。这个问题一般利用势函数来解决，若两架飞行器 (或者更多) 进入了一个预先设定的碰撞区域或者接近一个障碍物，其势函数变成无限大。这些势函数一般利用飞行器之间的相对位置，飞行器上装有接近性传感器。这种势函数的方法不能直接应用到多垂直起降无人机的情况，因为系统是欠驱动的。对于刚体系统姿态同步来说，不存在避碰问题，因为它不涉及平移运动，并且假设系统彼此之间足够远，以至于在旋转运动期间不会发生碰撞。

另一个与多垂直起降无人机相关的问题就是平移动力学模型和旋转动力学模型之间的耦合问题。这种耦合存在于某些类型的飞行器中，例如涵道风扇飞行器，这通常是由于飞行器的力矩输入会影响系统的线加速度这样的实际情况而引起的，正如文献 [57,103,107] 中所讨论的那样。由于现有文献没有报道完整的解决方案，这个问题对于多垂直起降无人机来说仍是一个未解决的问题。

另外, 考虑外部干扰 (如阵风) 的编队控制方案设计对于飞行中的飞行器来说特别重要。文献 [122] 研究了单个垂直起降无人机在存在恒定未知干扰时的位置跟踪问题。可以利用该文的思想设计全状态信息情况下的鲁棒编队控制方案。然而, 当一些系统状态不可测量且要考虑通信时延时, 该问题将更具挑战性。

另一个有趣的问题与姿态不能直接测量有关。一般都是通过装有加速计、磁强计和陀螺仪的惯性测量单元 (IMU) 对惯性向量进行测量, 再使用估计算法提供刚体的姿态。所以, 一个合乎比例的研究课题就是将实际的向量测量直接合并到运动协调方案设计中 (见文献 [142])。

对所提出的协调控制方案的进一步改善在于对通信拓扑做更弱的假设, 并在这样的假设下设计控制律。事实上, 所得到的结果假设系统之间的互连拓扑是固定的, 并且经常要求能较好地估计时变通信时延的上界。由于环境的约束以及通信时延的上界未知, 就会出现需要改变互连拓扑的情况, 将所提出的控制方案扩展到这种需要改变互连拓扑的情况已成为未来一个重要的研究课题。另外, 虽然无向图拓扑的假设通常是合理的, 但是某些应用可能要求系统之间的互联是有向的。通过采用基于虚拟系统的方法, 在有恒定通信时延的情况下, 为一个更普遍的有向图拓扑提供控制方案, 就可使这个问题得到解决。需要做出额外的努力来扩展这些结果, 使其适用于实际应用中更为可能的时变通信时延情况。应该指出的是, 实现基于虚拟系统的控制方案需要在相邻飞行器之间传输虚拟系统的状态。只要有传输信道可用就是合理的, 但是如果系统仅装有提供系统间相对状态的传感器就不合理了。在这种情况下, 无向通信拓扑的假设看来很自然。然而, 应该利用不同的方法解决信息交换中的时延问题。

附录

A.1 引理 2.9 的证明

考虑李雅普诺夫候选函数

$$W = \frac{1}{2}\dot{\boldsymbol{\theta}}^{\mathrm{T}}\dot{\boldsymbol{\theta}} + k_p \sum_{j=1}^{3} \int_0^{\boldsymbol{\theta}_j} \sigma \mathrm{d}s \tag{A.1}$$

式中: $\boldsymbol{\theta} = (\theta_1, \theta_2, \theta_3)^{\mathrm{T}}$, 根据 2.1.3 小节中标量函数的定义可以证明该函数是径向无界的。根据式 (2.7), 给出 W 的时间导数如下:

$$\begin{aligned}\dot{W} &= \dot{\boldsymbol{\theta}}^{\mathrm{T}}(-k_p\chi(\boldsymbol{\theta}) - k_d\chi(\dot{\boldsymbol{\theta}}) + \boldsymbol{\varepsilon}) + k_p\dot{\boldsymbol{\theta}}^{\mathrm{T}}\chi(\boldsymbol{\theta}) \\ &= -\dot{\boldsymbol{\theta}}^{\mathrm{T}}(k_d\chi(\dot{\boldsymbol{\theta}}) - \boldsymbol{\varepsilon}) \\ &\leqslant -\sum_{j=1}^{3} \left|\dot{\theta}_j\right| (k_d\sigma(\left|\dot{\theta}_j\right|) - |\boldsymbol{\varepsilon}_j|)\end{aligned} \tag{A.2}$$

式中: $\boldsymbol{\varepsilon} = (\varepsilon_1, \varepsilon_2, \varepsilon_3)^{\mathrm{T}}$, $\chi(\cdot)$ 定义于式 (2.6), 且利用了性质 $x\sigma(x) = |x|\sigma(|x|)$, $x \in \mathbb{R}$。首先, 令 $\boldsymbol{\theta}$ 和 $\dot{\boldsymbol{\theta}}$ 不能超出有限时间。事实上, 从式 (A.2) 显然知道

$$\dot{W} \leqslant \left|\dot{\boldsymbol{\theta}}\right| |\boldsymbol{\varepsilon}|$$

利用事实 $\left|\dot{\boldsymbol{\theta}}\right|^2 \leqslant 2W$, 可得到

$$\dot{W} \leqslant \boldsymbol{\varepsilon}_b\sqrt{W}$$

其中 $\sqrt{2}\,|\boldsymbol{\varepsilon}| \leqslant \boldsymbol{\varepsilon}_b$, 上式可重写为

$$\frac{\mathrm{d}W}{\sqrt{W}} \leqslant \boldsymbol{\varepsilon}_b \mathrm{d}t$$

在区间 $[t_0, t]$ 上对上一个不等式进行积分, 可得到

$$2(\sqrt{W(t)} - \sqrt{W(t_0)}) \leqslant \boldsymbol{\varepsilon}_b (t - t_0)$$

上式表明 W 在有限的时间内不可能趋于无穷。

现在, 将证明 $\boldsymbol{\theta}$ 和 $\dot{\boldsymbol{\theta}}$ 有界且趋向于 0。显而易见, 只要

$$\sigma(|\dot{\theta}_j|) > \frac{|\varepsilon_j|}{k_d}, \quad j = 1, 2, 3 \tag{A.3}$$

那么式 (A.2) 的右边就为负。显然, 当 $j = 1, 2, 3$ 且 $|\varepsilon_j| > \sigma_b k_d$ 时, 不等式 (A.3) 不成立, 其中 σ_b 在 2.1.3 小节性质 P2 中定义。然而, 既然 $\boldsymbol{\varepsilon}$ 有界且渐近收敛于零, 那么显然存在一个有限时刻 t_1, 使得对于所有 $t \geqslant t_1$ 都有 $|\varepsilon_j| \leqslant \sigma_b k_d$。由于无有限逃逸时间, $\boldsymbol{\theta}$ 和 $\dot{\boldsymbol{\theta}}$ 在区间 $[0, t_1]$ 上保持有界。因此, 对于所有 $t \geqslant t_1$, 可以推出 $\dot{W} < 0$, 并且既然 $\sigma(|\cdot|)$ 是典型的 $\mathcal{K}$ 函数, 那么 $\boldsymbol{\theta}$ 和 $\dot{\boldsymbol{\theta}}$ 在下面的集合之外有界, 即

$$\mathcal{S} = \left\{ \dot{\boldsymbol{\theta}} | \sigma(|\dot{\theta}_j|) \leqslant \frac{|\varepsilon_j|}{k_d}, \quad j = 1, 2, 3 \right\}$$

为了使 $\dot{\boldsymbol{\theta}}$ 能够进入集合 $\mathcal{S}$, $\dot{\boldsymbol{\theta}}$ 必须最终有界, 且当 $\boldsymbol{\varepsilon} \to 0$ 时, 也将趋于零。最后, 借助引理 2.4 (扩展 Barbalat 引理), 以及当 t 趋于无穷时, $\boldsymbol{\varepsilon}$ 和 $\dot{\boldsymbol{\theta}}$ 有界且收敛于零这一事实, 可以得到 $\boldsymbol{\theta} \to 0$。

A.2 引理 3.1 的证明

考虑方程组

$$\sum_{j=1}^{n} k_{ij} \boldsymbol{q}_{ij} = 0, \quad i \in \mathcal{N} \tag{A.4}$$

式中: $\boldsymbol{q}_{ij}$ 为式 (3.3) 中定义的单位四元数 $\boldsymbol{Q}_{ij}$ 的向量部分。用无向图 $\mathcal{G} = (\mathcal{N}, \mathcal{E}, \boldsymbol{\mathcal{K}})$ 来描述信息流。为了分析式 (A.4) 中的方程组, 我们通过考虑其中的一个节点作为该链 (link) 的正端, 来为图 $\mathcal{G}$ 指定方向, 得到有向图 $\tilde{\mathcal{G}} = (\mathcal{N}, \tilde{\mathcal{E}}, \boldsymbol{\mathcal{K}})$, 其中 $\tilde{\mathcal{E}}$ 是该图的有序边集合。既然假定了双向信息流, 那么一个链的正端就可以任意选择。令 m 是图 $\tilde{\mathcal{G}}$ 中边的总数, 它等于图 $\mathcal{G}$

中无向链的数目。假设通信图 $\mathcal{G}$ 是一个树并且有指定方向, 那么得到的有向图 $\tilde{\mathcal{G}}$ 弱连通且无环, 而且有 $m=n-1$。$\tilde{\mathcal{G}}$ 的加权关联矩阵是式 (2.8) 中定义的 $\boldsymbol{D}=[d_{ij}]\in\mathbb{R}^{n\times n-1}$。

$\boldsymbol{Q}_u\in\mathbb{R}^{3(n-1)}$ 是由所有 $\boldsymbol{q}_{ij}$ 构成的列向量组, 其中 $(i,j)\in\tilde{\mathcal{E}}$。利用 $\boldsymbol{q}_{ij}=-\boldsymbol{q}_{ji}$ 这一事实, 式 (A.4) 中方程组可以写成如下的矩阵形式:

$$(\boldsymbol{D}\otimes\boldsymbol{I}_3)\boldsymbol{Q}_u=0 \tag{A.5}$$

式中: $\otimes$ 为克罗内克乘积。既然有向图 $\tilde{\mathcal{G}}$ 弱连通且无环, 那么根据性质 2.1 可知关联矩阵 $\boldsymbol{D}$ 是列满秩。因此, 式 (A.5) 的唯一解为 $\boldsymbol{Q}_u=0$, 即 $\boldsymbol{q}_{ij}=0$, $(i,j)\in\tilde{\mathcal{E}}$。这意味着对于 $(i,j)\in\mathcal{E}$, 亦有 $\boldsymbol{q}_{ij}=0$, 既然无向通信图 $\mathcal{G}$ 是连通的, 那么对于所有 $(i,j)\in\mathcal{N}$ 可推出 $\boldsymbol{q}_{ij}=0$。

为了说明引理的第二部分, 使用逆单位四元数的定义式 (2.21) 以及式 (2.20) 和式 (3.3), 可将方程组式 (A.4) 重写如下:

$$\sum_{j=1}^{n}k_{ij}(\eta_j\boldsymbol{q}_i-\eta_i\boldsymbol{q}_j+\boldsymbol{S}(\boldsymbol{q}_i)\boldsymbol{q}_j)=0,\quad i\in\mathcal{N} \tag{A.6}$$

把上述方程两边同时乘以 $\boldsymbol{q}_i^{\mathrm{T}}$, 并对 i 进行求和可得到

$$\sum_{i=1}^{n}\sum_{j=1}^{n}k_{ij}\boldsymbol{q}_i^{\mathrm{T}}(\eta_j\boldsymbol{q}_i-\eta_i\boldsymbol{q}_j)=0 \tag{A.7}$$

考虑到式 (2.16), 式 (A.7) 等价于

$$\sum_{i=1}^{n}\sum_{j=1}^{n}k_{ij}\eta_j(1-\eta_i^2)-\sum_{i=1}^{n}\sum_{j=1}^{n}k_{ij}\eta_i\boldsymbol{q}_i^{\mathrm{T}}\boldsymbol{q}_j=0 \tag{A.8}$$

利用单位四元数乘法定义, 可以证明 $\eta_i\eta_j+\boldsymbol{q}_i^{\mathrm{T}}\boldsymbol{q}_j=\eta_{ij}$, 其中 η_{ij} 是单位四元数 $\boldsymbol{Q}_{ij}$ 的标量部分。因此, 上式可以重写如下:

$$\sum_{i=1}^{n}\sum_{j=1}^{n}k_{ij}\eta_i=\sum_{i=1}^{n}\sum_{j=1}^{n}k_{ij}\eta_i\eta_{ij} \tag{A.9}$$

式 (A.9) 等价于

$$\sum_{i=1}^{n}\sum_{j=1}^{n}k_{ij}\eta_i(1-\eta_{ij})=0 \tag{A.10}$$

因此, 显然如果确保 η_i 为严格正 (或严格负), $i\in\mathcal{N}$, 那么式 (3.9) 的唯一解为 $\eta_{ij}=1$, 即对于所有 $(i,j)\in\mathcal{E}$, $\boldsymbol{q}_{ij}=0$, 如果无向通信图是连通的, 那么该结论对于所有 $i,j\in\mathcal{N}$ 都成立。

A.3 引理 3.2 的证明

从式 (3.11) 和式 (3.3) 可以写出

$$\begin{aligned}\boldsymbol{Q}_{ij} &= \boldsymbol{Q}_j^{-1} \odot \boldsymbol{Q}_d \odot \boldsymbol{Q}_d^{-1} \odot \boldsymbol{Q}_i \\ &= \tilde{\boldsymbol{Q}}_j^{-1} \odot \tilde{\boldsymbol{Q}}_i\end{aligned} \tag{A.11}$$

那么, 利用四元数乘法的定义式 (2.20), 方程组式 (3.15) 可以重写如下:

$$k_i^p \tilde{\boldsymbol{q}}_i + \sum_{j=1}^{n} k_{ij} (\tilde{\eta}_j \tilde{\boldsymbol{q}}_i - \tilde{\eta}_i \tilde{\boldsymbol{q}}_j - \boldsymbol{S}(\tilde{\boldsymbol{q}}_j) \tilde{\boldsymbol{q}}_i) = 0 \tag{A.12}$$

式中: $i \in \mathcal{N}$, 式 (A.12) 等价于

$$\left(k_i^p + \sum_{j=1}^{n} k_{ij} \tilde{\eta}_j \right) \tilde{\boldsymbol{q}}_i - \tilde{\eta}_i \sum_{j=1}^{n} k_{ij} \tilde{\boldsymbol{q}}_j = -\boldsymbol{S}(\tilde{\boldsymbol{q}}_i) \sum_{j=1}^{n} k_{ij} \tilde{\boldsymbol{q}}_j \tag{A.13}$$

式中: $i \in \mathcal{N}$, 按照文献 [79] 和 [111], 将式 (A.13) 两边同时乘以

$$\left(\boldsymbol{S}(\tilde{\boldsymbol{q}}_i) \sum_{j=1}^{n} k_{ij} \tilde{\boldsymbol{q}}_j \right)^{\mathrm{T}}$$

可得到

$$\left(\boldsymbol{S}(\tilde{\boldsymbol{q}}_i) \sum_{j=1}^{n} k_{ij} \tilde{\boldsymbol{q}}_j \right)^{\mathrm{T}} \left(\boldsymbol{S}(\tilde{\boldsymbol{q}}_i) \sum_{j=1}^{n} k_{ij} \tilde{\boldsymbol{q}}_j \right) = 0 \tag{A.14}$$

这样方程组式 (A.13) 等价于

$$\left(k_i^p + \sum_{j=1}^{n} k_{ij} \tilde{\eta}_j \right) \tilde{\boldsymbol{q}}_i - \sum_{j=1}^{n} k_{ij} \tilde{\eta}_i \tilde{\boldsymbol{q}}_j = 0 \tag{A.15}$$

式中: $i \in \mathcal{N}$, 上述方程组可以使用克罗内克乘积 $\otimes$ 重写成如下的矩阵形式:

$$(\boldsymbol{\mathcal{M}} \otimes \boldsymbol{I}_3) \boldsymbol{Q}_r = 0 \tag{A.16}$$

式中: $\boldsymbol{Q}_r \in \mathbb{R}^{3n}$ 为由所有向量 $\tilde{\boldsymbol{q}}_i$ $(i \in \mathcal{N})$ 组成的列向量, 矩阵 $\boldsymbol{\mathcal{M}} = [m_{ij}] \in \mathbb{R}^{n \times n}$ 由下式给出, 即

$$m_{ii} = k_i^p + \sum_{j=1}^{n} k_{ij} \tilde{\eta}_j, \quad m_{ij} = -k_{ij} \tilde{\eta}_i \tag{A.17}$$

方程组式 (A.16) 具有唯一解的充分必要条件是矩阵 $\mathcal{M}$ 满秩。根据式 (A.17), 如果

$$|m_{ii}| > \sum_{j=1,j\neq i}^{n} |m_{ij}| \tag{A.18}$$

那么矩阵 $\mathcal{M}$ 严格对角占优, 因此

$$\left|k_i^p + \sum_{j=1}^{n} k_{ij}\tilde{\eta}_j\right| > \sum_{j=1,j\neq i}^{n} |k_{ij}\tilde{\eta}_i| \tag{A.19}$$

由式 (A.19) 可知

$$\left|k_i^p + \sum_{j=1}^{n} k_{ij}\tilde{\eta}_j\right| > |\tilde{\eta}_i| \sum_{j=1,j\neq i}^{n} k_{ij} \tag{A.20}$$

取 $\tilde{\eta}_i = 1$ 且 $\tilde{\eta}_j = -1$, 可得到

$$\left|k_i^p - \sum_{j=1}^{n} k_{ij}\right| > \sum_{j=1,j\neq i}^{n} k_{ij} \tag{A.21}$$

因此, 如果满足条件式 (3.16), 那么矩阵 $\mathcal{M}$ 严格对角占优, 这就意味着式 (A.16) 的唯一解为 $\boldsymbol{Q}_r = 0$, 即 $\tilde{\boldsymbol{q}}_i = 0, i \in \mathcal{N}$。

而且, 从式 (A.20) 可看出, 如果标量部分 $\tilde{\eta}_i$ $(i \in \mathcal{N})$ 总是严格正的, 那么矩阵 $\mathcal{M}$ 是严格对角占优的。因此, 如果确保 $\tilde{\eta}_i$ 是严格正的, 那么无需对增益做任何约束, 方程组式 (3.15) 的唯一解为 $\tilde{\boldsymbol{q}}_i = 0, i \in \mathcal{N}$。

A.4 定理 3.3 的证明

式 (3.64) 中 $\tilde{\boldsymbol{\Omega}}_i$ 的时间导数如下:

$$\dot{\tilde{\boldsymbol{\Omega}}}_i = \dot{\tilde{\boldsymbol{\omega}}}_i - \boldsymbol{R}(\tilde{\boldsymbol{Q}}_i^e)\dot{\boldsymbol{\beta}}_i + \boldsymbol{S}(\tilde{\boldsymbol{\Omega}}_i)\boldsymbol{R}(\tilde{\boldsymbol{Q}}_i^e)\boldsymbol{\beta}_i$$

式中

$$\dot{\tilde{\boldsymbol{\omega}}}_i = \dot{\boldsymbol{\omega}}_i - \boldsymbol{R}(\tilde{\boldsymbol{Q}}_i)\dot{\boldsymbol{\omega}}_d + \boldsymbol{S}(\tilde{\boldsymbol{\omega}}_i)\boldsymbol{R}(\tilde{\boldsymbol{Q}}_i)\boldsymbol{\omega}_d$$

考虑到姿态动力学模型式 (3.2), 可得到 $\tilde{\boldsymbol{\Omega}}_i$ 的动力学模型如下:

$$\begin{aligned}\boldsymbol{J}_i\dot{\tilde{\boldsymbol{\Omega}}}_i = {} & \boldsymbol{\Gamma}_i - \boldsymbol{S}(\boldsymbol{\omega}_i)\boldsymbol{J}_i\boldsymbol{\omega}_i - \boldsymbol{J}_i(\boldsymbol{S}(\boldsymbol{R}(\tilde{\boldsymbol{Q}}_i)\boldsymbol{\omega}_d)\tilde{\boldsymbol{\omega}}_i + \boldsymbol{R}(\tilde{\boldsymbol{Q}}_i)\dot{\boldsymbol{\omega}}_d) \\ & -\boldsymbol{J}_i(\boldsymbol{S}(\boldsymbol{R}(\tilde{\boldsymbol{Q}}_i^e)\boldsymbol{\beta}_i)\tilde{\boldsymbol{\Omega}}_i + \boldsymbol{R}(\tilde{\boldsymbol{Q}}_i^e)\dot{\boldsymbol{\beta}}_i)\end{aligned} \tag{A.22}$$

根据式 (3.13) 和式 (3.64)、向量积性质和 $\boldsymbol{J}_i = \boldsymbol{J}_i^{\mathrm{T}} > 0$, 进行一些代数运算后可得到

$$\tilde{\boldsymbol{\Omega}}_i^{\mathrm{T}} \boldsymbol{J}_i \dot{\tilde{\boldsymbol{\Omega}}}_i = \tilde{\boldsymbol{\Omega}}_i^{\mathrm{T}} (\boldsymbol{\Gamma}_i - \boldsymbol{f}_i(\boldsymbol{\omega}_d, \dot{\boldsymbol{\omega}}_d, \boldsymbol{\beta}_i, \dot{\boldsymbol{\beta}}_i, \tilde{\boldsymbol{Q}}_i, \tilde{\boldsymbol{Q}}_i^e)) \tag{A.23}$$

式中: $\boldsymbol{f}_i(\cdot)$ 在式 (3.66) 中给出。

考虑下面的类李雅普诺夫函数, 即

$$V = \frac{1}{2}\sum_{i=1}^{n}\left(\tilde{\boldsymbol{\Omega}}_i^{\mathrm{T}} \boldsymbol{J}_i \tilde{\boldsymbol{\Omega}}_i + \boldsymbol{\beta}_i^{\mathrm{T}}\boldsymbol{\beta}_i + 4k_i^p(1-\tilde{\eta}_i) + 2\sum_{j=1}^{n} k_{ij}(1-\eta_{ij})\right) \tag{A.24}$$

式中: $\tilde{\eta}_i$ 和 η_{ij} 分别为 $\tilde{\boldsymbol{Q}}_i$ 和 $\boldsymbol{Q}_{ij}$ 的标量部分, 根据式 (A.23), 式 (3.4)、式 (3.12) 以及式 (3.65) 和式 (3.67) 可计算出并得到 V 的时间导数如下:

$$\begin{aligned}\dot{V} = &\sum_{i=1}^{n}\left(\tilde{\boldsymbol{\Omega}}_i^{\mathrm{T}}\left(-k_i^p\tilde{\boldsymbol{q}}_i - \sum_{j=1}^{n}k_{ij}\boldsymbol{q}_{ij}\right) + \boldsymbol{\beta}_i^{\mathrm{T}}\dot{\boldsymbol{\beta}}_i + k_i^p\tilde{\boldsymbol{\omega}}_i^{\mathrm{T}}\tilde{\boldsymbol{q}}_i\right) + \\ &\frac{1}{2}\sum_{i=1}^{n}\sum_{j=1}^{n}k_{ij}\boldsymbol{\omega}_{ij}^{\mathrm{T}}\boldsymbol{q}_{ij}\end{aligned} \tag{A.25}$$

既然要求所有的系统都调整它们的姿态到同一个目标姿态, 第 i 个和第 j 个系统之间的相对姿态可以如式 (A.11) 那样表达, 于是相对角速度可以表示如下:

$$\boldsymbol{\omega}_{ij} = \tilde{\boldsymbol{\omega}}_i - \boldsymbol{R}(\boldsymbol{Q}_{ij})\tilde{\boldsymbol{\omega}}_j \tag{A.26}$$

利用式 (3.13) 和式 (3.6) 可以很容易证明上式。因此, 利用无向图的对称性以及与式 (3.47) 相似的步骤, 可以验证下述关系, 即

$$\frac{1}{2}\sum_{i=1}^{n}\sum_{j=1}^{n}k_{ij}\boldsymbol{\omega}_{ij}^{\mathrm{T}}\boldsymbol{q}_{ij} = \sum_{i=1}^{n}\sum_{j=1}^{n}k_{ij}\tilde{\boldsymbol{\omega}}_i^{\mathrm{T}}\boldsymbol{q}_{ij} \tag{A.27}$$

那么, 利用式 (3.65) 以及式 (3.30)、式 (3.64) 和式 (3.67), 可得到

$$\dot{V} = -\sum_{i=1}^{n}\lambda_i\boldsymbol{\beta}_i^{\mathrm{T}}\boldsymbol{\beta}_i \tag{A.28}$$

式 (A.28) 是负半定的。因此可以证明 $\tilde{\boldsymbol{\Omega}}_i$ 和 $\boldsymbol{\beta}_i$ 全局有界。同样, 从式 (3.64)、式 (3.30) 以及式 (3.67) 可知 $\tilde{\boldsymbol{\omega}}_i$ 和 $\dot{\boldsymbol{\beta}}_i$ 全局有界。因此, 显然 $\ddot{V}$ 是有界的。借助 Barbalat 引理可推出 $\boldsymbol{\beta}_i \to 0, i \in \mathcal{N}$。同样, $\tilde{\boldsymbol{\omega}}_i$ 和 $\dot{\boldsymbol{\beta}}_i$

的有界意味着 $\ddot{\beta}_i$ 亦是有界的。所以, 利用 Barbalat 引理可得到 $\dot{\boldsymbol{\beta}}_i \to 0$, $i \in \mathcal{N}$, 这意味着, 根据式 (3.30) 和式 (3.67) 可得到

$$k_i^p \tilde{\boldsymbol{q}}_i + \sum_{j=1}^{n} k_{ij} \boldsymbol{q}_{ij} \to 0, \quad i \in \mathcal{N} \tag{A.29}$$

那么, 如果满足条件式 (3.16), 可从引理 3.2 推出 $\tilde{\boldsymbol{q}}_i \to 0$ 或者 $\tilde{\boldsymbol{Q}}_i \to \pm\boldsymbol{Q}_I$。因此, 既然 $\dot{\tilde{\boldsymbol{\Omega}}}_i$ 有界, 根据式 (A.22) 与式 (3.65) 以及 $\boldsymbol{\omega}_d$ 的有界性可知 $\dot{\tilde{\boldsymbol{\omega}}}_i$ 有界, 从而 $\ddot{\tilde{\boldsymbol{Q}}}_i$ 有界。借助 Barbalat 引理, 可推出 $\dot{\tilde{\boldsymbol{Q}}}_i \to 0$, 这又意味着对于所有 $i \in \mathcal{N}$ 有 $\tilde{\boldsymbol{\omega}}_i \to 0$。因此, 协同姿态跟踪问题获解。

此外, 注意到式 (A.29) 渐近成立。因此, 从引理 3.2 可推出: 如果存在一个时刻 $t_0 > 0$ 使得 $t > t_0$ 时 $\tilde{\eta}_i(t) > 0$ $(i \in \mathcal{N})$, 那么上述结果无条件成立。

A.5 定理 3.5 的证明

如式 (3.84) 那样选择控制增益, 根据式 (3.82) 中的输入先验有界这一事实, 即

$$\|\boldsymbol{\Gamma}_i\|_\infty \leqslant (1+\bar{\gamma}) \sum_{j=1}^{n} k_{ij}$$

确保定理中给出的控制力上有界。

考虑下面的正定函数:

$$V = \sum_{i=1}^{n} \left(\frac{1}{2} \boldsymbol{\omega}_i^{\mathrm{T}} \boldsymbol{J}_i \boldsymbol{\omega}_i + \sum_{j=1}^{n} k_{ij} ((1-\eta_{ij}) + \bar{\gamma}(1-\tilde{\eta}_{ij}^e)) \right) \tag{A.30}$$

式中: η_{ij} 和 $\tilde{\eta}_{ij}^e$ 分别为单位四元数 $\boldsymbol{Q}_{ij}$ 和 $\tilde{\boldsymbol{Q}}_{ij}^e$ 的标量部分。注意到, 单位四元数 $\boldsymbol{Q}_{ij}$ 中的元素满足关系式 $2(1-\eta_{ij}) = \boldsymbol{q}_{ij}^{\mathrm{T}} \boldsymbol{q}_{ij} + (1-\eta_{ij})^2$, 该关系式对单位四元数 $\tilde{\boldsymbol{Q}}_{ij}^e$ 中的元素也成立。利用式 (3.2)、式 (3.4) 以及式 (3.71), 根据系统轨迹可计算出并得到式 (A.30) 中 V 的时间导数如下:

$$\dot{V} = \sum_{i=1}^{n} \left(\boldsymbol{\omega}_i^{\mathrm{T}} \boldsymbol{\Gamma}_i + \frac{1}{2} \sum_{j=1}^{n} k_{ij} (\boldsymbol{\omega}_{ij}^{\mathrm{T}} \boldsymbol{q}_{ij} + \bar{\gamma} \tilde{\boldsymbol{\Omega}}_{ij}^{\top} \tilde{\boldsymbol{q}}_{ij}^e) \right) \tag{A.31}$$

利用单位四元数式 (3.70) 的定义以及旋转矩阵的性质, 可以像式 (3.7)、式 (3.8) 一样验证下述关系式:

$$R\left(\tilde{\boldsymbol{Q}}_{ji}^e\right)^{\mathrm{T}} = \boldsymbol{R}\left(\tilde{\boldsymbol{Q}}_{ij}^e\right) \tag{A.32}$$

$$\tilde{\boldsymbol{q}}_{ji}^{e}=-\tilde{\boldsymbol{q}}_{ij}^{e}=-\boldsymbol{R}\left(\tilde{\boldsymbol{Q}}_{ji}^{e}\right)\tilde{\boldsymbol{q}}_{ij}^{e} \tag{A.33}$$

同样, 根据式 (3.72) 中 $\tilde{\boldsymbol{\Omega}}_{ij}$ 的表达式, 采用与式 (3.47) 类似的步骤, 可以证明

$$\frac{1}{2}\sum_{i=1}^{n}\sum_{j=1}^{n}k_{ij}\tilde{\boldsymbol{\Omega}}_{ij}^{\mathrm{T}}\tilde{\boldsymbol{q}}_{ij}^{e}=\sum_{i=1}^{n}\sum_{j=1}^{n}k_{ij}\boldsymbol{\Omega}_{i}^{\mathrm{T}}\tilde{\boldsymbol{q}}_{ij}^{e} \tag{A.34}$$

因此, 应用输入力矩式 (3.82) 以及关系式 (3.47)、式 (A.34) 与式 (3.33), 可得到

$$\dot{V}=-\bar{\gamma}\sum_{i=1}^{n}\boldsymbol{\beta}_{i}^{\mathrm{T}}\boldsymbol{R}(\boldsymbol{Q}_{i}^{e})^{\mathrm{T}}\sum_{j=1}^{n}k_{ij}\tilde{\boldsymbol{q}}_{ij}^{e} \tag{A.35}$$

考虑到式 (3.83), 可得到负半定时间导数, 即

$$\dot{V}=-\bar{\gamma}\sum_{i=1}^{n}\lambda_{i}\left(\sum_{j=1}^{n}k_{ij}\tilde{\boldsymbol{q}}_{ij}^{e}\right)^{\mathrm{T}}\left(\sum_{j=1}^{n}k_{ij}\tilde{\boldsymbol{q}}_{ij}^{e}\right) \tag{A.36}$$

并且我们能推出 $\boldsymbol{\omega}_i$ 全局有界。根据单位四元数的定义, 注意到 $\boldsymbol{Q}_{ij}$ 和 $\tilde{\boldsymbol{Q}}_{ij}^{e}$ 有界。同样, 从式 (3.72) 可看出 $\tilde{\boldsymbol{\Omega}}_{ij}$ 有界, 根据式 (3.71) 这又意味着 $\dot{\tilde{\boldsymbol{Q}}}_{ij}^{e}$ 有界, 因此 $\ddot{V}$ 有界。借助 Barbalat 引理, 可以推出

$$\sum_{j=1}^{n}k_{ij}\tilde{\boldsymbol{q}}_{ij}^{e}\to 0,\quad i\in\mathcal{N} \tag{A.37}$$

式 (A.37) 意味着 $\boldsymbol{\beta}_i\to 0$, 因此 $\boldsymbol{\Omega}_i\to\boldsymbol{\omega}_i$。考虑到式 (3.70), 注意到式 (A.37) 与式 (3.9) 相似。所以, 在假设通信图是一棵树的情况下, 利用引理 3.1, 可知式 (A.37) 对于所有 $i,j\in\mathcal{N}$ 有唯一解 $\tilde{\boldsymbol{q}}_{ij}^{e}\to 0$。结果, 我们知道 $\tilde{\boldsymbol{Q}}_{ij}^{e}\to\pm\boldsymbol{Q}_{I}$, $i,j\in\mathcal{N}$。而且, 既然 $\dot{\boldsymbol{\omega}}_i$ 和 $\dot{\boldsymbol{\Omega}}_i$ 有界, 则可知 $\ddot{\tilde{\boldsymbol{Q}}}_{ij}^{e}$ 也有界。根据 Barbalat 引理, 可得到结论 $\dot{\tilde{\boldsymbol{Q}}}_{ij}^{e}\to 0$, 因此 $\tilde{\boldsymbol{\Omega}}_{ij}\to 0$。结果, 就有 $(\boldsymbol{\omega}_i-\boldsymbol{\omega}_j)\to 0$, $i,j\in\mathcal{N}$。

根据闭环动力学模型式 (3.2)、式 (3.82) 以及上述结果可证明 $\dot{\boldsymbol{\omega}}_i$ 和 $\ddot{\boldsymbol{\omega}}_i$ 有界, 因此 $\dot{\boldsymbol{\omega}}_i\to\dot{\boldsymbol{\omega}}_j$, $i,j\in\mathcal{N}$, 系统闭环动力学模型可简化为

$$\boldsymbol{J}_i\dot{\boldsymbol{\omega}}_i\to-\boldsymbol{S}(\boldsymbol{\omega}_i)\boldsymbol{J}_i\boldsymbol{\omega}_i-\sum_{i=1}^{n}k_{ij}\boldsymbol{q}_{ij},\quad i\in\mathcal{N} \tag{A.38}$$

假设 $\boldsymbol{J}_i=\boldsymbol{J}$, $i\in\mathcal{N}$, 对上面 n 个方程式求和, 既然 $\boldsymbol{q}_{ij}=-\boldsymbol{q}_{ji}$ 且 $k_{ij}=k_{ji}$, 则有

$$\sum_{i=1}^{n}\sum_{j=1}^{n}k_{ij}\boldsymbol{q}_{ij}=0$$

成立, 利用这一事实, 可得到

$$\sum_{i=1}^{n}(\boldsymbol{J}\dot{\boldsymbol{\omega}}_i+\boldsymbol{S}(\boldsymbol{\omega}_i)\boldsymbol{J}\boldsymbol{\omega}_i)\to 0$$

根据 $\boldsymbol{\omega}_i\to\boldsymbol{\omega}_j$ 且 $\dot{\boldsymbol{\omega}}_i\to\dot{\boldsymbol{\omega}}_j$, $i,j\in\mathcal{N}$, 显然可得到

$$(\boldsymbol{J}\dot{\boldsymbol{\omega}}_i+\boldsymbol{S}(\boldsymbol{\omega}_i)\boldsymbol{J}\boldsymbol{\omega}_i)\to 0$$

式中: $i\in\mathcal{N}$, 因此根据式 (A.38) 可知

$$\sum_{i=1}^{n}k_{ij}\boldsymbol{q}_{ij}\to 0,\quad i\in\mathcal{N}$$

所以, 既然通信图被假设为一棵树, 那么利用引理 3.1, 就可得到 $\boldsymbol{Q}_{ij}\to\pm\boldsymbol{Q}_I$, $i,j\in\mathcal{N}$。证明的最后一部分可根据引理 3.1 得到。

A.6 定理 3.6 的证明

从式 (3.89) 和式 (3.91) 可得到 $\|\boldsymbol{\Gamma}_i\|_\infty\leqslant\boldsymbol{\Gamma}_{\max}$。根据角速度跟踪误差的定义式 (3.13) 及式 (2.28), 可得到

$$\dot{\tilde{\boldsymbol{\omega}}}_i=\dot{\boldsymbol{\omega}}_i-\boldsymbol{R}(\tilde{\boldsymbol{Q}}_i)\dot{\boldsymbol{\omega}}_d+\boldsymbol{S}(\tilde{\boldsymbol{\omega}}_i)\boldsymbol{R}(\tilde{\boldsymbol{Q}}_i)\boldsymbol{\omega}_d$$

利用与定理 3.1 相似的证明步骤, 根据向量积 (叉乘) 性质和式 (3.13), 进行一些代数运算后, 可得到

$$\begin{aligned}\boldsymbol{J}_i\dot{\tilde{\boldsymbol{\omega}}}_i=&\boldsymbol{\Gamma}_i-\boldsymbol{S}(\tilde{\boldsymbol{\omega}}_i)\boldsymbol{J}_i\left(\tilde{\boldsymbol{\omega}}_i-\boldsymbol{R}(\tilde{\boldsymbol{Q}}_i)\boldsymbol{\omega}_d\right)-\boldsymbol{J}_i\boldsymbol{R}(\tilde{\boldsymbol{Q}}_i)\dot{\boldsymbol{\omega}}_d-\\&\left(\boldsymbol{S}\left(\boldsymbol{R}(\tilde{\boldsymbol{Q}}_i)\boldsymbol{\omega}_d\right)\boldsymbol{J}_i+\boldsymbol{J}_i\boldsymbol{S}\left(\boldsymbol{R}(\tilde{\boldsymbol{Q}}_i)\boldsymbol{\omega}_d\right)\boldsymbol{J}_i\right)\tilde{\boldsymbol{\omega}}_i-\\&\boldsymbol{S}\left(\boldsymbol{R}(\tilde{\boldsymbol{Q}}_i)\boldsymbol{\omega}_d\right)\boldsymbol{J}_i\boldsymbol{R}(\tilde{\boldsymbol{Q}}_i)\boldsymbol{\omega}_d\end{aligned}\tag{A.39}$$

既然 $\boldsymbol{J}_i=\boldsymbol{J}_i^{\mathrm{T}}>0$, 可得到

$$\tilde{\boldsymbol{\omega}}_i^{\mathrm{T}}\boldsymbol{J}_i\dot{\tilde{\boldsymbol{\omega}}}_i=\tilde{\boldsymbol{\omega}}_i^{\mathrm{T}}\left(\boldsymbol{\Gamma}_i-\boldsymbol{J}_i\boldsymbol{R}(\tilde{\boldsymbol{Q}}_i)\dot{\boldsymbol{\omega}}_d-\boldsymbol{S}\left(\boldsymbol{R}(\tilde{\boldsymbol{Q}}_i)\boldsymbol{\omega}_d\right)\boldsymbol{J}_i\boldsymbol{R}(\tilde{\boldsymbol{Q}}_i)\boldsymbol{\omega}_d\right)\tag{A.40}$$

考虑下述类李雅普诺夫正定函数:

$$\begin{aligned}V=&\sum_{i=1}^{n}\left(\frac{1}{2}\tilde{\boldsymbol{\omega}}_i^{\mathrm{T}}\boldsymbol{J}_i\tilde{\boldsymbol{\omega}}_i+2k_i^p(1-\tilde{\eta}_i)+2k_i^d(1-\eta_i^e)\right)+\\&\sum_{i=1}^{n}\sum_{j=1}^{n}k_{ij}\left((1-\eta_{ij})+\bar{\gamma}(1-\tilde{\eta}_{ij}^e)\right)\end{aligned}\tag{A.41}$$

利用式 (3.4)、式 (3.12)、式 (3.32) 以及式 (3.71), 可推出 V 的时间导数如下:

$$\begin{aligned}\dot{V} = &\sum_{i=1}^{n}(\tilde{\boldsymbol{\omega}}_i^{\mathrm{T}}\boldsymbol{J}_i\dot{\tilde{\boldsymbol{\omega}}}_i + k_i^p\tilde{\boldsymbol{\omega}}_i^{\mathrm{T}}\tilde{\boldsymbol{q}}_i + k_i^d\boldsymbol{\Omega}_i^{\mathrm{T}}\boldsymbol{q}_i^e)+\\ &\sum_{i=1}^{n}\sum_{j=1}^{n}k_{ij}(\tilde{\boldsymbol{\omega}}_i^{\mathrm{T}}\boldsymbol{q}_{ij} + \bar{\gamma}\boldsymbol{\Omega}_i^{\mathrm{T}}\tilde{\boldsymbol{q}}_{ij}^e)\end{aligned} \tag{A.42}$$

由于通信图是无向的, 在上式中利用了关系式 (A.27) 和式 (A.34)。那么, 应用控制输入式 (3.23) 以及式 (3.85)、式 (3.86), 并且利用 $\boldsymbol{\Omega}_i = \left(\tilde{\boldsymbol{\omega}}_i + \boldsymbol{R}(\tilde{\boldsymbol{Q}}_i)\boldsymbol{\omega}_d - \boldsymbol{R}(\boldsymbol{Q}_i^e)\boldsymbol{\beta}_i\right)$ 这一事实, 可得到

$$\dot{V} = \sum_{i=1}^{n}(\boldsymbol{R}(\tilde{\boldsymbol{Q}}_i)\boldsymbol{\omega}_d - \boldsymbol{R}(\boldsymbol{Q}_i^e)\boldsymbol{\beta}_i)^{\mathrm{T}}\bar{\boldsymbol{\Gamma}}_i \tag{A.43}$$

式中 $\bar{\boldsymbol{\Gamma}}_i$ 在式 (3.88) 中给出。那么利用式 (3.87) 可得到

$$\dot{V} = -\sum_{i=1}^{n}\lambda_i\bar{\boldsymbol{\Gamma}}_i^{\mathrm{T}}\bar{\boldsymbol{\Gamma}}_i \tag{A.44}$$

式 (A.44) 意味着 $V(t) \leqslant V(0)$ 且 $\tilde{\boldsymbol{\omega}}_i$ 全局有界。根据单位四元数的定义,$\tilde{\boldsymbol{Q}}_i$、$\boldsymbol{Q}_i^e$、$\boldsymbol{Q}_{ij}$ 和 $\tilde{\boldsymbol{Q}}_{ij}^e$ 皆为自然有界向量。因此, 既然 $\boldsymbol{\omega}_d$ 有界, 显然 $\boldsymbol{\beta}_i$ 也是有界的, 从而 $\boldsymbol{\Omega}_i$、$\dot{\boldsymbol{Q}}_i^e$ 以及 $\dot{\tilde{\boldsymbol{Q}}}_{ij}^e$ 有界。所以, $\ddot{V}$ 有界, 并且借助 Barbalat 引理可得到以下结论:

$$k_i^d\boldsymbol{q}_i^e + \bar{\gamma}\sum_{j=1}^{n}k_{ij}\tilde{\boldsymbol{q}}_{ij}^e \to 0 \quad i \in \mathcal{N} \tag{A.45}$$

考虑到式 (3.70), 上面的方程组与方程组式 (3.15) 相似。因此, 利用引理 3.2 可知: 如果增益 k_i^d 满足条件式 (3.90), 则有 $\boldsymbol{q}_i^e \to 0$。于是得到结论: $\boldsymbol{\beta}_i \to \boldsymbol{R}(\boldsymbol{Q}_i^e)^{\mathrm{T}}\boldsymbol{R}(\tilde{\boldsymbol{Q}}_i)\boldsymbol{\omega}_d$ 且 $\boldsymbol{\Omega}_i \to \tilde{\boldsymbol{\omega}}_i$。

根据式 (A.39)、式 (3.23) 以及式 (3.85) 和式 (3.86) 可证明 $\dot{\tilde{\boldsymbol{\omega}}}_i$ 有界, 既然 $\dot{\boldsymbol{\omega}}_d$ 有界, 这又将意味着 $\dot{\boldsymbol{\Omega}}_i$ 也是有界的。因此 $\ddot{\boldsymbol{Q}}_i^e$ 有界, 从而 $\dot{\boldsymbol{Q}}_i^e \to 0$。根据式 (3.32) 与 Barbalat 引理, 这将意味着 $\boldsymbol{\Omega}_i \to 0$ 且 $\tilde{\boldsymbol{\omega}}_i \to 0$。同样, 根据式 (A.39)、式 (3.23) 以及式 (3.85) 和式 (3.86) 可证明 $\ddot{\tilde{\boldsymbol{\omega}}}_i$ 有界, 因此 $\dot{\tilde{\boldsymbol{\omega}}}_i \to 0$。

利用上述结果以及式 (3.23) 与式 (3.85) 和式 (3.86), 角速度跟踪误差动力学模型式 (A.39) 可简化为方程组式 (3.15)。因此, 利用引理 3.2 的结果, 可知 $\tilde{\boldsymbol{q}}_i \to 0, i \in \mathcal{N}$。而且, 既然 $\tilde{\boldsymbol{\omega}}_i \to 0$, $\boldsymbol{R}(\tilde{\boldsymbol{Q}}_i) \to \boldsymbol{I}_3$ 且 $\boldsymbol{R}(\boldsymbol{Q}_{ij}) \to \boldsymbol{I}_3$,

显然对于所有 $i,j\in\mathcal{N}$ 有 $\boldsymbol{\omega}_i\to\boldsymbol{\omega}_d$。证明的余下部分和引理 3.2 最后一部分的证明步骤类似。

A.7 引理 4.1 的证明

利用四元数的乘法定义和式 (3.3) 与式 (4.3) 中的相对姿态, 可得到下面的两个关系式:

$$\begin{aligned}\boldsymbol{q}_{ij}&=\eta_j\boldsymbol{q}_i-\eta_i\boldsymbol{q}_j+\boldsymbol{S}(\boldsymbol{q}_i)\boldsymbol{q}_j\\ \bar{\boldsymbol{q}}_{ij}&=\eta_j(t-\tau_{ij})\boldsymbol{q}_i-\eta_i\boldsymbol{q}_j(t-\tau_{ij})+\boldsymbol{S}(\boldsymbol{q}_i)\boldsymbol{q}_j(t-\tau_{ij})\end{aligned}\tag{A.46}$$

考虑到式 (2.30), 式 (A.46) 可重写如下:

$$\boldsymbol{q}_{ij}=-\boldsymbol{T}(\boldsymbol{Q}_i)^{\mathrm{T}}\boldsymbol{Q}_j,\quad \bar{\boldsymbol{q}}_{ij}=-\boldsymbol{T}(\boldsymbol{Q}_i)^{\mathrm{T}}\boldsymbol{Q}_j(t-\tau_{ij})\tag{A.47}$$

式中用到了关系式 $\boldsymbol{S}(\boldsymbol{q}_i)^{\mathrm{T}}=-\boldsymbol{S}(\boldsymbol{q}_i)$。

因此, 利用式 (4.1) 可得到

$$\begin{aligned}(\bar{\boldsymbol{q}}_{ij}-\boldsymbol{q}_{ij})^{\mathrm{T}}\boldsymbol{\omega}_i&=(-\boldsymbol{Q}_j(t-\tau_{ij})^{\mathrm{T}}\boldsymbol{T}(\boldsymbol{Q}_i)+\boldsymbol{Q}_j^{\mathrm{T}}\boldsymbol{T}(\boldsymbol{Q}_i))\boldsymbol{\omega}_i\\ &=2\dot{\boldsymbol{Q}}_i^{\mathrm{T}}(\boldsymbol{Q}_j-\boldsymbol{Q}_j(t-\tau_{ij}))\\ &=2\dot{\boldsymbol{Q}}_i^{\mathrm{T}}\int_{t-\tau_{ij}}^{t}\dot{\boldsymbol{Q}}_j\mathrm{d}s\end{aligned}\tag{A.48}$$

利用杨氏不等式, 可知

$$2\dot{\boldsymbol{Q}}_i^{\mathrm{T}}\int_{t-\tau_{ij}}^{t}\dot{\boldsymbol{Q}}_j\mathrm{d}s\leqslant\boldsymbol{\varepsilon}_{ij}\dot{\boldsymbol{Q}}_i^{\mathrm{T}}\dot{\boldsymbol{Q}}_i+\frac{1}{\boldsymbol{\varepsilon}_{ij}}\left(\int_{t-\tau_{ij}}^{t}\dot{\boldsymbol{Q}}_j\mathrm{d}s\right)^{\mathrm{T}}\left(\int_{t-\tau_{ij}}^{t}\dot{\boldsymbol{Q}}_j\mathrm{d}s\right)\tag{A.49}$$

式中: $\boldsymbol{\varepsilon}_{ij}>0$。不失一般性, 对于所有 $i,j\in\mathcal{N}$, 可取 $\boldsymbol{\varepsilon}_{ij}=\boldsymbol{\varepsilon}$。同样, 利用詹森不等式与引理 2.8, 可得到

$$\left(\int_{t-\tau_{ij}}^{t}\dot{\boldsymbol{Q}}_j\mathrm{d}s\right)^{\mathrm{T}}\left(\int_{t-\tau_{ij}}^{t}\dot{\boldsymbol{Q}}_j\mathrm{d}s\right)\leqslant\tau_{ij}\int_{t-\tau_{ij}}^{t}\dot{\boldsymbol{Q}}_j^{\mathrm{T}}\dot{\boldsymbol{Q}}_j\mathrm{d}s\tag{A.50}$$

最后, 综合上述关系式可得到式 (4.4)。

A.8 定理 4.2 的证明

考虑到式 (4.2)、式 (3.13) 以及输入式 (4.20), 闭环动力学模型可写成如下形式:

$$\boldsymbol{J}_i\dot{\tilde{\boldsymbol{\omega}}}_i=-k_i^q\tilde{\boldsymbol{q}}_i-k_i^\omega\tilde{\boldsymbol{\omega}}_i-\sum_{j=1}^{n}k_{ij}\bar{\boldsymbol{q}}_{ij}\tag{A.51}$$

考虑下面的类 Lyapunov-Krasovskii 泛函:

$$V=\sum_{i=1}^{n}\left(\frac{1}{2}\tilde{\boldsymbol{\omega}}_i^{\mathrm{T}}\boldsymbol{J}_i\tilde{\boldsymbol{\omega}}_i+2k_i^q(1-\tilde{\eta}_i)+\sum_{j=1}^{n}k_{ij}(1-\eta_{ij})\right)+ \\ \sum_{i=1}^{n}\sum_{j=1}^{n}\frac{k_{ij}\tau}{\boldsymbol{\varepsilon}}\int_{-\tau}^{0}\int_{t+s}^{t}\dot{\tilde{\boldsymbol{Q}}}_j^{\mathrm{T}}(\varrho)\dot{\tilde{\boldsymbol{Q}}}_j(\varrho)\mathrm{d}\varrho\mathrm{d}s \tag{A.52}$$

式中: $\varepsilon>0$, $\tau_{ij}\leqslant\tau$; $\tilde{\eta}_i$ 为 $\tilde{\boldsymbol{Q}}_i$ 的标量部分; η_{ij} 为单位四元数 $\boldsymbol{Q}_{ij}$ 的标量部分; $\boldsymbol{Q}_{ij}$ 为无通信延迟情况下的相对姿态, 在式 (3.3) 中给出。类似于式 (A.11), 可知

$$\boldsymbol{Q}_{ij}=\boldsymbol{Q}_j^{-1}\odot\boldsymbol{Q}_i=\tilde{\boldsymbol{Q}}_j^{-1}\odot\tilde{\boldsymbol{Q}}_i \tag{A.53}$$

利用式 (3.4) 与式 (3.12), 再根据式 (A.51) 可求出式 (A.52) 中 V 的时间导数如下:

$$\dot{V}=\sum_{i=1}^{n}\tilde{\boldsymbol{\omega}}_i^{\mathrm{T}}\left(-k_i^{\omega}\tilde{\boldsymbol{\omega}}_i-\sum_{j=1}^{n}k_{ij}(\bar{\boldsymbol{q}}_{ij}-\boldsymbol{q}_{ij})\right)+ \\ \sum_{i=1}^{n}\sum_{j=1}^{n}\frac{k_{ij}\tau}{\varepsilon}(\tau\dot{\tilde{\boldsymbol{Q}}}_j^{\mathrm{T}}\dot{\tilde{\boldsymbol{Q}}}_j-\int_{t-\tau}^{t}\dot{\tilde{\boldsymbol{Q}}}_j^{\mathrm{T}}\dot{\tilde{\boldsymbol{Q}}}_j\mathrm{d}s) \tag{A.54}$$

式 (A.54) 利用了关系式 (A.27)。现在, 采用引理 4.1 的证明步骤, 可知

$$(\bar{\boldsymbol{q}}_{ij}-\boldsymbol{q}_{ij})^{\mathrm{T}}\tilde{\boldsymbol{\omega}}_i\leqslant\boldsymbol{\varepsilon}\dot{\tilde{\boldsymbol{Q}}}_i^{\mathrm{T}}\dot{\tilde{\boldsymbol{Q}}}_i+\frac{\tau_{ij}}{\boldsymbol{\varepsilon}}\int_{t-\tau_{ij}}^{t}\dot{\tilde{\boldsymbol{Q}}}_j^{\mathrm{T}}\dot{\tilde{\boldsymbol{Q}}}_j\mathrm{d}s \tag{A.55}$$

利用与式 (4.14)、式 (4.15) 相似的关系式, 可得到

$$\dot{V}\leqslant-\sum_{i=1}^{n}k_i^z\tilde{\boldsymbol{\omega}}_i^{\mathrm{T}}\tilde{\boldsymbol{\omega}}_i \tag{A.56}$$

式中: k_i^z 在式 (4.9) 中给出。因此, $\dot{V}$ 是负半定的, 从而 $\tilde{\boldsymbol{\omega}}_i\in\mathcal{L}_2\cap\mathcal{L}_\infty$ 且 $\dot{\tilde{\boldsymbol{\omega}}}_i\in\mathcal{L}_\infty$, $i\in\mathcal{N}$。借助 Barbalat 引理, 可知 $\tilde{\boldsymbol{\omega}}_i\to0$, $i\in\mathcal{N}$。同样, 利用式 (4.19)、式 (A.53) 以及与式 (A.47) 相似的关系式, 可得到

$$\bar{\boldsymbol{q}}_{ij}=\boldsymbol{q}_{ij}-\boldsymbol{T}^{\mathrm{T}}(\tilde{\boldsymbol{Q}}_i)(\tilde{\boldsymbol{Q}}_j(t-\tau_{ij})-\tilde{\boldsymbol{Q}}_j)$$

式中: $\boldsymbol{q}_{ij}$ 为式 (A.53) 给出的单位四元数 $\boldsymbol{Q}_{ij}$ 的向量部分。所以, 闭环动力学模型式 (A.51) 等价于

$$\boldsymbol{J}_i\dot{\tilde{\boldsymbol{\omega}}}_i=-k_i^q\tilde{\boldsymbol{q}}_i-k_i^{\omega}\tilde{\boldsymbol{\omega}}_i-\sum_{j=1}^{n}k_{ij}\boldsymbol{q}_{ij}-\sum_{j=1}^{n}k_{ij}\boldsymbol{T}^{\mathrm{T}}(\tilde{\boldsymbol{Q}}_i)\int_{t-\tau_{ij}}^{t}\dot{\tilde{\boldsymbol{Q}}}_j\mathrm{d}s \tag{A.57}$$

既然已知 $\tilde{\boldsymbol{\omega}}_i \to 0$ 且 τ_{ij} 有界, 可得到

$$\int_{t-\tau_{ij}}^{t} \dot{\tilde{\boldsymbol{Q}}}_j \mathrm{d}s \to 0$$

另外, $\tilde{\boldsymbol{\omega}}_i \in \mathcal{L}_\infty$ 意味着 $\boldsymbol{q}_{ij}$ 和 $\tilde{\boldsymbol{q}}_i$ 是一致连续的。借助扩展 Barbalat 引理 (引理 2.4), 可得到 $\dot{\tilde{\boldsymbol{\omega}}}_i \to 0, i \in \mathcal{N}$, 并且通过 k_i^p 代替 k_i^q (通过 k_i^q 代替 k_i^p, 原著此处有误), 可将式 (A.57) 简化为式 (A.29)。回忆引理 3.2, 如果条件式 (3.16) 满足, 则可推出 $\tilde{\boldsymbol{Q}}_i \to \pm \boldsymbol{Q}_I$。最后, 注意到式 (A.29) 渐近成立, 证明的最后一部分可根据引理 3.2 得到。

A.9 定理 4.6 的证明

考虑下面的类 Lyapunov-Krasovskii 泛函:

$$W = V_1 + V_4 \tag{A.58}$$

式中: V_1 由式 (4.42) 给出, 并且

$$V_4 = 2\sum_{i=1}^{n} \gamma_i (1 - \tilde{\eta}_{v_i}) + \frac{1}{2}\sum_{i=1}^{n}\sum_{j=1}^{n} \gamma_i k_{ij} \int_{t-\tau_{ij}}^{t} \tilde{\boldsymbol{q}}_{v_j}^{\mathrm{T}} \tilde{\boldsymbol{q}}_{v_j} \mathrm{d}s \tag{A.59}$$

式中: $\tilde{\eta}_{v_i}$ 为式 (4.52) 中 $\tilde{\boldsymbol{Q}}_{v_i}$ 的标量部分; γ_i 为引理 2.10 中向量 $\boldsymbol{\gamma} \in \mathbb{R}^n$ 的第 i 个分量。利用式 (4.61), 根据式 (4.53) 可求出 V_4 的时间导数如下:

$$\begin{aligned}\dot{V}_4 = &\sum_{i=1}^{n} \gamma_i \tilde{\boldsymbol{q}}_{v_i}^{\mathrm{T}} \left(-k_i^q \tilde{\boldsymbol{q}}_{v_i} - \sum_{j=1}^{n} k_{ij} (\tilde{\boldsymbol{q}}_{v_i} - \tilde{\boldsymbol{q}}_{v_j}(t-\tau_{ij})) \right) \\ &+ \frac{1}{2}\sum_{i=1}^{n}\sum_{j=1}^{n} \gamma_i k_{ij} (\tilde{\boldsymbol{q}}_{v_j}^{\mathrm{T}} \tilde{\boldsymbol{q}}_{v_j} - \tilde{\boldsymbol{q}}_{v_j}^{\mathrm{T}}(t-\tau_{ij}) \tilde{\boldsymbol{q}}_{v_j}(t-\tau_{ij}))\end{aligned} \tag{A.60}$$

既然假设有向通信图是强连通的, 那么利用引理 2.10 可知

$$\sum_{i=1}^{n}\sum_{j=1}^{n} \gamma_i \frac{k_{ij}}{2} (\tilde{\boldsymbol{q}}_{v_i}^{\mathrm{T}} \tilde{\boldsymbol{q}}_{v_i} - \tilde{\boldsymbol{q}}_{v_j}^{\mathrm{T}} \tilde{\boldsymbol{q}}_{v_j}) = \frac{1}{2}\gamma^{\mathrm{T}} \boldsymbol{L}\boldsymbol{x} = \boldsymbol{0}$$

式中: $\boldsymbol{x} := (\tilde{\boldsymbol{q}}_{v_1}^{\mathrm{T}} \tilde{\boldsymbol{q}}_{v_1}, \cdots, \tilde{\boldsymbol{q}}_{v_n}^{\mathrm{T}} \tilde{\boldsymbol{q}}_{v_n})^{\mathrm{T}}$; $\boldsymbol{L}$ 为式 (2.9) 定义的拉普拉斯矩阵。因此

$$\dot{V}_4 = -\sum_{i=1}^{n} k_i^q \tilde{\boldsymbol{q}}_{v_i}^{\mathrm{T}} \tilde{\boldsymbol{q}}_{v_i} - \frac{k}{2}\sum_{i=1}^{n}\sum_{j=1}^{n} \gamma_i k_{ij} (\tilde{\boldsymbol{q}}_{v_i} - \tilde{\boldsymbol{q}}_{v_j}(t-\tau_{ij}))^{\mathrm{T}} (\tilde{\boldsymbol{q}}_{v_i} - \tilde{\boldsymbol{q}}_{v_j}(t-\tau_{ij})) \tag{A.61}$$

考虑到式 (4.44) 与式 (A.61), W 的时间导数是负半定的, 因此 $\boldsymbol{\omega}_i^e \in \mathcal{L}_\infty$, 并且 $\tilde{\boldsymbol{q}}_i^e$、$\tilde{\boldsymbol{q}}_{v_i}$、$(\tilde{\boldsymbol{q}}_{v_i} - \tilde{\boldsymbol{q}}_{v_j}(t-\tau_{ij})) \in \mathcal{L}_2 \cap \mathcal{L}_\infty$。注意到 $\tilde{\boldsymbol{Q}}_i^e$、$\tilde{\boldsymbol{Q}}_{v_i}$ 和 $\bar{\boldsymbol{Q}}_{v_{ij}}$ 自然有界。另外, 既然 $\tilde{\boldsymbol{\omega}}_i^e, \tilde{\boldsymbol{\omega}}_{v_i} \in \mathcal{L}_\infty$, 那么根据式 (4.28) 与式 (4.53) 很容易证明 $\dot{\tilde{\boldsymbol{q}}}_i^e$、$\dot{\tilde{\boldsymbol{q}}}_{v_i} \in \mathcal{L}_\infty$。既然通信图是强连通的, 结果就有 $\tilde{\boldsymbol{q}}_{v_i} \to 0$ 且 $(\tilde{\boldsymbol{q}}_{v_i} - \tilde{\boldsymbol{q}}_{v_j}(t-\tau_{ij})) \to 0$, $i, j \in \mathcal{N}$。同样, 从式 (4.61) 可以证明 $\tilde{\boldsymbol{\omega}}_{v_i} \to 0$, 从而 $\boldsymbol{\omega}_{v_i} \to \boldsymbol{\omega}_d$, $i \in \mathcal{N}$。结果, 所有的虚拟系统都将它们的姿态同步到参考姿态。

上述结果保证了 $\tilde{\boldsymbol{q}}_i^e \to 0$, 从而 $\tilde{\boldsymbol{Q}}_i^e \to \pm \boldsymbol{Q}_I$。同样, 既然 $\boldsymbol{\omega}_d$ 和 $\dot{\boldsymbol{\omega}}_d$ 有界, 显然 $\boldsymbol{\omega}_{v_i}$ 和 $\dot{\boldsymbol{\omega}}_{v_i}$ 亦有界。结果, 根据式 (4.36) 可知 $\dot{\boldsymbol{\omega}}_i^e \in \mathcal{L}_\infty$, 从而 $\dot{\tilde{\boldsymbol{\omega}}}_i^e \in \mathcal{L}_\infty$。这意味着 $\ddot{\tilde{\boldsymbol{Q}}}_i^e \in \mathcal{L}_\infty$, 并且借助 Barbalat 引理可得到结论 $\dot{\tilde{\boldsymbol{Q}}}_i^e \to 0$。结果, 从式 (4.29) 可推出 $\tilde{\boldsymbol{\omega}}_i^e \to 0$, 因此 $\boldsymbol{\omega}_i^e \to 0$ 且 $\boldsymbol{\omega}_i \to \boldsymbol{\omega}_{v_i}$, $i \in \mathcal{N}$。

另外, 根据式 (4.25) 以及式 (4.36) 的一阶时间导数可得出 $\ddot{\boldsymbol{\omega}}_i^e \in \mathcal{L}_\infty$。借助 Barbalat 引理可得到 $\dot{\boldsymbol{\omega}}_i^e \to 0$, 这意味着 $\boldsymbol{q}_i^e \to 0$, $i \in \mathcal{N}$。所以, 各个刚体系统通过其相应虚拟系统的姿态来同步自己的姿态。最后, 综合上述结果, 可断定协同姿态跟踪得以实现。

A.10 引理 7.1 的证明

考虑下面的类 Lyapunov-Krasovskii 泛函:

$$
\begin{aligned}
W = & \frac{1}{2}\sum_{i=1}^{n} \dot{\boldsymbol{\alpha}}_i^{\mathrm{T}} \dot{\boldsymbol{\alpha}}_i + \frac{1}{4}\sum_{i=1}^{n}\sum_{j=1}^{n} k_{ij} \bar{\boldsymbol{\alpha}}_{ij}^{\mathrm{T}} \bar{\boldsymbol{\alpha}}_{ij} + \\
& \sum_{i=1}^{n}\sum_{j=1}^{n} \frac{k_{ij}}{2\varepsilon} \tau \int_{-\tau}^{0}\int_{t+s}^{t} \dot{\boldsymbol{\alpha}}_j^{\mathrm{T}}(\rho) \dot{\boldsymbol{\alpha}}_j(\rho) \mathrm{d}\rho \mathrm{d}s
\end{aligned}
\tag{A.62}
$$

式中: $\bar{\boldsymbol{\alpha}}_{ij} = (\boldsymbol{\alpha}_i - \boldsymbol{\alpha}_j - \boldsymbol{\delta}_{ij}), \tau_{ij} \leqslant \tau$, $i, j \in \mathcal{E}$, $\varepsilon > 0$。采取与定理 7.1 相类似的证明步骤, 根据式 (7.54) 可计算出 W 的时间导数的上界如下:

$$
\dot{W} \leqslant -\sum_{i=1}^{n} (k_i^z |\dot{\boldsymbol{\alpha}}_i| - \bar{\varepsilon}_i^b) |\dot{\boldsymbol{\alpha}}_i| \tag{A.63}
$$

式中: k_i^z 在式 (7.15) 中给出。显然在如下的集合 $\bar{\mathcal{S}}$ 之外, $\dot{W} < 0$, 即

$$
\bar{\mathcal{S}} = \left\{ \dot{\boldsymbol{\alpha}}_i \| \dot{\boldsymbol{\alpha}}_i| \leqslant \frac{\bar{\varepsilon}_i^b}{k_i^z} \right\} \tag{A.64}
$$

因此 $\dot{\boldsymbol{\alpha}}_i$ $(i \in \mathcal{N})$ 和 $(\boldsymbol{\alpha}_i - \boldsymbol{\alpha}_j)$ $(i, j \in \mathcal{E})$ 在集合 $\bar{\mathcal{S}}$ 之外有界。既然无向通信图是连通的, 这最后一个结果对所有 $i, j \in \mathcal{N}$ 都有效。显然, 随着 $\bar{\varepsilon}_i \to 0$, $\dot{\boldsymbol{\alpha}}_i$ 将最终到达集合 $\bar{\mathcal{S}}$ 并趋于零。

现在, 利用与式 (7.33) 相似的关系式, 式 (7.54) 可重写如下:

$$\ddot{\boldsymbol{\alpha}}_i = -k_i^v \dot{\boldsymbol{\alpha}}_i - \sum_{j=1}^{n} k_{ij}(\boldsymbol{\alpha}_i - \boldsymbol{\alpha}_j - \boldsymbol{\delta}_{ij}) - \sum_{j=1}^{n} k_{ij} \int_{t-\tau_{ij}}^{t} \dot{\boldsymbol{\alpha}}_j \mathrm{d}s + \bar{\boldsymbol{\varepsilon}}_i \tag{A.65}$$

那么, 借助引理 2.4, 既然 $\dot{\boldsymbol{\alpha}}_i$ 有界, $\dot{\boldsymbol{\alpha}}_i \to 0$ 且 $\bar{\boldsymbol{\varepsilon}}_i \to 0$, 于是根据式 (A.65) 可知 $\ddot{\boldsymbol{\alpha}}_i \to 0$。因此, 式 (A.65) 可简化为

$$\sum_{j=1}^{n} k_{ij}(\boldsymbol{\alpha}_i - \boldsymbol{\alpha}_j - \boldsymbol{\delta}_{ij}) \to 0, \quad i \in \mathcal{N} \tag{A.66}$$

式 (A.66) 与定理 6.1 证明中所用到的式 (6.34) 相等价。采用与定理 6.1 相似的证明步骤, 可推出: 对于所有 $i, j \in \mathcal{N}$, 有 $(\boldsymbol{\alpha}_i - \boldsymbol{\alpha}_j) \to \boldsymbol{\delta}_{ij}$。

参考文献

1. Abdessameud A, Tayebi A (2008) Decentralized attitude alignment control of spacecraft within a formation without angular velocity measurements. In: Proceedings of the 17th IFAC world congress, pp 1766–1771.
2. Abdessameud A, Tayebi A (2008) Attitude synchronization of a spacecraft formation without velocity measurement. In: Proceedings of the 47th IEEE conference on decision and control, pp 3719–3724.
3. Abdessameud A, Tayebi A (2009) Attitude synchronization of a group of spacecraft without velocity measurements. IEEE Trans Autom Control 54(11): 2642–2648.
4. Abdessameud A, Tayebi A (2009) On the coordinated attitude alignment of a group of spacecraft without velocity measurements. In: Proceedings of the 48th IEEE conference on decision and control, pp 1476–1481.
5. Abdessameud A, Tayebi A (2009) Formation control of VTOL UAVs. In: Proceedings of the 48th conference on decision and control, pp 3454–3459.
6. Abdessameud A, Tayebi A (2010) Global trajectory tracking control of VTOL-UAVs without linear velocity measurements. Automatica 46(6):1053–1059.
7. Abdessameud A, Tayebi A (2010) On consensus algorithms for double-integrator dynamics without velocity measurements and with input constraints. Syst Control Lett 59:812–821.
8. Abdessameud A, Tayebi A (2010) Velocity-free consensus algorithms for double-integrator dynamics with input saturations constraints. In: Proceedings of the 49th conference on decision and control, pp 4486–4491.

9. Abdessameud A, Tayebi A (2010) Formation stabilization of VTOL UAVs subject to communication delays. In: Proceedings of the 49th conference on decision and control, pp 4547–4552.

10. Abdessameud A, Tayebi A (2011) Formation control of VTOL unmanned aerial vehicles with communication delays. Automatica 47(11):2383–2394.

11. Abdessameud A, Tayebi A (2011) Synchronization of networked Lagrangian systems with input constraints. In: Proceedings of the 18th IFAC world congress, pp 2382–2387.

12. Abdessameud A, Tayebi A (2011) A unified approach to the velocity-free consensus algorithms design for double integrator dynamics with input saturations. In: Proceedings of the 50th IEEE conference on decision and control and European control conference (CDC-ECC), pp 4903–4908.

13. Abdessameud A, Tayebi A (2013) On consensus algorithm design for double integrator dynamics. Automatica 49:253–260.

14. Abdessameud A, Tayebi A, Polushin IG (2012) Attitude synchronization of multiple rigid bodies with communication delays. IEEE Trans Autom Control 57(9):2405–2411.

15. Abdessameud A, Tayebi A, Polushin IG (2012) Consensus algorithms design for constrained heterogeneous multi-agent systems. In: Proceedings of the 51st IEEE conference on decision and control (CDC), pp 825–830.

16. Aguiar AP, Hespanha JP (2007) Trajectory-tracking and path-following of underactuated autonomous vehicles with parametric modeling uncertainty. IEEE Trans Autom Control 52(8):1362–1379.

17. Akella MR (2001) Rigid body attitude tracking without angular velocity feedback. Syst Control Lett 42(4):321–326.

18. Akella MR, Valdivia A, Kotamraju GR (2005) Velocity-free attitude controllers subject to actuator magnitude and rate saturations. J Guid Control Dyn 28(4):659–666.

19. Anderson B, Fidan B, Yu C, Walle D (2008) UAV formation control: theory and application. In: Recent advances in learning and control, pp 15–33.

20. Antonelli G, Chiaverini S (2006) Kinematic control of platoons of autonomous vehicles. IEEE Trans Robot 22(6):1285–1292.

21. ArcakM(2007) Passivity as a design tool for group coordination. IEEE Trans Autom Control 52(8):1380–1390.

22. Bai H, Arcak M,Wen J (2008) Rigid body attitude coordination without inertial frame information. Automatica 44(12):3170–3175.

23. Bai H, Arcak M, Wen J (2011) Cooperative control design: a systematic, passivity-based approach. Communications and control engineering series. Springer, New York.

24. Balch T, Arkin R C (1998) Behavior-based formation control for multirobot teams. IEEE Trans Robot Autom 14:926–939.

25. Beard R, Hadaegh F (1998) Constellation templates: an approach to autonomous formation flying. In: World automation congress, pp 1771–1776.

26. Beard R W, Lawton J, Hadaegh FY (2001) A coordination architecture for spacecraft formation control. IEEE Trans Control Syst Technol 9(6):777–790.

27. Benzemrane K, Santosuosso G, Damm G (2007) Unmanned aerial vehicle speed estimation via nonlinear adaptive observers. In: Proceedings of the American control conference, pp 985–990.

28. Berghuis H, Nijmeijer H (1993) A passivity approach to controller–observer design for robots. IEEE Trans Robot Autom 9(6):740–754.

29. Bhat S P, Bernstein D S (2000) Topological obstruction to continuous global stabilization of rotational motion and the unwinding phenomenon. Syst Control Lett 39(1):63–70.

30. Bondhus A K, Pettersen K Y, Nijmeijer H (2005) Master-slave synchronization of robot manipulators: experimental results. In: Proceedings of the 16th IFAC world congress.

31. Caccavale F, Villani L (1999) Output feedback control for attitude tracking. Syst Control Lett 38(2):91–98.

32. Caccavale F, Chiacchio P, Chiaverini S (1998) A quaternion-based regulator for cooperative manipulators. In: Proceedings of the IEEE international conference on control applications, pp 557–561.

33. Chaturvedi N, Sanyal A, McClamroch NH (2011) Rigid-body attitude control. IEEE Control Syst Mag 31(3):30–51.

34. Cheviron T, Hamel T, Mahony R, Baldwin G (2007) Robust nonlinear fusion of inertial and visual data for position, velocity and attitude estimation of UAV. In: Proceedings of the IEEE international conference on robotics and automation, pp 2010–2016.

35. Chopra N, Spong M (2006) Passivity-based control of multi-agent systems. In: Advances in robot control: from everyday physics to human-like movements, pp 107–134.

36. Chopra N, Spong M, Lozano R (2008) Synchronization of bilateral teleoperators with time delay. Automatica 44(8):2142–2148.

37. Chung S-J, Slotine J-JE (2009) Cooperative robot control and concurrent synchronization of Lagrangian systems. IEEE Trans Robot 25(3):686–700.

38. Chung S-J, Ahsun U, Slotine J-JE (2009) Application of synchronization to formation flying spacecraft: Lagrangian approach. J Guid Control Dyn 32(2):512–526.

39. Costic BT, Dawson DM, de Queiroz MS, Kapila V (2001) A quaternion-based adaptive attitude tracking controller without velocity measurements. J Guid Control Dyn 24:6.

40. Desai J (2002) A graph theoretic approach for modeling mobile robot team formations. J Robot Syst 19(11):511–525.

41. Diebel J (2006) Representing attitude: Euler angles, unit quaternions, and rotation vectors. Technical report, Stanford University.

42. Dimarogonas D, Tsiotras P, Kyriakopoulos K (2009) Leader-follower cooperative attitude control of multiple rigid bodies. Syst Control Lett 58(6):429–435.

43. Do KD, Jiang ZP, Pan J (2003) On global tracking control of a VTOL aircraft without velocity measurements. IEEE Trans Autom Control 48(12):2212–2217.

44. Egerstedt M, Hu X, Stotsky A (2001) Control of mobile platforms using a virtual vehicle approach. IEEE Trans Autom Control 46(11):1777–1782.

45. Eklund JM, Sprinkle J, Sastry S (2005) Implementing and testing a nonlinear model predictive tracking controller for aerial pursuit/evasion games on a fixed wing aircraft. In: Proceedings of the American control conference, pp 1509–1514.

46. Erdong J, Zhaowei S (2009) Robust attitude synchronization controllers design for spacecraft formation. IET Control Theory Appl 3(3):325–339.

47. Erdong J, Xiaoleib J, Zhaoweia S (2008) Robust decentralized attitude coordination control of spacecraft formation. Syst Control Lett 57:567–577.

48. Fahimi F (2008) Full formation control for autonomous helicopter groups. Robotica 26(02):143–156.

49. Fax JA, Murray RM (2004) Information flow and cooperative control of vehicle formations. IEEE Trans Autom Control 49(9):1465–1476.

50. Frazzoli E, Dahleh MA, Feron E (2000) Trajectory tracking control design for autonomous helicopters using a backstepping algorithm. In: Proceedings of the of the American control conference, pp 4102–4107.

51. Giulietti F, Pollini L, Innocenti M (2000) Autonomous formation flight. IEEE Control Syst Mag 20(66):34–44.

52. Grøtli EI, Gravdahl JT (2008) Output attitude tracking of a formation of spacecraft. In: Proceedings of the 17th IFAC world congress, pp 2137–2143.

53. Gu K, Kharitonov V L, Chen J (2003) Stability of time-delay systems. Birkhauser, Boston.

54. Gu Y, Seanor B, Campa G, Napolitano MR, Rowe L, Gururajan S, Wan S (2006) Design and flight testing evaluation of formation control laws. IEEE Trans Control Syst Technol 14(6):1105–1112.

55. Hadaegh F Y, Lu W M, Wang P K C (1998) Adaptive control of formation flying spacecraft for interferometry. In: IFAC conference on large scale systems, pp 97–102.

56. Hamel T, Mahony R, Lozano R, Ostrowski J (2002) Dynamic modelling and configuration stabilization for an X4-flyer. In: Proceedings of the 15th IFAC world congress.

57. Hauser J, Sastry S, Meyer G (1992) Nonlinear control design for slightly non-minimum phase systems: applications to V/Stol aircraft. Automatica 28(4):665–679.

58. Hong-Yong Y, Xun-Lin Z, Si-Ying Z (2010) Consensus of second-order delayed multi-agent systems with leader-following. Eur J Control 15:1–12.

59. Hu X, Alarcón DF, Gustavi T (2003) Sensor-based navigation coordination for mobile robots. In: Proceedings of the 42nd IEEE conference on decision and control, pp 6375–6380.

60. Hua M, Hamel T, Morin P, Samson C (2009) A control approach for thrust-propelled underactuated vehicles and its application to VTOL drones. IEEE Trans Autom Control 54(8):1837–1853.

61. Igarashi Y, Hatanaka T, Fujita M, Spong MW (2009) Passivity-based attitude synchronization in SE(3). IEEE Trans Control Syst Technol 17(5):1119–1134.

62. Ihle IAF, Jouffroy J, Fossen TI (2005) Formation control of marine surface craft using Lagrange multipliers. In: Proceedings of the joint 44th IEEE conference on decision and control, and the European control conference, pp 752–758.

63. Ioannou P, Sun J (1996) Robust adaptive control. Prentice Hall, New York.

64. Jadbabaie A, Lin J, Morse AS (2003) Coordination of groups of mobile autonomous agents using nearest neighbour rules. IEEE Trans Autom Control 48(6):988–1001.

65. Jungnickel D (2005) Graphs. Networks and algorithms, vol 5. Springer, Berlin.

66. Kaminer I, Pascoal A, Hallberg E, Silvestre C (1998) Trajectory tracking for autonomous vehicles: an integrated approach to guidance and control. J Guid Control Dyn 21(1):29–38.

67. Kang W, Yeh H (2002) Co-ordinated attitude control of multi-satellite systems. Int J Robust Nonlinear Control 12(2–3):185–205.

68. Kendoul F, Lara D, Fantoni I, Lozano R (2006) Nonlinear control for systems with bounded inputs: real-time embedded control applied to UAVs. In: Proceedings of the 45th IEEE conference on decision and control, pp 5888–5893.

69. Khalil H. (2002) Nonlinear systems, 3rd edn. Prentice Hall, New York.

70. Khatib O. (1986) Real-time obstacle avoidance for manipulators and mobile robots. Int J Robot Res 5(1):90–99.

71. Koditschek D. (1988) Application of a new Lyapunov function to global adaptive attitude tracking. In: Proceedings of the 27th IEEE conference on decision and control, pp 63–68.

72. Koo T, Sastry S (1998) Output tracking control design of a helicopter model based on approximate linearization. In: Proceedings of the 37th conference on decision and control, pp 3635–3640.

73. Kristiansen R (2008) Dynamic synchronization of spacecraft. Modeling and coordinated control of leader-follower spacecraft formations. PhD thesis, Norwegian University of Science and Technology.

74. Kristiansen R, Nicklasson PJ, Gravdahl JT (2008) Spacecraft coordination control in 6DOF: integrator backstepping vs passivity-based control. Automatica 44:2896–2901.

75. Kristiansen R, Loría A, Chaillet A, Nicklasson P (2009) Spacecraft relative rotation tracking without angular velocity measurements. Automatica 45(3):750–756.

76. Krsti'c M, Kanellakopoulos I, Kokotovi'c P (1995) Nonlinear and adaptive control design. Adaptive and learning systems for signal processing, communications and control. Wiley, New York.

77. Kyrkjebø E, Panteley E, Chaillet A, Pettersen KY (2006) Virtual vehicle approach to underway replenishment. In: Pettersen KY, Gravdahl JT, Nijmeijer H (eds) Group coordination and cooperative control. Lecture notes in control and information sciences, vol 336. Springer, Berlin, pp 171–189.

78. Lawton J, Beard RW (2000) Elementary attitude formation maneuver via leader-following and behaviour-based control. In: Proceedings of the AIAA guidance, navigation and control conference.

79. Lawton J, Beard RW (2002) Synchronized multiple spacecraft rotations. Automatica 38(8):1359–1364.

80. Lawton J, Young BJ, Beard R W (2000) A decentralized approach to elementary formation maneuvers. In: Proceedings of the IEEE international conference on robotics and automation, pp 2728–2733.

81. Lawton J, Beard R W, Young B (2003) A decentralized approach to formation maneuvers. IEEE Trans Robot Autom 19(6):933–941

82. Lee D, SpongMW (2006) Agreement with non-uniform information delays. In: Proceedings of the American control conference, pp 756–761.

83. Lee D, Spong MW (2007) Stable flocking of multiple inertial agents on balanced graphs. IEEE Trans Autom Control 52(8):1469–1475.

84. Lewis M, Tan K (1997) High precision formation control of mobile robots using virtual structures. Auton Robots 4(1):387–403.

85. Lindensmith C (2003) Technology plan for the Terrestrial Planet Finder. JPL publication 03–007.

86. Lizarralde F, Wen JT (1996) Attitude control without angular velocity measurement: a passivity approach. IEEE Trans Autom Control 41(3):468–472.

87. Lizarralde F,Wen JT, Hsu L (1995) Quaternion-based coordinated control of a subsea mobile manipulator with only position measurements. In: Proceedings of the 34nd IEEE conference on decision and control, pp 3996–4001.

88. Madani T, Benallegue A (2007) Backstepping control with exact 2-sliding mode estimation for a quadrotor unmanned aerial vehicle. In: Proceedings of the IEEE/RSJ international conference on intelligent robots and systems, pp 141–146.

89. Mahony R, Hamel T (2001) Adaptive compensation of aerodynamic effects during takeoff and landing manoeuvers for a scale model autonomous helicopter. Eur J Control 7:43–58.

90. Mahony R, Kumar V, Corke P (2012) Multirotor aerial vehicles. Modeling, estimation, and control of quadrotor. IEEE Robot Autom Mag 19(3):20–32.

91. May RM (1979) Flight formations in geese and other birds. Nature 282:778–780.

92. Mayhew CG, Sanfelice RG, Sheng J, Arcak M, Teel AR (2012) Quaternion-based hybrid feedback for robust global attitude synchronization. IEEE Trans Autom Control 57(8):2112–2127.

93. Mei J, Ren W, Ma G (2011) Distributed coordinated tracking with a dynamic leader for multiple Euler–Lagrange systems. IEEE Trans Autom Control 56(6):1415–1421.

94. Meng Z, You Z, Li G, Fan C (2010) Cooperative attitude control of multiple rigid bodies with multiple time-varying delays and dynamically changing topologies. Math Probl Eng 2010:621594.

95. Meng Z, Yu W, Ren W (2010) Discussion on: "Consensus of second-order delayed multiagent systems with leader-following. Eur J Control 2:200–205.

96. Mesbahi M, Hadaegh FY (2001) Formation flying of multiple spacecraft via graphs, matrix inequalities, and switching. J Guid Control Dyn 24(2):369–377.

97. Moshtagh N, Jadbabaie A (2007) Distributed geodesic control laws for flocking of nonholonomic agents. IEEE Trans Autom Control 52(4):681–686.

98. Münz U, Papachristodoulou A, Allgöwer F (2008) Delay-dependent rendezvous and flocking of large scale multi-agent systems with communication delays. In: Proceedings of the 47th conference on decision and control, pp 2038–2043.

99. Münz U, Papachristodoulou A, Allgöwer F (2010) Delay robustness in consensus problems. Automatica 46(8):1252–1265.

100. Münz U, Papachristodoulou A, Allgöwer F (2011) Robust consensus controller design for nonlinear relative degree two multi-agent systems with communication constraints. IEEE Trans Autom Control 56(1):145–151.

101. Nuño E, Basañez L, Ortega R (2011) Passivity-based control for bilateral teleoperation: a tutorial. Automatica 47:485–495.

102. Nuño E, Ortega R, Basañez L, Hill D (2011) Synchronization of networks of nonidentical Euler–Lagrange systems with uncertain parameters and communication delays. IEEE Trans Autom Control 56(4):935–941.

103. Olfati-Saber R (2002) Global configuration stabilization for the VTOL aircraft with strong input coupling. IEEE Trans Autom Control 47(11):1949–1952.

104. Olfati-Saber R (2006) Flocking for multi-agent dynamic systems: algorithms and theory. IEEE Trans Autom Control 51(3):401–420.

105. Olfati-Saber R, Murray R (2004) Consensus problems in networks of agents with switching topology and time-delays. IEEE Trans Autom Control 49(9): 1520–1533.

106. Olfati-Saber R, Fax JA, Murray RM (2007) Consensus and cooperation in networked multiagent systems. Proc IEEE 95(1):215–233.

107. Pflimlin JM, Soures P, Hamel T (2007) Position control of a ducted fan VTOL UAV in crosswind. Int J Control 80(5):666–683.

108. Polushin IG, Tayebi A, Marquez H (2006) Control schemes for stable teleoperation with communication delay based on IOS small gain theorem. Automatica 42(6):905–915.

109. Prouty RW (1995) Helicopter performance, stability and control. Krieger, Melbourne.

110. Qu Z (2009) Cooperative control of dynamical systems. Applications to autonomous vehicles. Springer, London.

111. RenW(2007) Distributed attitude alignment in spacecraft formation flying. Int J Adapt Control Signal Process 21:95–113.

112. Ren W (2007) Formation keeping and attitude alignment for spacecraft through local interactions. J Guid Control Dyn 30(2):633–638.

113. Ren W (2008) On consensus algorithms for double-integrator dynamics. IEEE Trans Autom Control 53(6):1503–1509.

114. Ren W (2010) Distributed cooperative attitude synchronization and tracking for multiple rigid bodies. IEEE Trans Control Syst Technol 18(2):383–392.

115. RenW, Beard RW(2002) Virtual structure based spacecraft formation control with formation feedback. In: AIAA guidance, navigation, and control conference, pp 2002–4963.

116. Ren W, Beard RW (2004) Decentralized scheme for spacecraft formation flying via the virtual structure approach. J Guid Control Dyn 27(1):73–82.

117. Ren W, Beard RW (2008) Distributed consensus in multi-vehicle cooperative control. Communications and control engineering series. Springer, London.

118. Ren W, Cao Y (2011) Distributed coordination of multi-agent networks. Communications and control engineering series. Springer, London.

119. Ren W, Beard R W, McLain TW (2005) Coordination variables and consensus building in multiple vehicle systems. In: Kumar V, Leonard NE, Morse AS (eds) Cooperative control. Lecture notes in control and information sciences, vol 309. Springer, Berlin, pp 171–188.

120. Ren W, Beard R W, Atkins E M (2007) Information consensus in multivehicle cooperative control: collective group behavior through local interaction. IEEE Control Syst Mag 27(2):71–82.

121. Roberts A (2007) Attitude estimation and control of a ducted fan VTOL UAV. Master's thesis, Lakehead University.

122. Roberts A, Tayebi A (2011) Adaptive position tracking of VTOL-UAVs. IEEE Trans Robot 27(1):129–142.

123. Rodriguez-Angeles A, Nijmeijer H (2004) Mutual synchronization of robots via estimated state feedback: a cooperative approach. IEEE Trans Control Syst Technol 12(4):542–554.

124. Rondon E, Salazar S, Escareno J, Lozano R (2009) Vision-based position control of a tworotor VTOL miniUAV. IEEE Trans Autom Control 57: 49–64.

125. Saffarian M, Fahimi F (2009) Non-iterative nonlinear model predictive approach applied to the control of helicopters' group formation. Robot Auton Syst 57(6–7):749–757.

126. Salcudean S (1991) A globally convergent angular velocity observer for rigid body motion. IEEE Trans Autom Control 36(12):1493–1497.

127. Sarlette A, Sepulchre R, Leonard NE (2008) Autonomous rigid body attitude synchronization. Automatica 45:572–577.

128. Scharf DP, Hadaegh FY, Ploen SR (2004) A survey of spacecraft formation flying guidance and control (part Ⅱ): Control. In: Proceeding of the American control conference, pp 2976–2985.

129. Seuret A, Dimarogonas D, Johansson K (2009) Consensus of double integrator multi-agents under communication delay. In: Proceedings of the 8th IFAC workshop on time delay systems, pp 376–381.

130. Shuster MD (1993) A survey of attitude representations. J Astronaut Sci 41(4):435–517.

131. Singla P, Subbarao K, Junkins JL (2006) Adaptive output feedback control for spacecraft rendezvous and docking under measurement uncertainty. J Guid Control Dyn 29(4):892–902.

132. Slotine J-J, Li W (1991) Applied nonlinear control. Prentice Hall, Englewood Cliffs.

133. Spears W M, Spears D F, Heil R (2004) A formal analysis of potential energy in a multi-agent system. In: Formal approaches to agent-based systems. Lecture notes in computer science, pp 131–145.

134. Spong M W, Chopra N (2006) Synchronization of networked Lagrangian systems. In: Bullo F, Fujimoto K (eds) Lagrangian and Hamiltonian methods for nonlinear control 2006. Lecture notes in control and information sciences, vol 366. Springer, Berlin, pp 47–59.

135. Stilwell D J, Bishop B E (2000) Platoons of underwater vehicles; communication, feedback and decentralized control. IEEE Control Syst Mag 20(6):45–52.

136. Stuelpnagel J (1964) On the parametrization of the three-dimensional rotation group. SIAM Rev 6(4):422–430.

137. Sun Y, Wang L (2009) Consensus of multi-agent systems in directed networks with nonuniform time-varying delays. IEEE Trans Autom Control 54(7):1607–1613.

138. Tafazoli M (2009) A study of on-orbit spacecraft failures. Acta Astronaut 64(2–3):195–205.

139. Tanner H G, Jadbabaie A, Pappas G J (2007) Flocking in fixed and switching networks. IEEE Trans Autom Control 52(5):863–868.

140. Tayebi A (2008) Unit-quaternion based output feedback for the attitude tracking problem. IEEE Trans Autom Control 53(6):1516–1520.

141. Tayebi A, McGilvray S (2006) Attitude stabilization of a quadrotor aircraft. IEEE Trans Control Syst Technol 14:562–571.

142. Tayebi A, Roberts A, Benallegue A (2011) Inertial measurements based dynamic attitude estimation and velocity-free attitude stabilization. In: Proceedings of the American control conference, pp 1027–1032.

143. Tsiotras P (1998) Further results on the attitude control problem. IEEE Trans Autom Control 34(11):1597–1600.

144. Vandyke M C, Hall C D (2006) Decentralized coordinated attitude control within a formation of spacecraft. J Guid Control Dyn 29(5):1101–1109.

145. Wang P, Hadaegh F (1996) Coordination and control of multiple microspacecraft moving in formation. J Astronaut Sci 44:315–355.

146. Wang W, Slotine J-J (2006) Contraction analysis of time-delayed communications and group cooperation. IEEE Trans Autom Control 51(4):712–717.

147. Wang H, Xie Y (2011) On attitude synchronization of multiple rigid bodies with time delays. In: Proceedings of the 18th IFAC world Congress, pp 8774–8779.

148. Wang P, Hadaegh F, Lau K (1999) Synchronized formation rotation and attitude control of multiple free-flying spacecraft. J Guid Control Dyn 22:28–35.

149. Wen JTY, Kreutz-Delgado K (1991) The attitude control problem. IEEE Trans Autom Control 36:1148–1162.

150. Wiehs D (1973) Hydromechanics of fish schooling. Nature 241:290–291.

151. Yamaguchi H (1999) A cooperative hunting behavior by mobile-robot troops. Int J Robot Res 18(9):931–940.

152. Young B, Beard RW, Kelsey J (2001) A control scheme for improving multi-vehicle formation maneuvers. In: Proceedings of the American control conference, pp 704–709.

153. Yu W, Chen G, Cao M (2010) Some necessary and sufficient conditions for second-order consensus in multi-agent dynamical systems. Automatica 46:1089–1095.

154. Zou A, Kumar KD, Hou Z-G, Liu X (2011) Finite-time attitude tracking control for spacecraft using terminal sliding mode and Chebyshev neural networks. IEEE Trans Syst Man Cybern, Part B, Cybern 41(2):1242–1259.

155. Zou A, Kumar KD, Hou ZG (2012) Attitude coordination control for a group of spacecraft without velocity measurements. IEEE Trans Control Syst Technol 20(5):1160–1174.

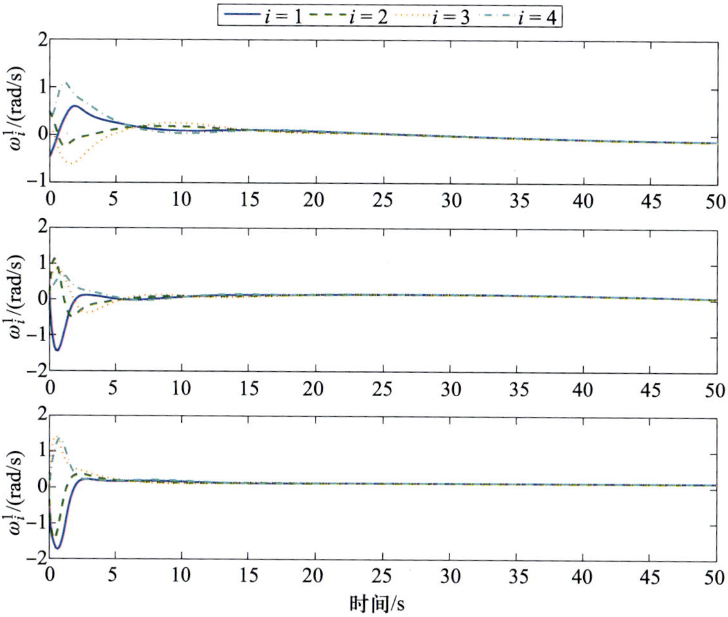

(a)

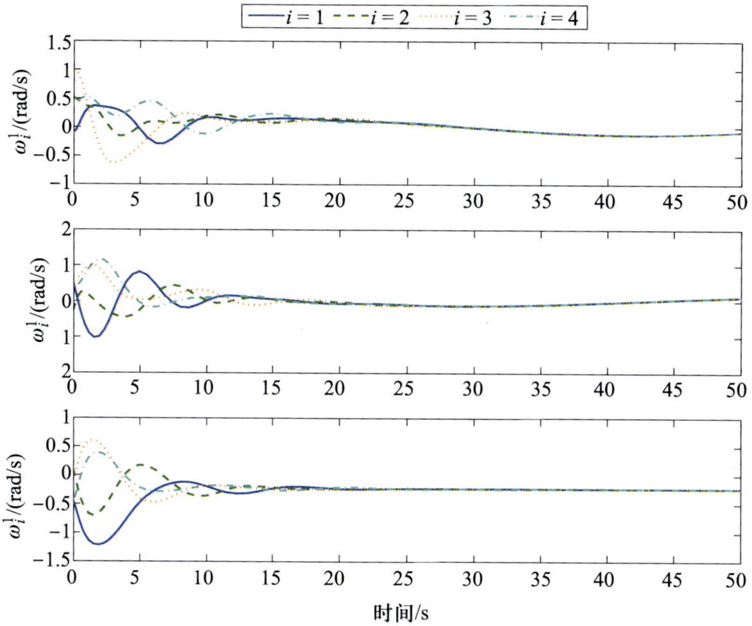

(b)

图 3.3　系统角速度

(a) 定理 3.1 ($\alpha = 0$); (b) 定理 3.5。

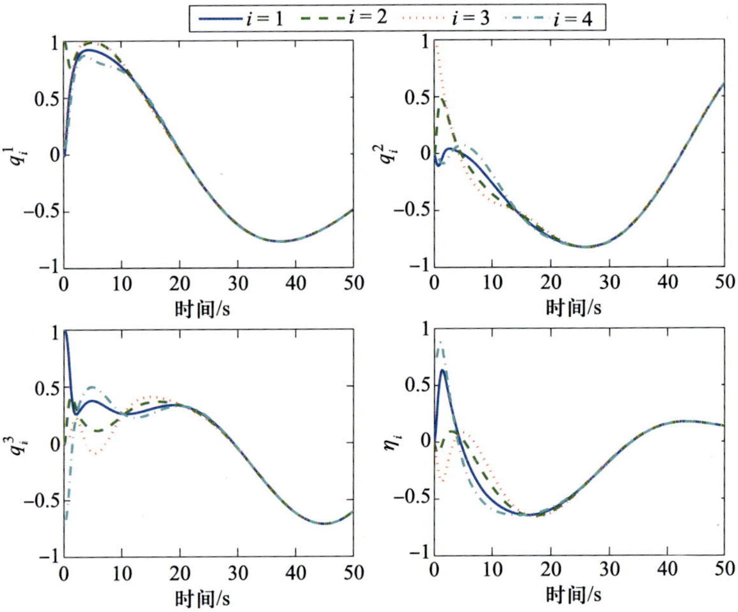

(a)

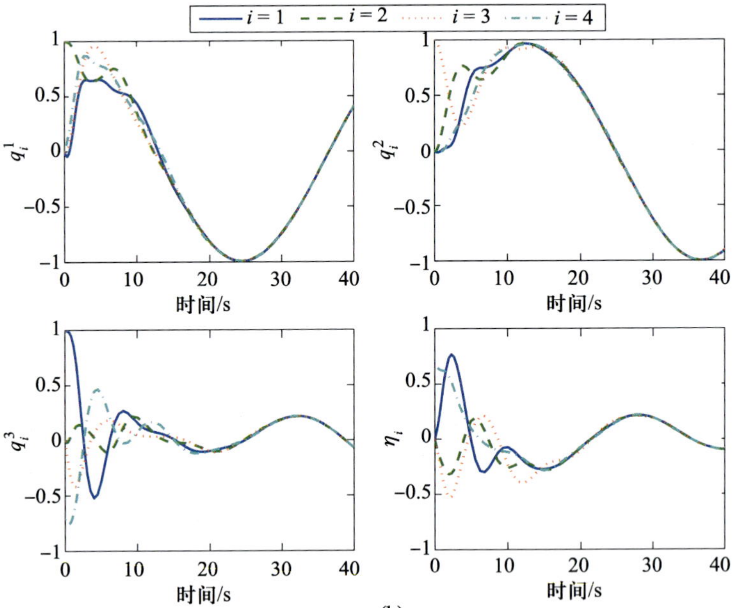

(b)

图 3.4　系统姿态

(a) 定理 3.1 ($\alpha = 0$); (b) 定理 3.5。

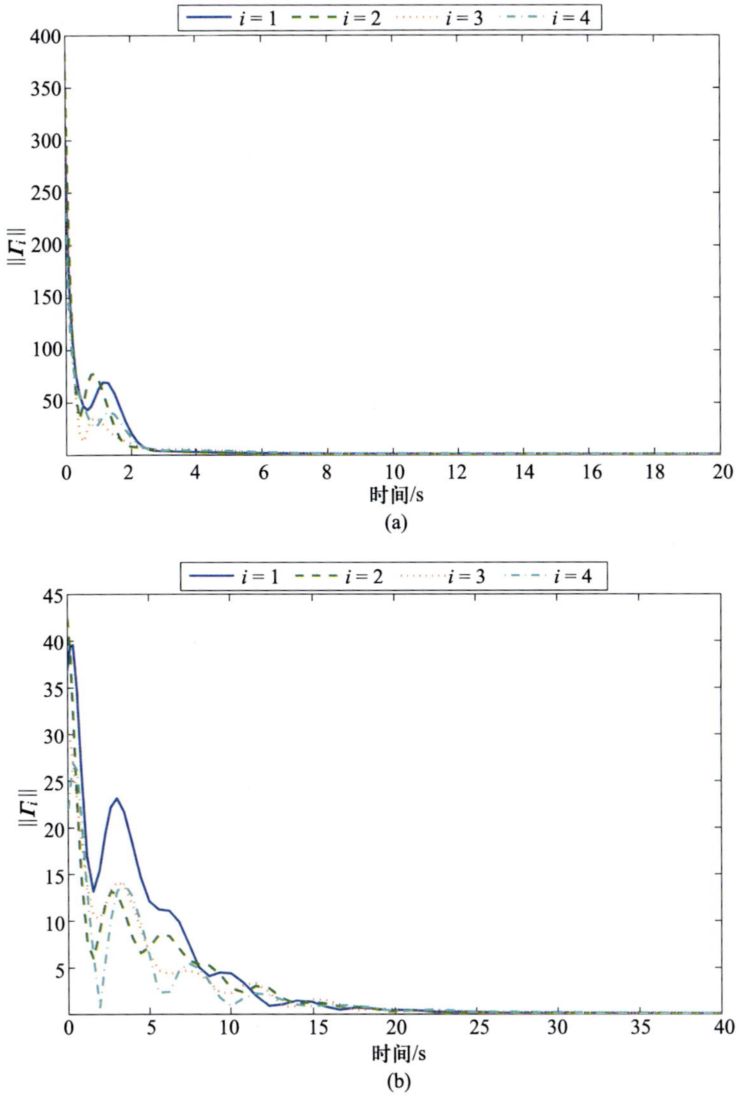

图 3.5　输入力矩范数

(a) 定理 3.1 ($\alpha = 0$); (b) 定理 3.5。

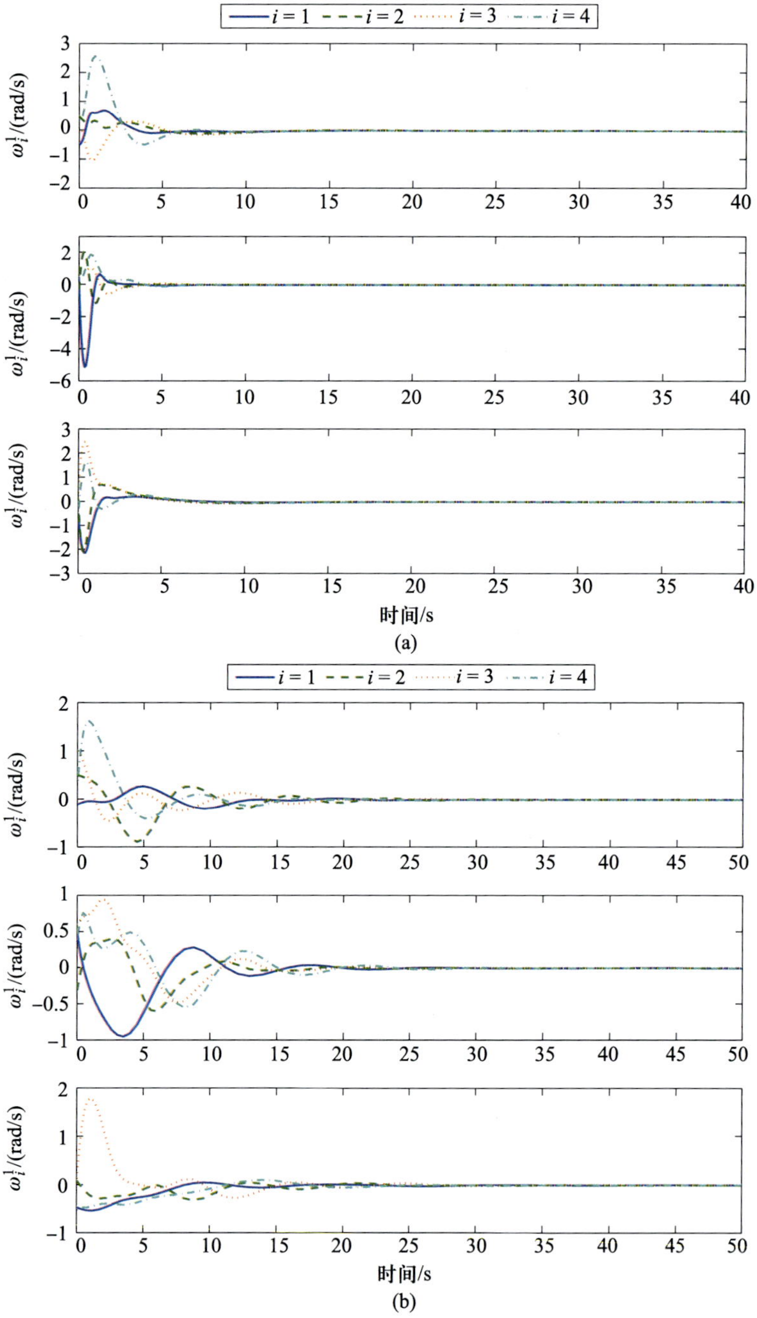

图 3.6　系统角速度

(a) 定理 3.2; (b) 定理 3.4 ($\alpha = 0$)。

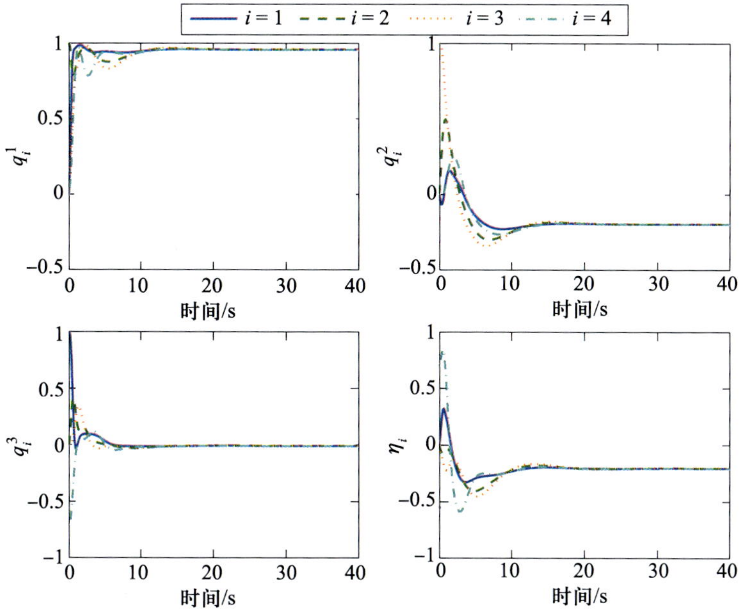

(a)

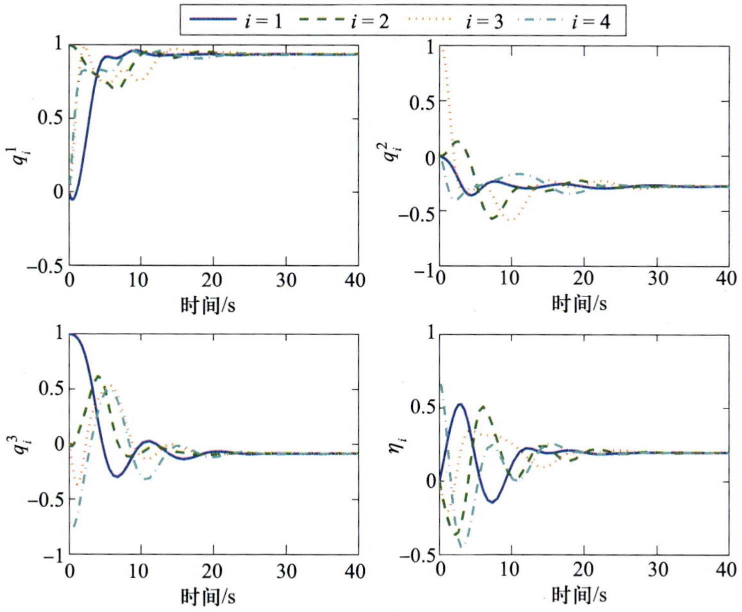

(b)

图 3.7　系统姿态

(a) 定理 3.2; (b) 定理 3.4($\alpha = 0$)。

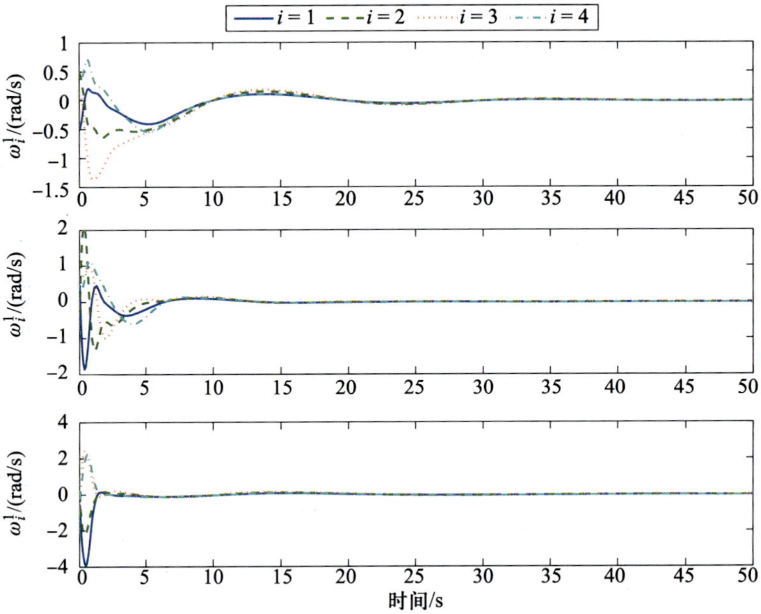

(a)

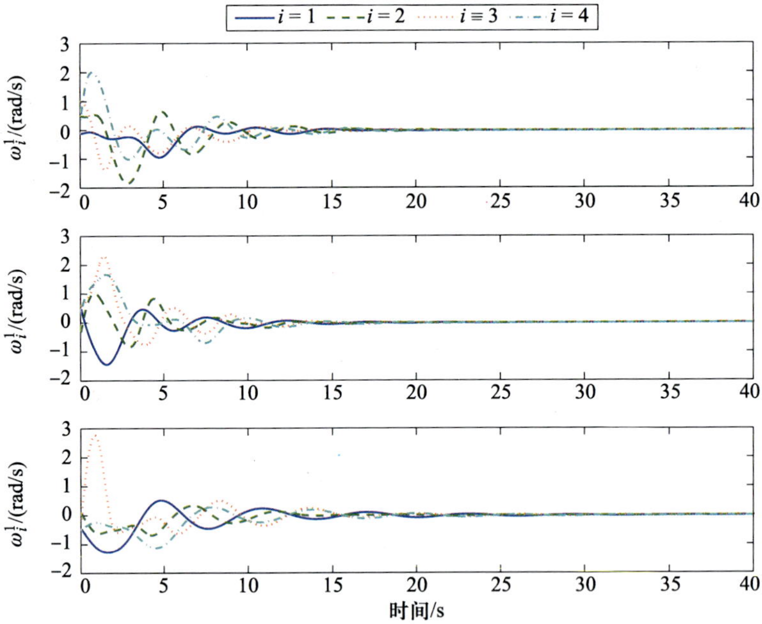

(b)

图 3.8　系统角速度

(a) 定理 3.1 ($\alpha = 1$); (b) 定理 3.4($\alpha = 1$)。

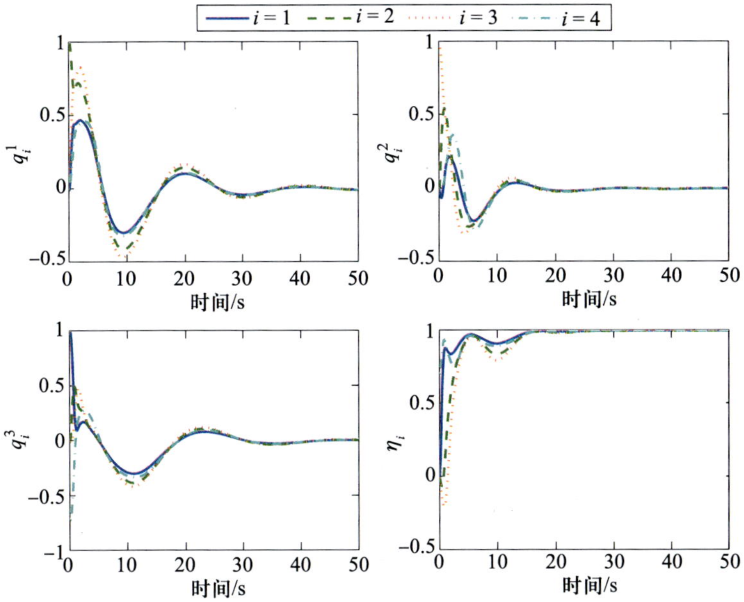

(a)

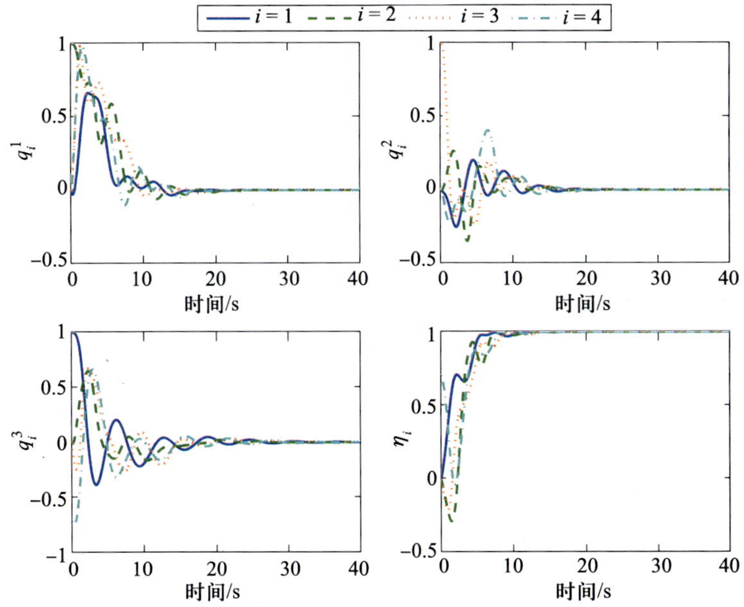

(b)

图 3.9　系统姿态

(a) 定理 3.1 ($\alpha = 1$); (b) 定理 3.4 ($\alpha = 1$)。

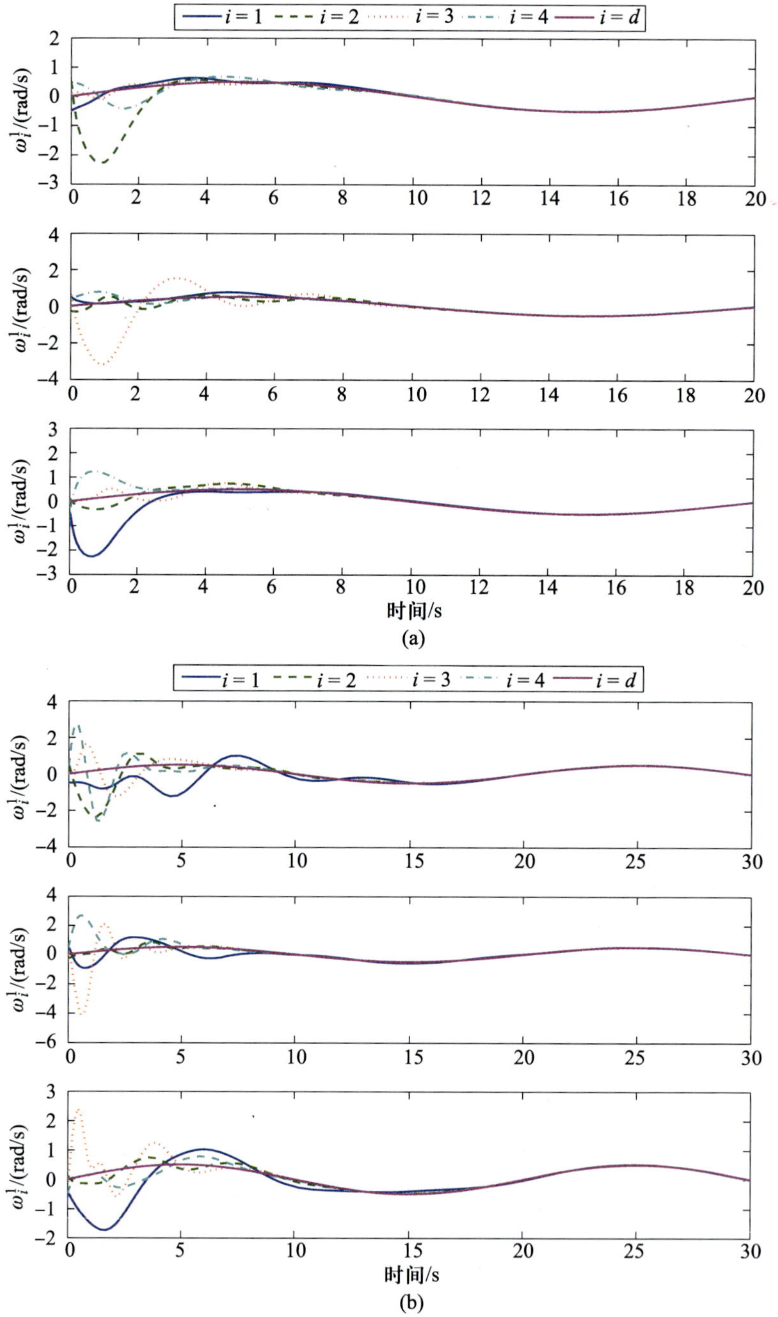

图 3.10　系统角速度

(a) 定理 3.3; (b) 定理 3.6。

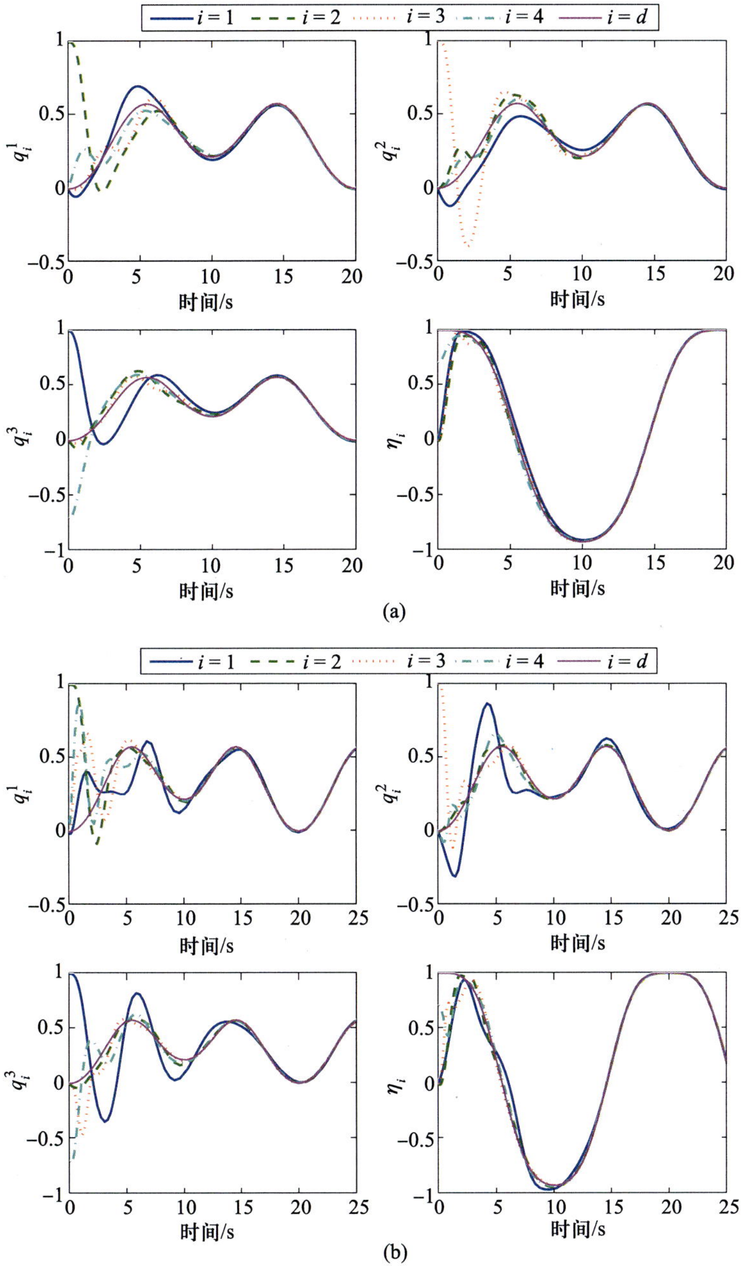

图 3.11　系统姿态

(a) 定理 3.3; (b) 定理 3.6。

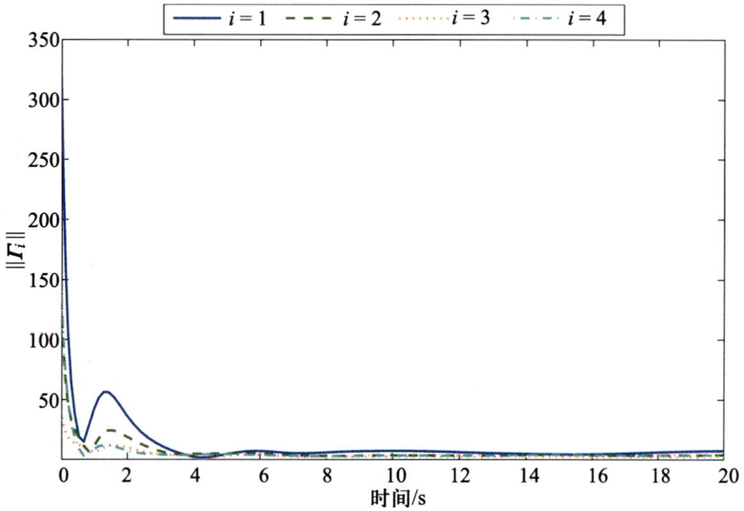

(a)

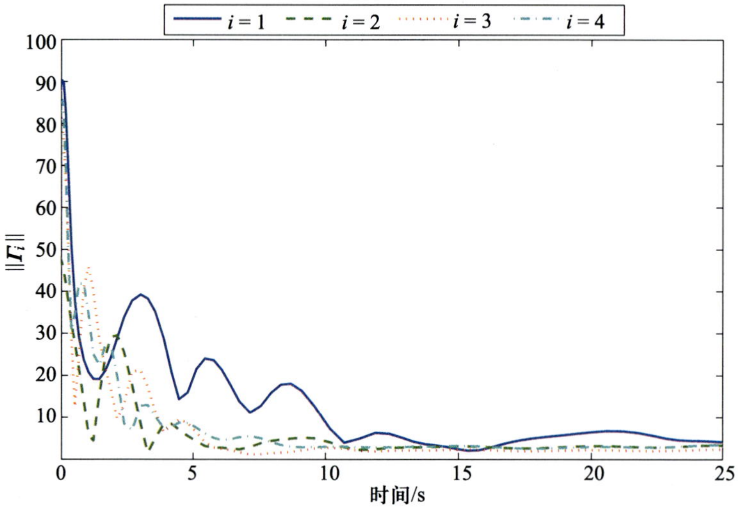

(b)

图 3.12　输入力矩范数

(a) 定理 3.3; (b) 定理 3.6。

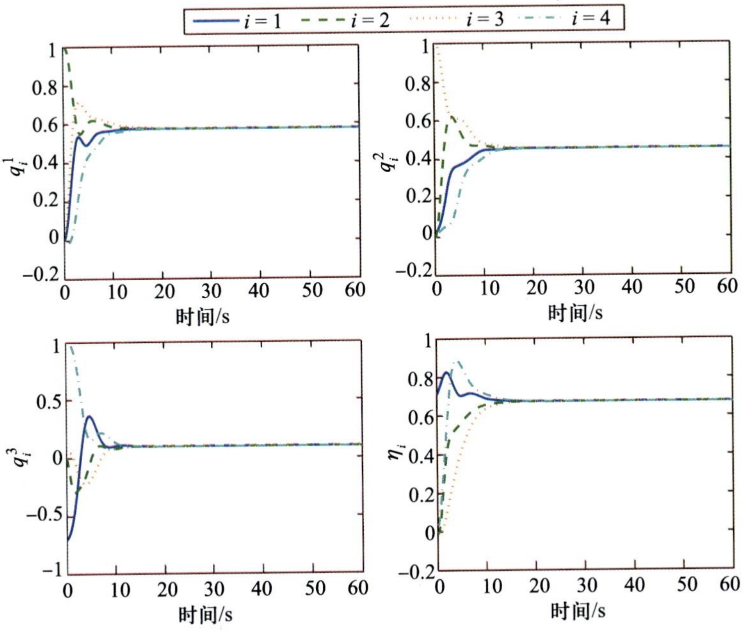

图 4.3　定理 4.1 在 $\alpha = 0$ 情况下的系统姿态

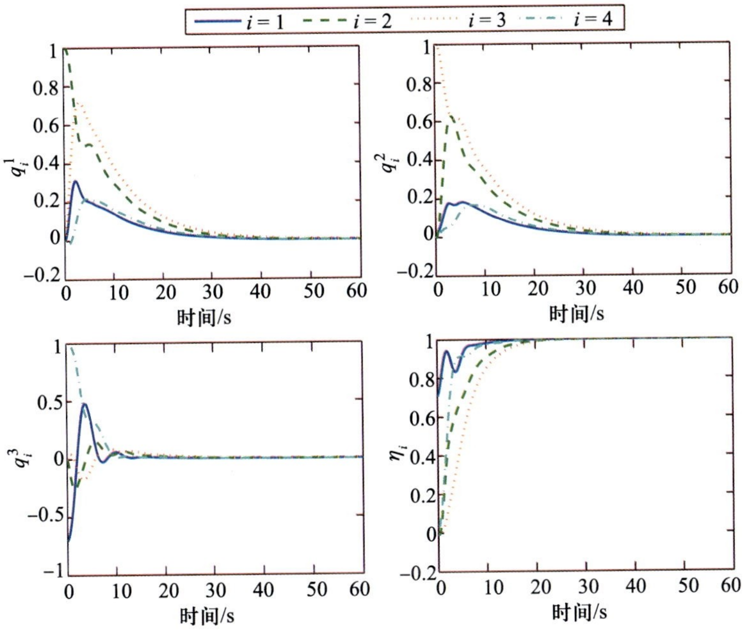

图 4.4　定理 4.1 在 $\alpha = 1$ 情况下的系统姿态

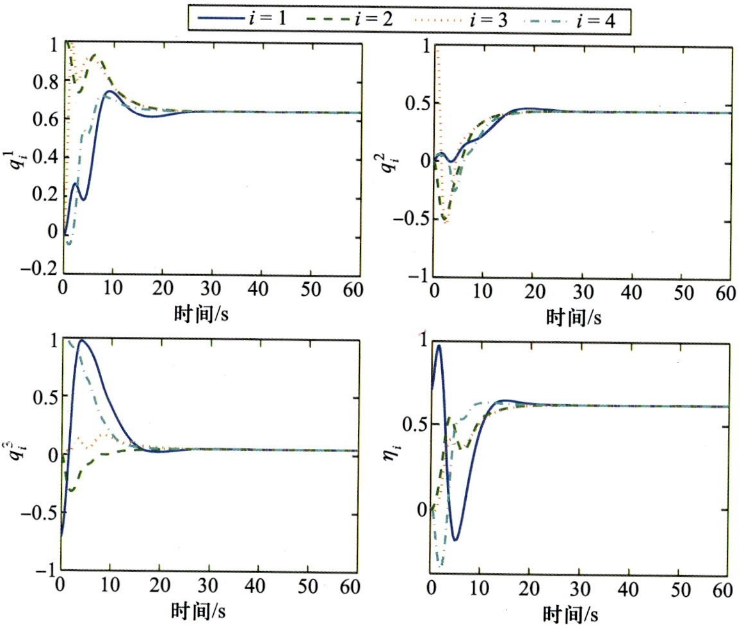

图 4.5　定理 4.3 在 $\alpha = 0$ 情况下的系统姿态

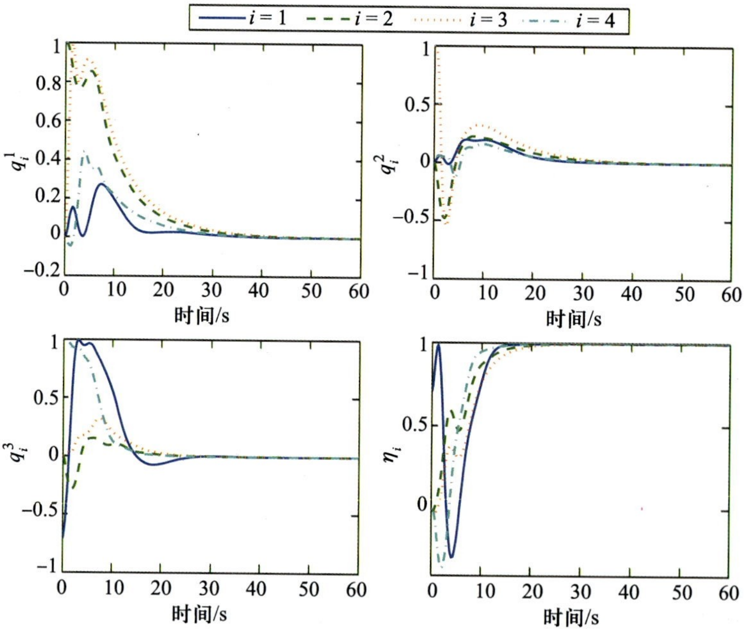

图 4.6　定理 4.3 在 $\alpha = 1$ 情况下的系统姿态

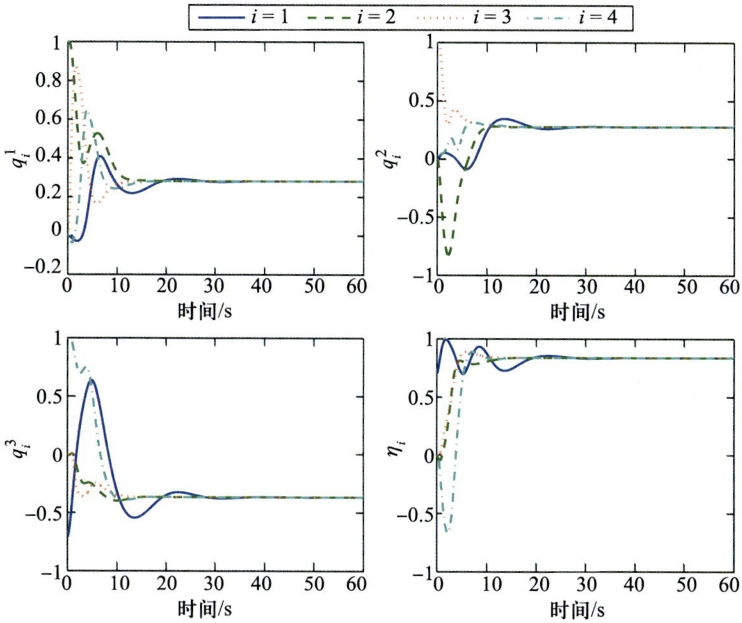

图 4.7 定理 4.5 情况下的系统姿态

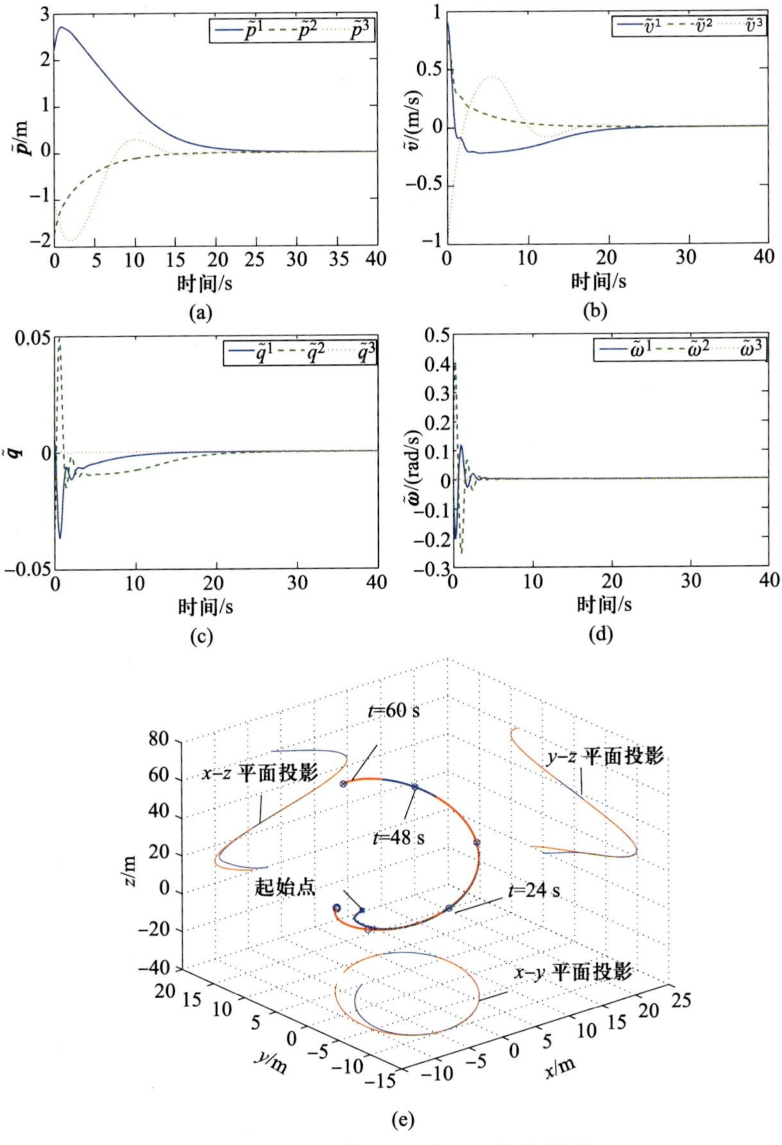

图 5.3　定理 5.1 情况下的仿真结果

(a) 位置跟踪误差 $\tilde{\boldsymbol{p}}$; (b) 线速度跟踪误差 $\tilde{\boldsymbol{v}}$; (c) 姿态跟踪误差 $\tilde{\boldsymbol{q}}$;
(d) 角速度跟踪误差 $\tilde{\boldsymbol{\omega}}$; (e) 系统轨迹。

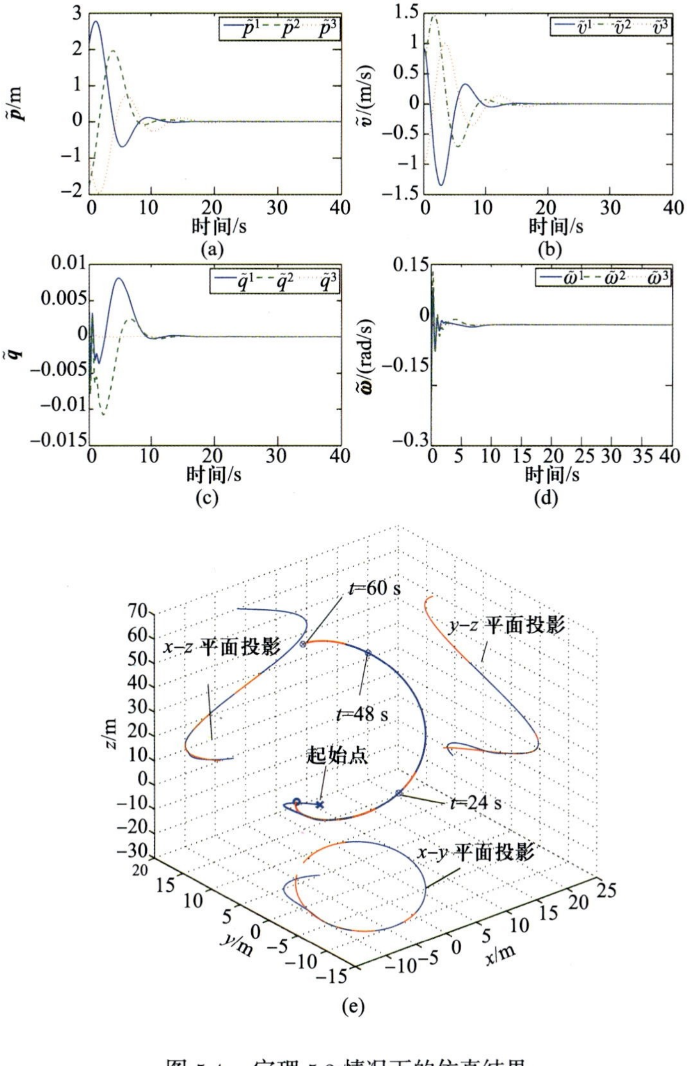

图 5.4　定理 5.2 情况下的仿真结果

(a) 位置误差 $\tilde{\boldsymbol{p}}$; (b) 线速度误差 $\tilde{\boldsymbol{v}}$; (c) 姿态误差 $\tilde{\boldsymbol{q}}$;
(d) 角速度误差 $\tilde{\boldsymbol{\omega}}$; (e) 系统轨迹。

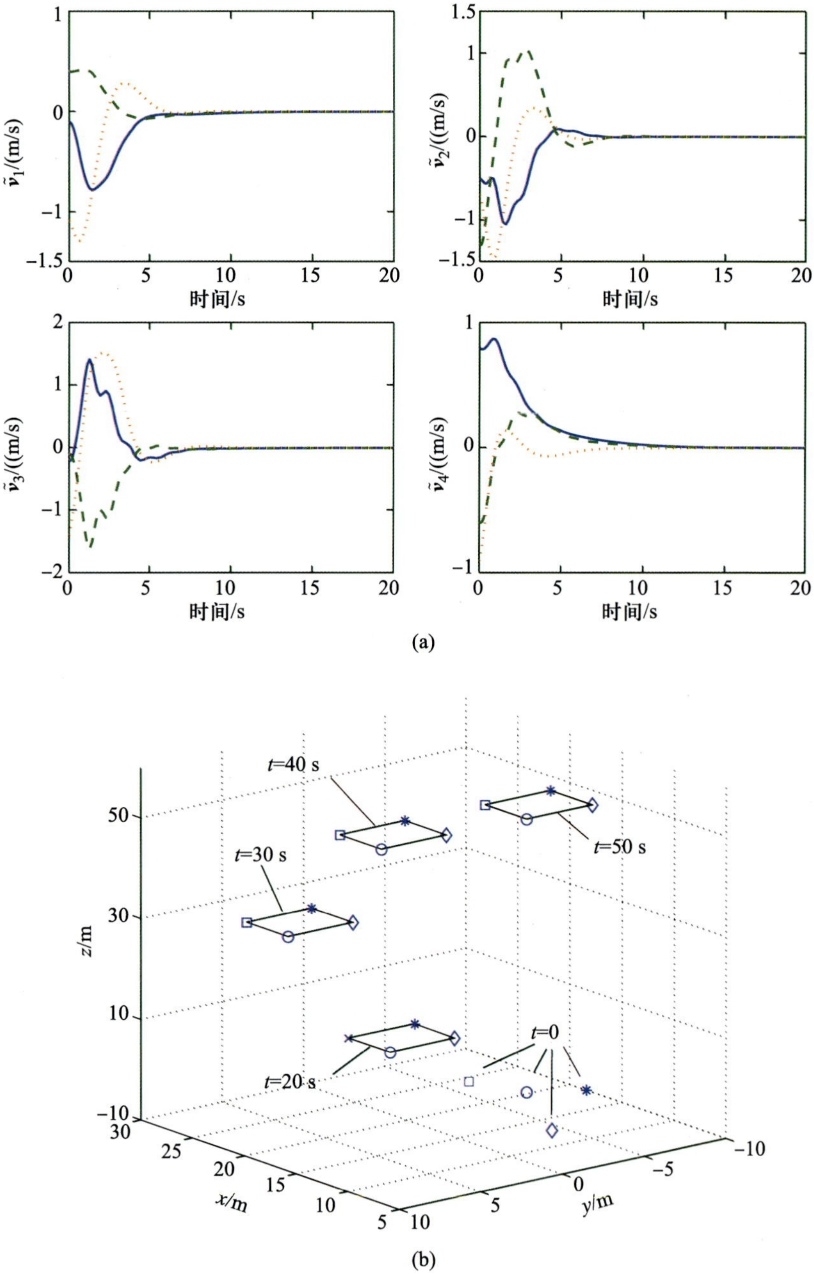

图 6.2　定理 6.1 情况下的仿真结果

(a) 线速度误差 $\tilde{\boldsymbol{v}}_i$; (b) 系统轨迹。

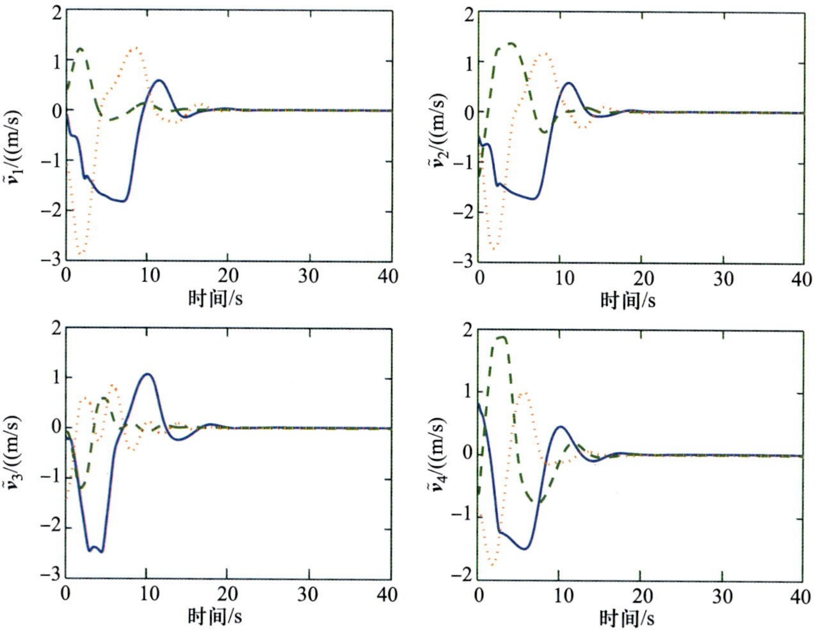

(a)

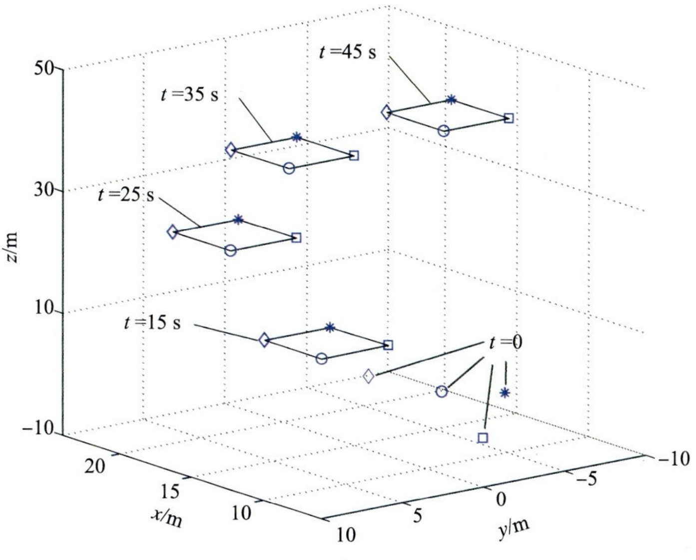

(b)

图 6.3　定理 6.2 情况下的仿真结果

(a) 线速度误差 $\tilde{\boldsymbol{v}}_i$; (b) 系统轨迹。

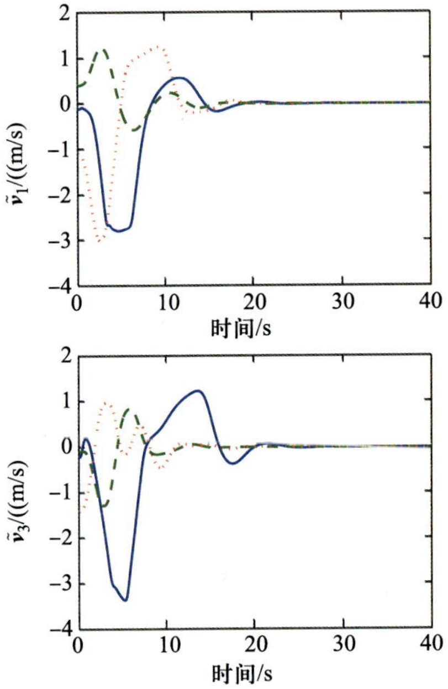

(a)

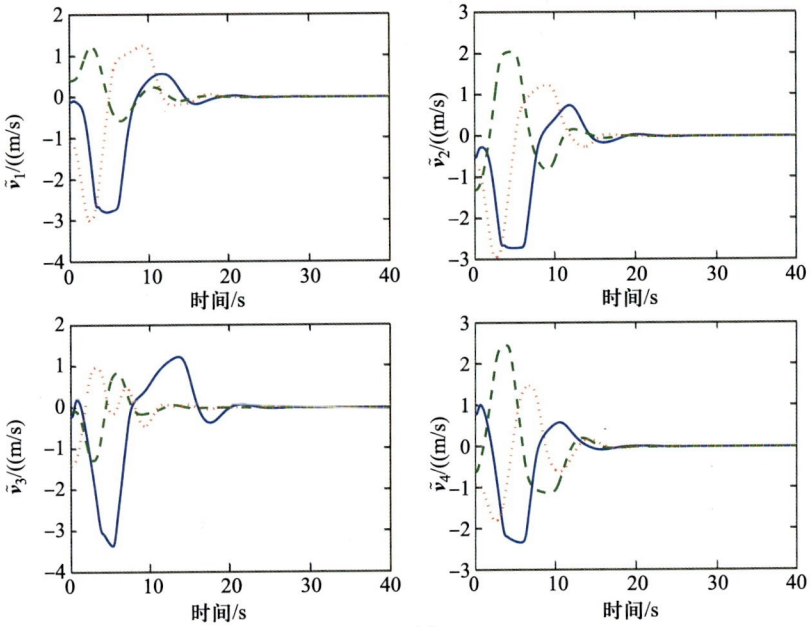

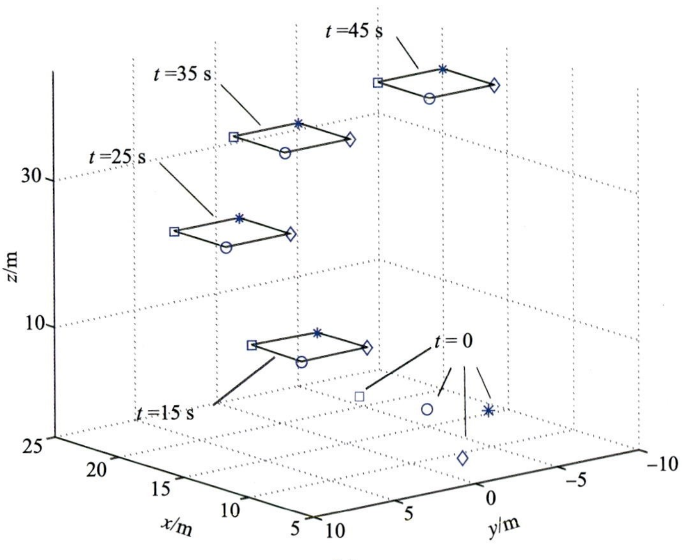

(b)

图 6.4　定理 6.3 情况下的仿真结果

(a) 线速度误差 $\tilde{\boldsymbol{v}}_i$; (b) 系统轨迹。

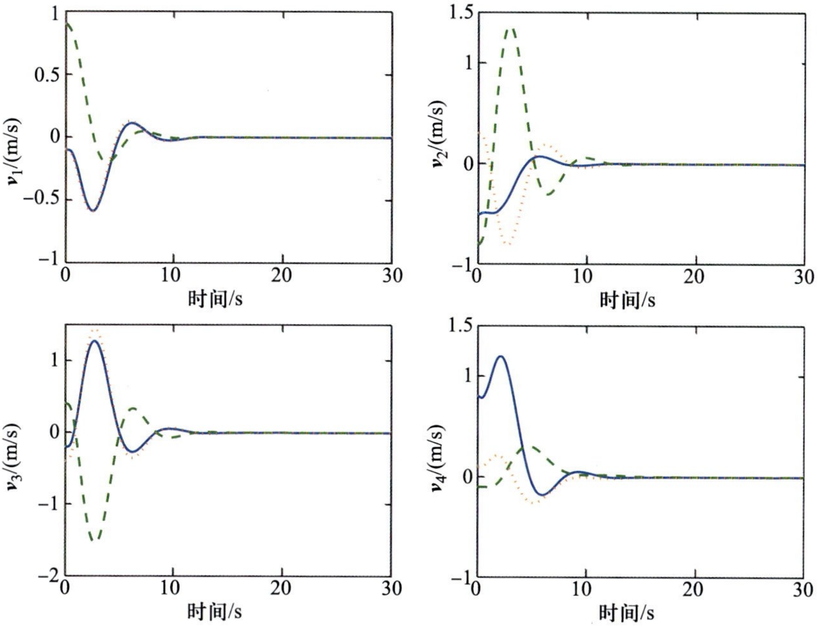

(a)

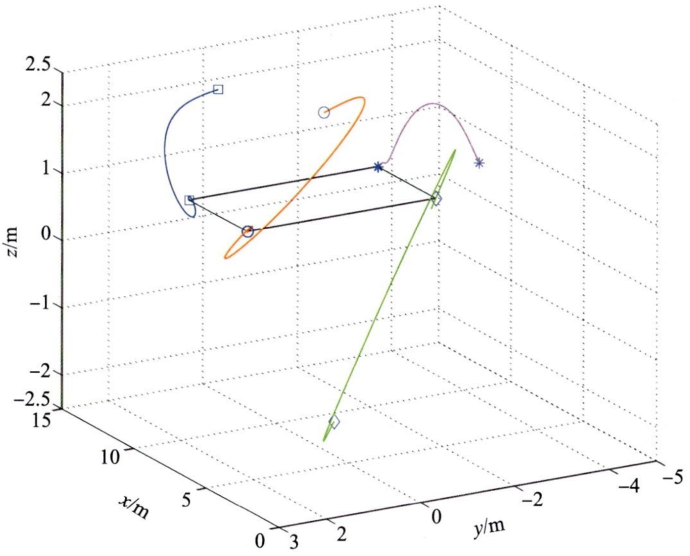

(b)

图 7.2　定理 7.1 情况下的仿真结果

(a) 飞行器线速度; (b) 系统轨迹。

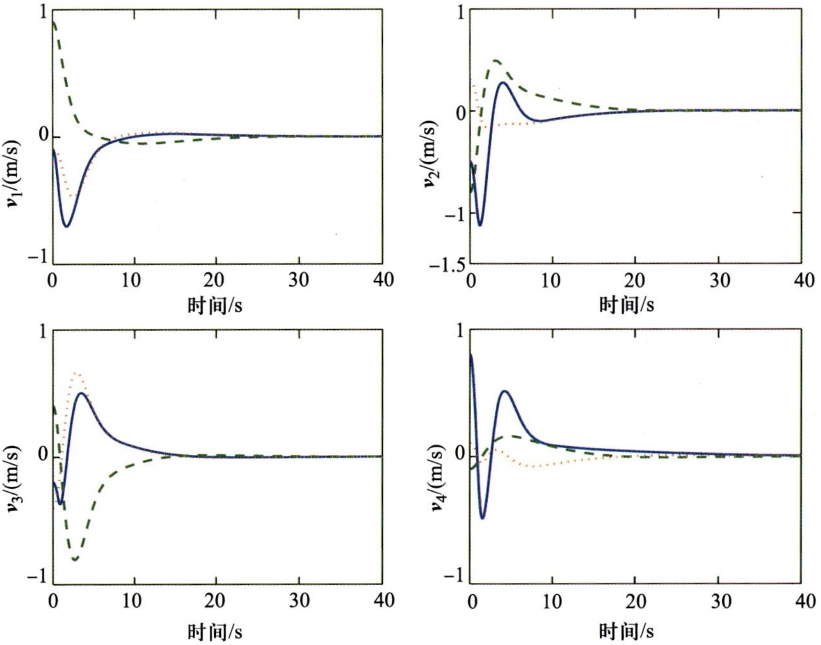

(a)

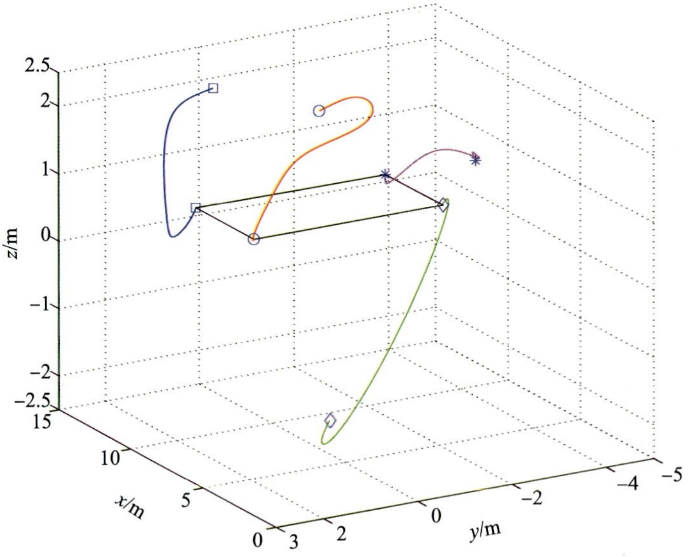

(b)

图 7.3　定理 7.2 情况下的仿真结果

(a) 飞行器线速度; (b) 系统轨迹。

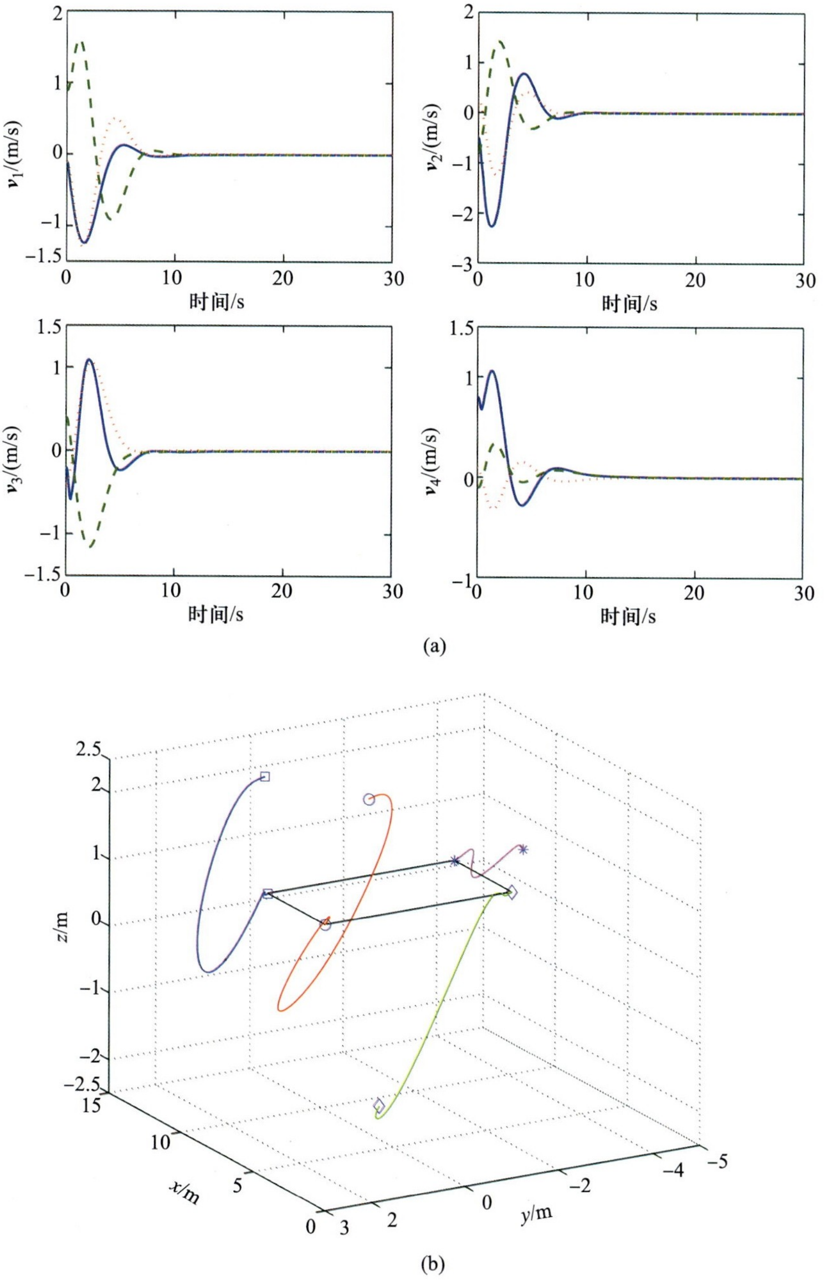

图 7.4　定理 7.3 情况下的仿真结果

(a) 飞行器线速度; (b) 系统轨迹。

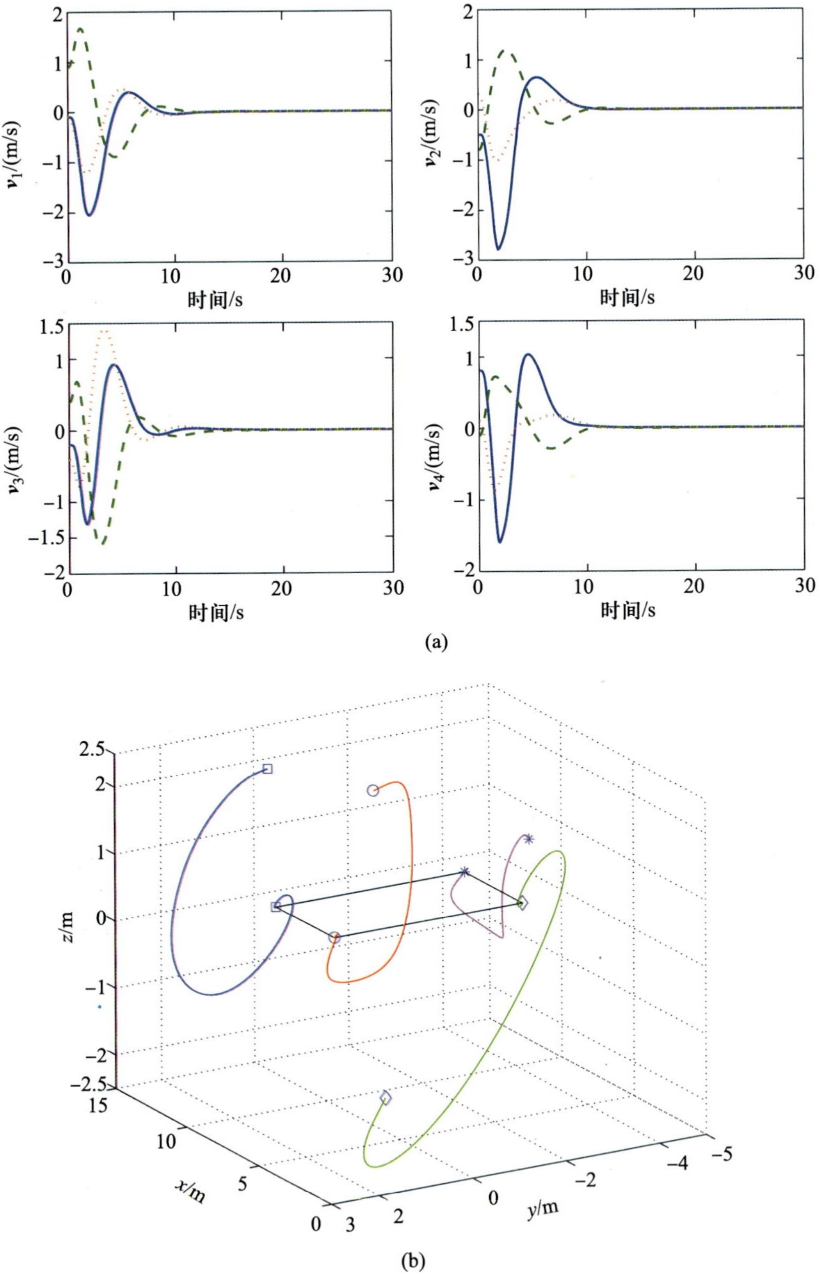

图 7.5　定理 7.4 情况下的仿真结果

(a) 飞行器线速度; (b) 系统轨迹。

国防科技著作精品译丛 · 无人机系列

国防工业出版社已经出版的国防科技著作精品译丛 · 无人机系列，请关注：

封面	著作名称	定价
	《异构多无人机》	68.00 元
	《无人机协同决策与控制 ——面临的挑战与实践应用》	56.00 元
	《无人机协同路径规划》	52.00 元

封面	著作名称	定价
	《无人机系统——设计、开发与应用》	96.00 元
	《容错飞行控制与导航系统——小型无人机实用方法》	78.00 元
	《无人机——嵌入式控制》	86.00 元
	《无人飞行器系统的感知与规避——研究与应用》	125.00 元